建筑材料应用与检测

丛书主编　王从军
主　编　公　婷　侯　杰

东北林业大学出版社
Northeast Forestry University Press
·哈尔滨·

版权专有　侵权必究
举报电话:0451-82113295

图书在版编目(CIP)数据

建筑材料应用与检测/公婷,侯杰主编.—哈尔滨:东北林业大学出版社,2017.4

中等职业教育改革发展示范校系列教材

ISBN 978-7-5674-1062-6

Ⅰ.①建⋯　Ⅱ.①公⋯　②侯⋯　Ⅲ.①建筑材料-检测-中等专业学校-教材　Ⅳ.①TU502

中国版本图书馆 CIP 数据核字(2017)第 089416 号

责任编辑:陈珊珊
封面设计:博鑫设计
出版发行:东北林业大学出版社(哈尔滨市香坊区哈平六道街6号　邮编:150040)
印　　装:三河市元兴印务有限公司
规　　格:185 mm×260 mm　16开
印　　张:18.25
字　　数:416千字
版　　次:2019年4月第1版
印　　次:2019年4月第1次印刷
定　　价:36.50元

如发现印装质量问题,请与出版社联系调换。(电话:0451-82113296　82191620)

前　　言

本书根据教育部2014年颁布的首批《中等职业学校专业教学标准(试行)》中主干课建筑材料课教学的基本要求，并根据大庆中等职业技术学校"建筑工程施工专业"人才培养方案所确定的人才培养目标、人才规格所要求的职业素养、专业知识、专业能力要求编写的。

本书是项目化教材，突出应用性，即突出岗位知识、岗位能力和岗位技能的培养，本着实用、浅显易懂的原则，使内容的"宽度"和"浅度"有机地结合起来。同时，为了强化基本理论和试验的结合，把试验内容灵活地穿插在基础知识当中，两者融为一体，使学生既巩固了理论，又提高了技能。

本书全部采用国家(部)、行业颁布的最新规范和标准。本书介绍了建材基本知识与性质、气硬性胶凝材料、水泥、混凝土、砂浆、砌墙砖和砌块、建筑钢材、防水材料、建筑塑料及胶黏剂、绝热材料及吸声材料、建筑装饰材料共计11个项目。在编写上力求内容完整、精炼，文字表达通畅，所附插图力求准确、直观，以帮助学生充分理解所学的内容。本书按128学时编写，学时分配见下表，供参考。

项目编号	学时数	项目编号	学时数
项目一	8	项目七	16
项目二	8	项目八	12
项目三	24	项目九	4
项目四	24	项目十	4
项目五	12	项目十一	8
项目六	8	合计	128

本书由大庆市建设中等职业技术学校公婷讲师、侯杰讲师主编，公婷编写了项目一至项目七，侯杰编写了项目八至项目十一。由于水平有限，书中错误和缺点在所难免，恳请本书读者提出宝贵意见，以便修改。

2017年3月

目录

项目一 建材基本知识与性质 1
  任务一 建筑材料及其分类 2
  任务二 材料的物理性质 4
  任务三 材料的力学性质 10
  任务四 材料的耐久性和环境协调性 12

项目二 气硬性胶凝材料 15
  任务一 石灰的性质及应用 16
  任务二 石膏的性质及应用 22
  任务三 水玻璃的性质及应用 26

项目三 水泥 30
  任务一 硅酸盐水泥技术要求及应用 31
  任务二 掺混合材料的硅酸盐水泥及应用 38
  任务三 通用硅酸盐水泥的应用 42
  任务四 其他品种水泥技术要求及应用 47
  任务五 水泥细度试验 51
  任务六 水泥标准稠度用水量及凝结时间试验 55
  任务七 水泥体积安定性试验 61
  任务八 水泥强度检验 66

项目四 混凝土 73
  任务一 认识混凝土 74
  任务二 混凝土组成及砂石级配试验 77
  任务三 混凝土拌和物和易性及试验 89
  任务四 混凝土强度及试验 97
  任务五 混凝土的耐久性 106
  任务六 硬化混凝土的变形 109
  任务七 混凝土外加剂 112

项目五 砂浆

  任务八 混凝土配合比设计及拌和物的制备与抽样 …… 116

项目五 砂浆 …… 128
  任务一 砌筑砂浆的材料及配合比计算 …… 129
  任务二 抹灰及防水砂浆的成分及比例 …… 135
  任务三 砂浆试验 …… 137

项目六 砌墙砖和砌块 …… 144
  任务一 认识砌墙砖 …… 145
  任务二 认识砌块 …… 157
  任务三 砌墙砖试验 …… 162

项目七 建筑钢材 …… 169
  任务一 钢材的分类及化学成分影响 …… 170
  任务二 建筑钢材的主要技术性能 …… 173
  任务三 钢材的冷加工、时效及应用 …… 177
  任务四 建筑钢材的标准与选用 …… 179
  任务五 钢材的腐蚀与防止 …… 192
  任务六 钢筋试验 …… 194

项目八 防水材料 …… 203
  任务一 沥青及应用 …… 204
  任务二 防水卷材及应用 …… 211
  任务三 防水涂料及应用 …… 220
  任务四 建筑密封材料及应用 …… 225
  任务五 沥青试验 …… 230

项目九 建筑塑料及胶黏剂 …… 238
  任务一 建筑塑料及应用 …… 239
  任务二 胶黏剂及应用 …… 244

项目十 绝热材料及吸声材料 …… 248
  任务一 绝热材料及应用 …… 249
  任务二 吸声材料及应用 …… 253

项目十一 建筑装饰材料 …… 257
  任务一 建筑玻璃及应用 …… 258
  任务二 建筑陶瓷及应用 …… 262
  任务三 建筑涂料及应用 …… 264

目 录

任务四　建筑饰面石材及应用 …………………………………………… 267
任务五　装饰壁纸与墙布及应用 ………………………………………… 270
任务六　金属装饰材料及应用 …………………………………………… 272
任务七　木质装饰材料及应用 …………………………………………… 274

参考文献 ……………………………………………………………………… 279
附图 …………………………………………………………………………… 281

项目一　建材基本知识与性质

【学习目标】

知识目标

(1)掌握材料的各种物理性质的概念及表示方法。
(2)了解材料的力学性质的基本概念及计算公式。
(3)掌握材料与水有关性质的概念、表示方法。
(4)了解材料耐久性的概念。

能力目标

(1)能根据材料的力学性质进行简单的计算分析。
(2)能够正确区分材料的孔隙率、空隙率及填充率。

素养目标

(1)具有热爱科学、实事求是的精神。
(2)热爱建筑工作、具有创新意识和创新精神。
(3)具备团队意识,能够与他人进行良好的合作与交流。

【教学场景】

多媒体教室。

【项目描述】

为了使建筑物和构筑物安全、适用、耐久、经济,在工程设计和施工中,必须充分地了解和掌握各种材料的性质和特点,以便正确、合理地选择和使用建筑材料。建筑材料的性质是多方面的,包括物理性质、力学性质和耐久性能。本项目仅介绍带有共性的、重要的物理性质及力学性质的建筑材料。

【课时分配】

序号	任务名称	课时分配(课时)
一	建筑材料及其分类	2
二	材料的物理性质	2
三	材料的力学性质	2
四	材料的耐久性和环境协调性	2
合计		8

任务一 建筑材料及其分类

【学习目标】

知识目标

了解建筑材料的一些基本知识以及掌握建筑材料的分类方式。

能力目标

能够初步建立建筑材料检测的基本知识和技能。

【任务描述】

建筑材料是指在建筑工程中所使用的各种材料的总称,由于各种材料的组分、功能、结构和构造不同,建筑材料品种种类繁多,性能各异,用量巨大。因而,正确选择和合理使用建筑材料,对建筑的安全、实用、美观、耐久性能及造价有着重大的意义。

【相关知识】

建筑材料的定义

(一) 广义定义

广义的建筑材料是指建造建筑物和构筑物的所有材料,包括使用的各种原材料、半

成品、成品等的总称,如黏土、铁矿石、石灰石、生石膏等。

(二)狭义定义

狭义的建筑材料是指直接构成建筑物和构筑物实体的材料,如混凝土、水泥、石灰、钢筋、黏土砖、玻璃等。

(三)基本要求

作为建筑材料必须同时满足两个基本要求:
(1)满足建筑物和构筑物本身的技术性能要求,保证其能正常使用。
(2)在建筑材料使用过程中,能抵御周围环境的影响和有害介质的侵蚀,保证建筑物和构筑物的合理使用寿命,同时也不能对周围环境产生危害。

建筑材料的分类

(一)按化学成分分类

根据材料的化学成分,建筑材料可分为有机材料、无机材料及复合材料三大类,如表1-1所示。

表1-1 建筑材料分类(按化学成分)

无机材料	金属材料	黑色金属	钢、铁及其合金、合金钢、不锈钢等
		有色金属	铝、铜、铝合金等
	非金属材料	天然石材	砂、石及石材制品
		烧土制品	黏土砖、瓦、陶瓷制品等
		胶凝材料及制品	石灰、石膏及制品、水泥及混凝土制品等
		玻璃	普通平板玻璃、特种玻璃
		无机纤维材料	玻璃纤维、矿物棉等
有机材料	植物材料		木材、竹材、植物纤维及制品等
	沥青材料		煤沥青、石油沥青及其制品等
	合成高分子材料		塑料、涂料、胶黏剂、合成橡胶等
复合材料	有机与无机非金属材料复合		聚合物混凝土、玻璃纤维增强塑料、玻璃钢制品等
	金属与无机非金属材料复合		钢筋混凝土、钢纤维混凝土等
	其他复合材料		水泥石棉制品、人造大理石等

(二)按使用功能分类

根据建筑材料在建筑物中的部位和使用性能,大体上可分为三大类:
(1)建筑结构材料。建筑结构材料是构成建筑物基础、柱、梁、框架、屋架、板等承重部位的基本材料,如砖、石材、钢材、混凝土等。

(2)墙体材料。墙体材料是组成建筑物内、外承重墙体及内分隔墙体的材料,如各种砖、板材、石材、砌块等。

(3)建筑功能材料。建筑功能材料是指那些不作为承重荷载,具有某种特殊功能的材料,如保温隔热材料、吸声材料、采光材料、防水材料、装饰材料等。

任务二 材料的物理性质

【学习目标】

知识目标

(1)掌握材料各项物理性质的概念及表示方法。
(2)掌握材料与水有关的性质的概念及表示方法。
(3)了解材料与热有关的性质的概念及表示方法。

能力目标

能够正确区分材料的孔隙率、空隙率及填充率。

【任务描述】

为了使建筑物和构筑物安全、适用、耐久、经济,在工程设计和施工中,必须充分地了解和掌握各种材料的性质和特点,以便正确、合理地选择和使用建筑材料。

【相关知识】

与质量有关的性质

(一)密度

密度指材料在绝对密实状态下单位体积的质量,按下式计算:

$$\rho = \frac{m}{V} \qquad (1-1)$$

式中:ρ——材料的密度,g/cm³ 或 kg/m³;

m——材料在干燥状态下的质量,g 或者 kg;

V——材料在绝对密实状态下的体积,也称材料的密实体积或实体积,cm³或 m³。

绝对密实状态下的体积是指不包括孔隙在内的体积。除了金属、玻璃、单体矿物等少数材料外,大多数建筑材料在自然状态下都有一些孔隙。在测定有孔隙材料的密度时,可按测定密度的标准方法,把材料磨成细粉,干燥后,测定其绝对密实体积,按式(1-1)计算密度值。材料磨得越细,测得的密度值越精确。砖、石材等块状材料的密度即用此法测得。

（二）表观密度

表观密度指材料在自然状态下单位体积的质量,按下式计算：

$$\rho_0 = \frac{m}{V_0} \quad (1-2)$$

式中:ρ_0——材料的表观密度,g/cm³或 kg/m³;
m——材料的质量,g 或者 kg;
V_0——材料在自然状态下的体积,cm³或 m³。

表观体积是指包含材料内部孔隙在内的体积。当材料含有水分时,就影响材料的表观密度。故在测定表观密度时,须注明其含水情况,一般在烘干状态下测得的表观密度,称为干表观密度。

（三）堆积密度

堆积密度指疏松状（小块、颗粒、纤维）材料在堆积状态下单位体积的质量,按下式计算：

$$\rho'_0 = \frac{m}{V'_0} \quad (1-3)$$

式中:ρ'_0——材料的堆积密度,g/cm³或 kg/m³;
m——材料的质量,g 或者 kg;
V'_0——材料的堆积体积,cm³或 m³。

测定堆积密度时,用规定的容积升测定其体积,在称取质量后,可按式(1-3)求得。容积升的大小视颗粒的大小而定。当材料含有水分时,将会影响堆积密度值,故测定时,必须注明其含水情况,说明材料是在哪一种状态下的堆积密度值;如果不进行注明,则是指气干状态下的堆积密度。

（四）密实度与孔隙率

1.密实度

密实度（D）是指材料体积内被固体物质所充实的程度,用材料的密实体积（V）与总体积（V_0）之比表示,按下式计算：

$$D = \frac{V}{V_0} \times 100\% = \frac{\rho_0}{\rho} \times 100\% \quad (1-4)$$

含孔隙的固体材料的密实度均小于1。材料的密度 ρ 与表观密度 ρ_0 愈接近,即 ρ_0/ρ

愈接近1,材料就愈密实。

2.孔隙率

孔隙率是指材料体积内孔隙(开口的和闭口的)体积所占的比例,用 P 表示,按下式计算:

$$P = \frac{V_0 - V}{V_0} \times 100\% = (1 - \frac{V}{V_0}) \times 100\%$$

$$= (1 - \frac{\rho_0}{\rho}) \times 100\% = 1 - D \qquad (1-5)$$

孔隙率的大小可直接反映材料的密实程度。材料的孔隙率越高,表示材料的密实程度越小。材料的许多性质,如表观密度、强度、导热性、透水性、抗冻性、抗渗性、耐蚀性等,除与孔隙率大小有关外,还与孔隙构造特征有关。孔隙构造特征主要是指孔隙的形状和大小。根据孔隙形状分为口孔隙和闭口孔隙两类;根据孔隙大小分为粗孔和微孔两类。一般均匀分布的小孔,要比开口或相连通的孔隙好。不均匀分布的孔隙,对材料性质影响较大。

(五)填充率与空隙率

对于松散颗粒状材料(如砂、石等)相互填充的疏松致密程度,可用填充率和空隙率表示。

1.填充率

填充率是指颗粒状材料在堆积体积内,颗粒所填充的程度,用 D' 表示,按下式计算:

$$D' = \frac{V_0}{V'_0} \times 100\% \text{ 或 } D' = \frac{\rho'_0}{\rho_0} \times 100\% \qquad (1-6)$$

2.空隙率

空隙率是指散粒状材料的堆积体积内,颗粒之间的空隙体积所占的百分率,用 P' 表示,按下式计算:

$$P' = \frac{V'_0 - V_0}{V'_0} \times 100\% = (1 - \frac{\rho'_0}{\rho_0}) \times 100\% \qquad (1-7)$$

与水有关的性质

(一)亲水性和憎水性

当材料与水接触时,有些材料能被水润湿,有些材料则不能被水润湿。前者称材料具有亲水性,后者称材料具有憎水性。

材料的亲水性与憎水性可用润湿角 θ 来说明。当材料与水接触时,在材料、水、空气三相的交点处,沿水滴表面的切线和水接触面的夹角 θ,称为"润湿角",如图1-1所示。θ 愈小,表明材料愈易被水润湿。当 $\theta \leq 90°$ 时,如图1-1(a)所示,该材料被称为

"亲水性材料";当 90°<θ<180°时,如图 1-1(b)所示,称为"憎水性材料"。

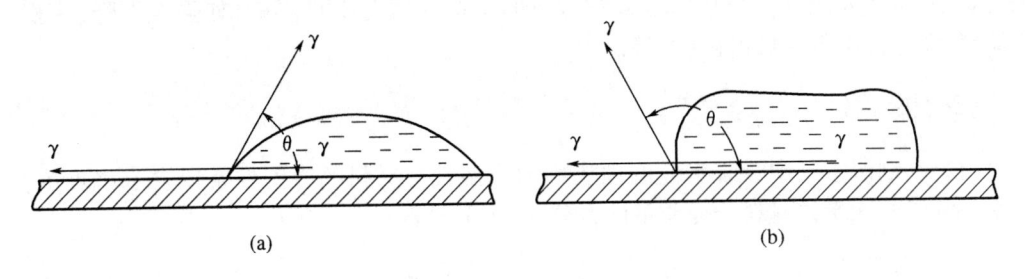

图 1-1 材料的润湿角示意图

大多数建筑材料,如石料、砖、混凝土、木材等都属于亲水性材料,表面均能被润湿。沥青、石蜡等属于憎水性材料,表面不能被润湿,因此憎水性材料经常防水材料或亲水性材料表面的憎水处理。

(二)吸水性

材料浸入水中吸收水分的能力称为吸水性。吸水性的大小以吸水率表示。吸水率有质量吸水率和体积吸水率之分。

1.质量吸水率

质量吸水率指材料吸水饱和时,所吸水分的质量占材料干燥质量的百分率,用下式表示:

$$W_{质} = \frac{m_{湿} - m_{干}}{m_{干}} \times 100\% \quad (1-8)$$

式中:$W_{质}$——材料的质量吸水率,%;
　　　$m_{湿}$——材料吸水饱和后的质量,g;
　　　$m_{干}$——材料烘干至恒重时的质量,g。

2.体积吸水率

体积吸水率指材料吸水饱和时,所吸水分的体积占干燥材料自然体积的百分率,用下式表示:

$$W_{体} = \frac{m_{湿} - m_{干}}{V_1} \cdot \frac{1}{\rho_W} \times 100\% \quad (1-9)$$

式中:$W_{体}$——材料的体积吸水率,%;
　　　V_1——干燥材料在自然状态下的体积,cm³;
　　　ρ_W——水的密度,g/cm³,常温下取 $\rho_W = 1$ g/cm³。

质量吸水率与体积吸水率的关系为

$$W_{体} = W_{质} \rho_0 \quad (1-10)$$

式中:ρ_0——材料的干表观密度,g/cm³。

材料的吸水率大小,首先取决于材料本身的性质,视其是亲水性材料还是憎水性材料;其次与材料的孔隙率和孔隙特征有关。对于闭口孔隙,水分很难进入;粗大连通的孔隙,水分虽然容易进入,但不易在孔内存留,吸水率也较低。只有含细微而连通孔隙的材料,吸水率才较大。吸水率增大对材料的基本性质有不良影响,如强度下降、体积膨胀、保温性能降低、抗冻性变差等。

(三)吸湿性

材料在潮湿空气中吸收水分的性质称为吸湿性。材料的吸湿性常以含水率表示,含水率等于含水量占材料干燥质量的百分率,用下式表示:

$$W_含 = \frac{m_含 - m_干}{m_干} \times 100\% \qquad (1-11)$$

式中:$W_含$——材料的含水率,%;

$m_含$——材料含水时的质量,g;

$m_干$——材料干燥至恒重时的质量,g。

材料的吸湿性在工程中有较大的影响。例如木材,由于吸水或蒸发水分,往往造成翘曲、开裂等缺陷;石灰、石膏、水泥等由于吸湿性强容易造成材料失效;保温材料吸入水分后,其保温性能会大幅度下降。

材料吸湿性的大小,取决于材料本身的组织结构和化学成分其含水率的大小与周围空气的相对湿度和温度有关。相对湿度越高,温度越低时其含水率越大。

(四)耐水性

材料长期在饱和水作用下不破坏,而且强度也不显著降低的性质称为耐水性。一般材料随着含水量的增加,会减弱其内部结合力,强度都有不同程度的降低,如花岗石长期浸泡在水中,强度将下降约3%,普通黏土砖和木材所受影响更为显著的材料的耐水性用软化系数表示,可按下式计算:

$$K_软 = \frac{f_饱}{f_干} \qquad (1-12)$$

式中:$K_软$——材料的软化系数;

$f_饱$——材料吸水饱和状态下的抗压强度,MPa;

$f_干$——材料在干燥状态下的抗压强度,MPa。

材料软化系数的范围为0~1,软化系数的大小,有时成为选择材料的重要依据。软化材料系数越小,说明材料吸水饱和后的强度降低越多,其耐水性就越差。对于受水浸泡或处于潮湿环境的重要建筑物,其材料的软化系数不宜小于0.85;受潮较轻或次要结构物的材料,其软化系数不宜小于0.75。软化系数大于0.80的材料,可以认为是耐水性的。

(五)抗渗性

材料抵抗压力水、油等液体渗透的性质称为抗渗性。

地下建筑及水工建筑物,因常受到压力水的作用,所以要求材料具有一定的抗渗性,对于防水材料,则要求具有更高的抗渗性。

材料的抗渗性与其孔隙率和孔隙特征有关,封闭孔隙且孔隙率小的材料抗渗性好,连通孔隙且孔隙率大的材料抗渗性差。一些防水、防渗材料,其防水性常用渗透系数 K 表示,渗透系数反映水在材料中流动的速度,K 越大,说明水在材料中流动的速度越快,其抗渗性越差。

建筑工程中大量使用的砂浆、混凝土等材料,其抗渗性用抗渗等级 P 来表示。抗渗等级用材料所能抵抗的最大水压力来表示,如 P6,P8,P10,P12 等,分别表示材料可抵抗 0.6,0.8,1.0,1.2MPa 的水压力作用而不渗水。抗渗等级愈大,材料的抗渗性愈好。

(六)抗冻性

抗冻性是指材料在吸水饱和状态下,能经受多次冻融循环作用而不破坏,其强度也不严重降低的性质。材料的抗冻性用抗冻等级 F 表示。

抗冻等级是以试件在吸水饱和状态下,经冻融循环作用,质量损失和强度下降均不超过规定数值的最大冻融循环次数来表示,如 F25,F50,F100,F150 等。

材料冻结破坏的原因,是由于其内部孔隙中的水结冰产生体积膨胀而造成的。影响材料抗冻性的因素有内因和外因。内因是指材料的组成、结构、构造、孔隙率的大小和孔隙特征、强度、耐水性等。外因是指材料孔隙中充水的程度、冻结温度、冻结速度、冻融频率等。

与热有关的性质

(一)导热性

材料传递热量的性质称为导热性,用导热系数 λ 表示,按下式计算:

$$\lambda = \frac{Q\delta}{At(T_2 - T_1)} \quad (1-13)$$

式中:λ——导热系数,W/(m·k);

Q——传导的热量,J;

A——传热面积,m²;

δ——材料厚度,m;

t——热传导时间,s;

T_2-T_1——材料两侧温差,K。

材料的导热系数 λ 越小,则材料的导热性越差,绝热保温性越好。

材料的导热性与材料的组成和结构、孔隙率的大小和孔隙特征、含水率以及温度等有关。金属材料的导热系数大于非金属材料的导热系数。材料的孔隙率越大,导热系数越小。细小而封闭的孔隙,导热系数较小;粗大、开口且连通的孔隙,容易形成对流传热,导热系数较大。因水和冰的导热系数比空气大很多,故材料含水或结冰时,其导热系数会急剧增加。

(二)热容量

材料的热容量是指材料受热时吸收热量,冷却时放出热容量的性质。单位质量材

料在温度变化 1 K 时,材料吸收或放出的热量称为材料的比热容,按下式计算:

$$C = \frac{Q}{m(T_2 - T_1)} \tag{1-14}$$

式中:c——材料的比热容,J/(g·K);
　　　Q——材料吸收或放出的热量,J;
　　　m——材料的质量,g;
　　　T_2——材料受热或冷却前的温度,K;
　　　T_1——材料受热或冷却后的温度,K。

材料的热容量值等于材料的比热容与材料质量的乘积。材料的热容量大,则材料在吸收或放出较多的热量时,其自身的温度变化不大,即有利于保证室内温度相对稳定。

任务三　材料的力学性质

【学习目标】

知识目标

了解材料的力学性质的基本概念。

能力目标

能根据材料的力学性质进行简单的计算。

【任务描述】

通过本任务的学习,掌握材料具备的主要力学性质,并能够根据材料的力学性质进行简单的计算。

【相关知识】

强度与比强度

材料在外力(荷载)作用下抵抗破坏的能力称为强度。

材料在建筑物上所受的外力主要有拉力、压力、弯曲及剪力等。材料抵抗这些外力破坏的能力,分别称为抗拉、抗压、抗弯和抗剪等强度。材料承受各种外力作用如图1-2

所示。

材料抗拉、抗压、抗剪强度按下式计算：

$$f = \frac{F}{A} \quad (1-15)$$

式中：f——抗拉、抗压、抗剪强度，MPa；
F——材料受拉、压、剪破坏时的荷载，N；
A——材料的受力面积，mm²。

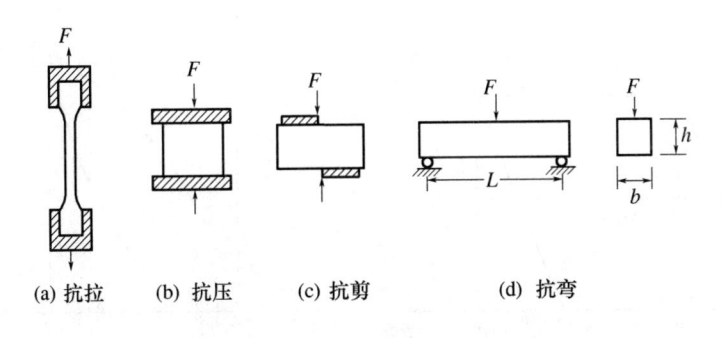

图 1-2 材料承受各种外力示意图

(a) 抗拉　(b) 抗压　(c) 抗剪　(d) 抗弯

材料的抗弯强度(也称抗折强度)与材料受力情况有关。试验时将试件放在两支点上，中间作用一集中荷载。对矩形截面试件，抗弯强度按下式计算：

$$f_m = \frac{3Fl}{2bh^2} \quad (1-16)$$

式中：f_m——抗弯强度，MPa；
F——受弯时破坏荷载，N；
l——两支点间的距离，mm；
b, h——材料截面的宽度、高度，mm。

材料的强度与其组成、构造有关。材料的组成相同，构造不同，强度也不相同。材料的孔隙率愈大，则强度愈小。材料的强度还与试验条件有关，如试件的尺寸、形状和表面状态、试件的含水率、加荷速度、试验环境的温度、试验设备的精确度及试验操作人员的技术水平等。为了使试验结果比较准确，具有可比性，国家规定了各种材料强度的标准试验方法。在测定材料强度等级时，必须严格按照规定的标准方法进行。材料可根据其强度值的大小划分为若干标号或等级。

承重结构的材料除了承受外荷载力，尚需承受自身重力。因此，不同强度材料的比较，可采用比强度指标。比强度是指单位体积质量的材料强度与其表观密度之比，它是衡量材料是否轻质、高强的指标。优质的结构材料，要求具有较高的比强度。

弹性与塑性

材料在外力作用下产生变形，当取消外力后，能够完全恢复原来形状的性质称为弹性；能够完全恢复的变形，称为弹性变形，如图 1-3 所示。

材料在外力作用下产生变形,当取消外力后,仍保持变形后的形状和尺寸,并有不产生裂缝的性质称为塑性。这种不能恢复的变形,称为塑性变形,如图1-3所示。

在建筑材料中,没有纯弹性材料。一部分材料在受力不大的情况下,只产生弹性变形,当外力超过一定限度后,便产生塑性变形,如低碳钢。有的材料如混凝土在受力时,弹性变形和塑性变形同时产生,当取消外力后,弹性变形恢复,而塑性变形不能恢复,这种材料称为弹塑性材料,这种变形称为弹塑性变形,如图1-4所示。

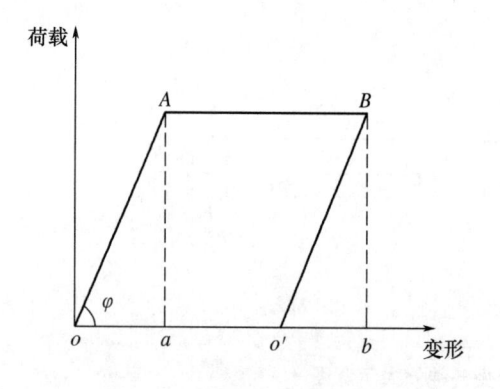

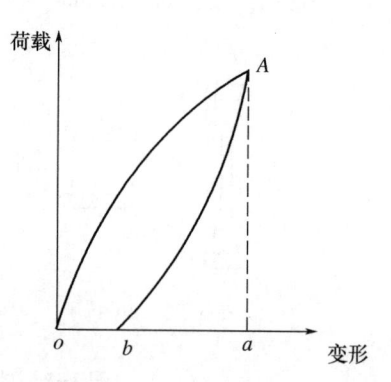

图 1-3　材料的弹性变形曲线　　　　图 1-4　材料的弹塑性变形曲线

脆性与韧性

材料在外力作用下,无明显塑性变形而突然破坏的性质,称为脆性。具有这种性质的材料称为脆性材料,如混凝土、玻璃、陶瓷等。脆性材料的抗冲击和振动荷载的能力差,常用作承压构件。

材料在冲击或振动荷载作用下,能吸收较大的能量,产生一定的变形而不被破坏的性质,称为韧性或冲击韧性。建筑钢材、木材、沥青等属于韧性材料。建筑工程中,要求承受冲击荷载或抗震的结构都要考虑材料的韧性。

任务四　材料的耐久性和环境协调性

【学习目标】

知识目标

了解材料的耐久性的概念。

能力目标

能够了解材料的环境协调性的概念。

【任务描述】

通过本任务的学习,掌握环境的耐久性和环境协调性的相关知识。

【相关知识】

材料的耐久性

材料在使用过程中,能抵抗周围各种介质的侵蚀而不破坏,也不失去原有性能的性质,称为耐久性。材料的耐久性是一项综合性质,一般包括抗渗性、抗冻性、耐腐蚀性、抗老化性、抗碳化性、耐热性、耐溶蚀性、耐磨性、耐光性等。

材料的组成、性质和用途不同,对耐久性的要求也不同,如结构材料主要要求强度不显著降低;装饰材料则主要要求颜色、光泽等不发生显著的变化等。工程上应根据工程的重要性、所处的环境及材料的特性,正确选择合理的耐久性寿命。

材料的环境协调性

土木工程材料的环境协调问题日益受到重视。所谓环境协调性,是指材料对资源和能源消耗少、对环境污染小和可循环再生利用率高,而且要求从材料制造、使用、废弃直至再生利用的整个寿命周期内,都必须具有与环境的协调共存性。

我国在1994年设立了环境标志产品认证委员会,在土木工程材料中首先对水性材料实行环境标志认证,制定环境标志产品的评定标准。为保障人民群众的身体健康和人身安全,国家制定了《建筑材料放射性核素限量》(GB 6566—2001)以及关于室内装饰装修材料有害物质限量等10项国家标准,并于2002年正式实施。

【拓展练习】

一、选择题

1.材料在水中吸收水分的性质称为( )。
　A.吸水性　　　　　B.吸湿性　　　　　C.耐水性　　　　　D.渗透性
2.建筑材料的吸湿性用( )来表示。

A.吸水率　　　　　　B.含水率　　　　　C.软化系数　　　　　D.渗透系数
3.密度是指材料在( )状态下,单位体积的质量。
　　　A.绝对密度　　　　　　　　　　　　　B.自然状态
　　　C.自然堆积状态下　　　　　　　　　　D.吸水饱和状态下
4.含水率为10%的湿砂220 g,其中水的质量为( )。
　　　A.19.8 g　　　　　B.22 g　　　　　C.20 g　　　　　D.20.2 g
5.材料憎水性是指润湿角( )。
　　　A.$\theta<90°$　　　　B.$\theta>90°$　　　　C.$\theta=90°$　　　　D.$\theta=0°$

二、判断题

1.材料吸水饱和状态时水占的体积可视为开口孔隙体积。( )
2.在空气中吸收水分的性质称为材料的吸水性。( )
3.材料的软化系数愈大,材料的耐水性愈好。( )
4.材料的渗透系数愈大,其抗渗性能愈好。( )
5.某些材料虽然在受力初期表现为弹性,达到一定程度后表现出塑性特征,这类材料称为塑性材料。( )

三、简答题

1.是否孔隙率越大,材料的抗冻性越差?
2.新建的房屋保暖性差,到冬季更甚,这是为什么?

项目二　气硬性胶凝材料

【学习目标】

知识目标

(1)了解气硬性胶凝材料的含义及应用。
(2)掌握石灰的陈伏、熟化和硬化过程。
(3)了解石膏的品种、成分以及建筑石膏的性质。
(3)了解水玻璃的定义,模数对水玻璃性质的影响。

能力目标

(1)能够掌握石灰的性质及应用。
(2)能够掌握建筑石膏的应用。
(3)能够了解水玻璃在工程中的应用。

素养目标

(1)具备严谨的学习精神,严格按规范要求进行学习。
(2)具备细致、科学、踏踏实实的工作作风,能自行解决工作中出现的问题。

【教学场景】

多媒体教室。

【项目描述】

本项目讲述了建筑工程中常用的石膏、石灰和水玻璃三种气硬性胶凝材料。要求掌握各种材料的特性及应用,熟悉其生产、凝结硬化原理及储运、使用中应注意的问题。

【课时分配】

序号	任务名称	课时分配(课时)
一	石灰的性质及应用	3
二	石膏的性质及应用	3
三	水玻璃的性质及应用	2
合　计		8

任务一　石灰的性质及应用

【学习目标】

知识目标

(1)了解气硬性胶凝材料的含义及应用。
(2)掌握石灰的陈伏、熟化和硬化过程。
(3)掌握石灰的特性及应用。

能力目标

(1)能够区分生石灰、熟石灰、钙质和镁质石灰、过火石灰的主要成分。
(2)能够使用生石灰、熟石灰及石灰膏。

【任务描述】

石灰是人类在建筑中最早使用的胶凝材料之一,因其原材料蕴藏丰富,分布广,生产工艺简单,成本低廉,使用方便,所以至今仍被广泛应用于建筑工程中。

【相关知识】

石灰的原料及生产

(一)石灰的原料

生产石灰的主要原料是以碳酸钙为主要成分的天然岩石,常用的有石灰石、白云石

等,如图 2-1 所示,这些天然原料中常含有黏土杂质,一般要求黏土杂质控制在 8% 以内。

除了用天然原料生成外,石灰的另一来源是利用化学工业副产品。例如:用电石(碳化钙)制取乙炔时的电石渣,其主要成分是氢氧化钙,即熟石灰(消石灰)。

图 2-1 石灰石

(二)石灰的生产

石灰石经过煅烧生成生石灰,其化学反应如下:

$$CaCO_3 \xrightarrow{900 \sim 1\,100℃} CaO + CO_2 \uparrow - 178\,kJ$$

正常温度下煅烧后的石灰具有多孔结构,内部孔隙率大,晶粒细小,与水作用速度快。实际生产中,若煅烧温度过低,煅烧时间不充足,则 $CaCO_3$ 不能完全分解,将生成欠火石灰,使用时产浆量较低,质量较差,降低了石灰的利用率;若煅烧温度过高,煅烧时间过长,将生成颜色较深、表观密度较大的过火石灰,使用时会影响工程质量。

生石灰是一种白色或灰色块状物质,如图 2-2 所示,其主要成分是氧化钙。因石灰原料中常含有一些碳酸镁成分,所以经煅烧生成的生石灰中,也相应地含有氧化镁成分。具体建筑生石灰的分类及化学成分见表 2-1、表 2-2。生石灰的识别标志由产品名称、加工情况和产品依据标准编号组成。生石灰块在代号后面加 Q,生石灰粉在代号后加 QP。

图 2-2 块状生石灰

表 2-1 建筑生石灰的分类（JC/T 479—2013）

类别	名称	代号
钙质石灰	钙质石灰 90	CL90
	钙质石灰 85	CL85
	钙质石灰 75	CL75
镁质石灰	镁质石灰 85	ML85
	镁质石灰 80	ML80

说明：CL——钙质石灰；90——（CaO+MgO）百分含量。

表 2-2 建筑生石灰的化学成分（JC/T 479—2013）

名称	（氧化钙+氧化镁）（CaO+MgO）	氧化镁（MgO）	二氧化碳（CO_2）	三氧化硫（SO_3）
CL90—Q CL90—QP	≥90	≤5	≤4	≤2
CL85—Q CL85—QP	≥85	≤5	≤7	≤2
CL75—Q CL75—QP	≥75	≤5	≤12	≤2
ML85—Q ML85—QP	≥85	>5	≤7	≤2
ML80—Q ML80—QP	≥80	>5	≤7	≤2

说明：QP——粉状。

石灰的熟化及硬化

（一）石灰的熟化

石灰的熟化，又称消解，是生石灰（CaO）与水作用生成熟石灰[$Ca(OH)_2$]的过程，即

$$CaO + H_2O \longrightarrow Ca(OH)_2 + 64.9 \text{ kJ}$$

石灰熟化时放出热量，其体积膨胀 1~2.5 倍。

为避免过火石灰在使用后，因吸收空气中的水蒸气而逐步水化膨胀，使硬化砂浆或石灰制品产生隆起、开裂等破坏，在使用前必须使其熟化或将其去除。常采用的方法是在熟化过程中首先将较大尺寸的过火石灰块利用筛网等去除，（同时也可去除较大的欠

火石灰块,以改善石灰质量)之后让石灰浆在储灰池中陈伏两周以上,使较小的过火石灰块熟化。陈伏期间,石灰浆表面应留有一层水,与空气隔绝,以免石灰碳化。

熟石灰又称消石灰,有两种使用形式:

1.石灰膏

石灰膏是生石灰块加3~4倍的水,经熟化、沉淀、陈伏而得到的膏状体。石灰膏含水约50%。1 kg生石灰可熟化成1.5~3.5 L的石灰膏。

2.消石灰粉

消石灰粉是生石灰块加60%~80%的水,经熟化、陈伏等得到的粉状物(略湿,但不成团)。建筑消石灰粉按扣除游离水和结合水后(CaO+MgO)的质量分数加以分类,见表2-3,建筑消石灰粉的化学成分应符合表2-4的要求。

表2-3 建筑消石灰的分类(JC/T 481—2013)

类　别	名　称	代　号
钙质消石灰	钙质消石灰90	HCL90
	钙质消石灰85	HCL85
	钙质消石灰75	HCL75
镁质消石灰	镁质消石灰85	HML85
	镁质消石灰80	HML80

表2-4 建筑消石灰的化学成分(JC/T 481—2013)

名　称	(氧化钙+氧化镁)($CaO+MgO$)	氧化镁(MgO)	三氧化硫(SO_3)
HCL90	≥	≤5	≤2
HCL85	≥		
HCL75	≥		
HML85	≥	>5	≤2
HML80	≥		

注:表中数值以试样扣除游离水和化学结合水后的干基为基准。

(二)石灰的硬化

石灰在空气中的硬化包括两个同时进行的过程:

1.结晶作用

石灰浆在使用过程中,因游离水分逐渐蒸发和被砌体吸收,使得$Ca(OH)_2$溶液过饱和而逐渐结晶析出,促进石灰浆体的硬化,同时干燥使浆体紧缩而产生强度,这个过程称为结晶。

2.碳化作用

$Ca(OH)_2$与空气中的CO_2作用,生成不溶于水的$CaCO_3$晶体,析出的水分则逐渐被蒸发，即：

$$Ca(OH)_2 + CO_2 + nH_2O \longrightarrow CaCO_3\downarrow + (n+1)H_2O$$

这个过程称为碳化，形成的碳酸钙晶体使硬化石灰浆体结构致密，强度提高。但由于空气中的二氧化碳的浓度很低，故碳化过程极为缓慢。空气中湿度过小或过大均不利于石灰的碳化硬化。

石灰硬化慢、强度低、不耐水。

石灰的技术要求及特性

（一）石灰的技术要求

建筑所用生石灰的物理性质见表2-5，建筑所用消石灰的物理性质见表2-6。

表2-5　建筑生石灰的物理性质（JC/T 479—2013）

名　称	每10 kg产浆量/dm³	细度	
		0.2 mm筛余量	90 μm筛余量
CL90—Q	≥26	—	—
CL90—QP	—	≤2%	≤7%
CL85—Q	≥26	—	—
CL85—QP	—	≤2%	≤7%
CL75—Q	≥26	—	—
CL75—QP	—	≤2%	≤7%
ML85—Q	—	—	—
ML85—QP	—	≤2%	≤7%
ML80—Q	—	—	—
ML80—QP	—	≤7%	≤2%

注：其他物理特性，根据要求，可按照JC/T 478.1进行测试。

表2-6　建筑消石灰的物理性质（JC/T 481—2013）

名　称	游离水	细　度		安定性
		0.2 mm筛余量	90 μm筛余量	
HCL90	≤2%	≤2%	≤7%	合格
HCL85				
HCL75				
HCL85				
HCL80				

(二)石灰的特性

1.保水性和可塑性好

生石灰熟化成的石灰浆具有良好的保水性和可塑性,用来配制建筑砂浆可显著提高砂浆的和易性,便于施工。

2.凝结硬化慢、强度低

石灰浆的碳化很慢,且氢氧化钙结晶量很少,因而硬化慢,强度很低。如石灰砂浆(1:3)28天抗压强度通常只有0.2~0.5 MPa,不宜用于重要的建筑物的基础。

3.耐水性差

氢氧化钙微溶于水,如果长期受潮或水浸泡会使硬化的石灰溃散。若石灰浆体在完全硬化之前就处于潮湿的环境中,石灰中的水分不能蒸发出去,其硬化就会被阻止,所以石灰不宜在潮湿的环境中应用。

4.硬化时体积收缩大

石灰浆在硬化过程中,要蒸发掉大量水分,引起体积收缩,易出现干缩裂缝,因此除调成石灰乳作薄层粉刷外,不宜单独使用。在使用时,常在其中掺加砂、麻刀、纸筋等以抵抗收缩引起的开裂。

✎ 石灰的应用与储存

生石灰经加工处理后可得到很多品种的石灰,如生石灰粉、消石灰粉、石灰乳、石灰膏等,不同品种的石灰具有不同的用途。

（一）石灰粉

石灰粉可与含硅材料混合(如天然砂、粉煤灰等),经加工养护制成硅酸盐制品,如灰砂砖、粉煤灰砖等。石灰粉还可与纤维材料(如玻璃材料)或轻质骨料加水拌和成型,然后用二氧化碳进行人工碳化,制成碳化石灰板,其加工性能好,适合做非承重的内隔墙板、天花板。石灰粉与黏土按一定比例拌和,可制成石灰土,或与黏土、砂石、炉渣等填料拌制成三合土,主要用在一些建筑物的基础、地面的垫层和公路的路基上。

（二）石灰膏

将熟化后的石灰膏或石灰粉加水稀释成石灰乳,用作内墙及天棚粉刷的涂料;如果掺入适量的砂或水泥和砂,即可配制成石灰砂浆,用作内墙或顶棚抹面。

（三）石灰的储存

生石灰会吸收空气中的二氧化碳和水分,生产碳酸钙粉末,从而失去黏结力。所以在工地上储存时要防止受潮,且不宜太多、太久。另外,石灰熟化时要放出大量的热,因此应将生石灰与可燃物分开保管,以免引起火灾。通常进场后可立即陈伏,将储存期变成熟化期。

任务二　石膏的性质及应用

【学习目标】

知识目标

(1)了解石膏的品种、成分。
(2)掌握建筑石膏的凝结硬化过程。

能力目标

能够了解建筑石膏的性质及应用。

【任务描述】

石膏具有比石灰更为优越的建筑性能,它的资源丰富,生产工艺简单,所以石膏不仅是一种有悠久历史的古老的胶凝材料,而且是一种有发展前途的新型建筑材料。

【相关知识】

建筑石膏的生产、水化与凝结硬化

(一)建筑石膏的生产

1.以天然石膏为原料

将天然二水石膏 $CaSO_4 \cdot 2H_2O$(又称生石膏或软石膏)加热脱水,反应式如下:

$$CaSO_4 \cdot 2H_2O \xrightarrow{107 \sim 170℃} CaSO_4 \cdot 1/2H_2O + 3/2H_2O$$
　　(生石膏)　　　　　　　　　(熟石膏)

生成的产物为 β 型半水石膏,将此熟石膏磨细得到的白色粉末为建筑石膏,其生产的主要工序是破碎、加热与磨细。

2.以工业副产石膏为原料

工业副产石膏是工业生产过程中产生的富含二水硫酸钙($CaSO_4 \cdot 2H_2O$)的副产品,例如烟气脱硫石膏和磷石膏。将工业副产石膏经脱水处理,制得以 β 型半水硫酸钙为主要成分的工业副产建筑石膏。

(二)水化与凝结硬化

建筑石膏与水拌和后,很快与水发生化学反应(水化),反应式如下:

$$CaSO_4 \cdot 1/2H_2O + 3/2H_2O \longrightarrow CaSO_4 \cdot 2H_2O$$

由于二水石膏的溶解度比半水石膏小得多,所以二水石膏不断从过饱和溶液中沉淀而析出胶体微粒。二水石膏的析出促使上述水化反应继续进行,直至半水石膏全部转化为二水石膏为止。石膏浆体中的水分因水化和蒸发而减少,浆体的稠度逐渐增加,使浆体逐渐失去可塑性,产生凝结。随着水化的不断进行,胶体凝聚并转变为晶体。晶体颗粒间相互搭接、交错、共生,使浆体完全失去可塑性,产生强度、硬化,最终成为具有一定强度的人造石材。

建筑石膏的技术要求

根据国家标准《建筑石膏》(GB 9776—2008)的规定,建筑石膏按原材料种类可分为三类:天然建筑石膏(N),脱硫建筑石膏(S)、磷建筑石膏(P)。按2 h抗折强度可分为3.0,2.0,1.6三个等级,各个等级的技术要求见表2-7。其中,抗折强度和抗压强度为试样与水接触后2 h测得的。

表2-7 建筑石膏的技术指标(GB/T 9776—2008)

等级	细度(0.2 mm方孔筛筛余)/%	凝结时间/min 初凝	凝结时间/min 终凝	2 h强度/MPa 抗折	2 h强度/MPa 抗压
3.0	≤10	≥3	≤30	≥3.0	≥6.0
2.0	≤10	≥3	≤30	≥2.0	≥4.0
1.6	≤10	≥3	≤30	≥1.6	≥3.0

建筑石膏按产品名称、代号、等级及标准号的顺序进行产品标记。例如,等级为2.0的天然建筑石膏标记为:建筑石膏 N 2.0 GB/T 9776—2008。

建筑石膏在贮存过程中,应防止受潮及混入杂物。建筑石膏自生产之日起,在正常运输与贮存条件下,贮存期为3个月。

建筑石膏的特性

(一)凝结硬化快

建筑石膏与水拌和后,在常温下3~5 min可初凝,30 min以内可达终凝。在室内自然干燥状态下,达到完全硬化约需一周。为满足施工操作的要求,一般需加缓凝剂。

(二)微膨胀性

建筑石膏硬化过程中体积略有膨胀,硬化时不出现裂缝,所以可以不掺加填料而单独使用,可以浇筑成型制得尺寸准确、表面光滑的构件或装饰图案,可锯可钉。

(三)孔隙率大、强度低

石膏硬化后孔隙率可达50%~60%,因此建筑石膏质轻、隔热、吸声性好,且具有一定的调湿性,是良好的室内装饰材料。但孔隙率大使石膏制品的强度低、吸水率大。

(四)耐水性差、抗冻性差

建筑石膏制品软化系数小(为0.2~0.3),耐水性差,若吸水后受冻,将因水分结冰体积膨胀而崩裂,故建筑石膏的耐水性和抗冻性都较差,不宜用于室外。

(五)抗火性好

石膏硬化后的结晶物$CaSO_4 \cdot 2H_2O$受到火烧时,结晶水蒸发吸收热量,并在表面生成具有良好绝热性的无水石膏,起到阻止火焰蔓延和温度升高的作用,所以石膏有良好的抗火性。

建筑石膏的应用

建筑石膏不仅有如上所述的许多优良性能,而且它还具有无污染、保温绝热、吸声阻燃等方面的优点,一般做成石膏抹面灰浆、建筑装饰制品和石膏板等。

(一)室内抹灰及粉刷

建筑石膏加水、砂拌和成石膏砂浆,可用于室内抹灰,具有绝热、阻火、隔声、舒适、美观等特点。抹灰后的墙面和天棚还可以直接涂刷油漆及粘贴墙纸。

建筑石膏加水和缓凝剂调成石膏浆体,掺入部分石灰可用作室内粉刷涂料。粉刷后的墙面光滑、细腻、洁白美观。

(二)装饰制品

以石膏为主要原料,掺加少量的纤维增强材料和胶料,加水搅拌成石膏浆体,利用石膏硬化时体积微膨胀的性能,可制成各种石膏雕塑、饰面板及各种装饰品。

(三)石膏板

我国目前生产的石膏板,主要有纸面石膏板、石膏空心条板、石膏装饰板和纤维石膏板等。

1.纸面石膏板

纸面石膏板是用石膏作芯材,两面用纸护面而成的,规格为宽度900~1 200 mm,厚度9~12 mm,长度可按需要而定,主要用于内墙、隔墙和天花板等处,如图2-3所示。

图2-3 纸面石膏板

2.石膏空心条板

石膏空心条板以建筑石膏为主要原料,规格为:(2 500~3 500)mm×(450~600)mm×(60~100)mm,7~9孔,孔洞率为30%~40%。这种石膏板强度高,可用作住宅和公共建筑的内墙和隔墙等,安装时不需龙骨,如图2-4所示。

图2-4 石膏空心条板

3.石膏装饰板

石膏装饰板以建筑石膏为主要原料,规格为边长300,400,500,600,900 mm的正方形,有平板、多孔板、花纹板、浮雕板及装饰薄板等,花色多样、颜色鲜艳、造型美观,主要用于公共建筑,可用作墙面和天花板等,如图2-5所示。

4.纤维石膏板

纤维石膏板以建筑石膏、纸板和短切玻璃纤维为原料,这种板的抗弯强度高,可用于内墙和隔墙,也可用来代替木材制作家具,如图2-6所示。

图 2-5　石膏装饰板　　　　　　　　图 2-6　纤维石膏板

此外,还有石膏蜂窝板、防潮石膏板、石膏矿棉复合板等,可分别用作绝热板、吸声板、内墙和隔墙板、天花板、地面基层板等。

建筑石膏若配以纤维增强材料、胶黏剂等还可制成石膏角线、线板、角花、灯圈、罗马柱、雕塑等艺术装饰石膏制品。

任务三　水玻璃的性质及应用

【学习目标】

知识目标

(1)了解水玻璃的定义及生产方式。
(2)了解模数对水玻璃性质的影响。

能力目标

能够了解水玻璃在工程中的应用。

【任务描述】

水玻璃又称泡花碱,是一种碱金属气硬性胶凝材料。在建筑工程中常用来配制水玻璃水泥、水玻璃砂浆、水玻璃混凝土。水玻璃在防酸和耐热工程中应用极为广泛。

【相关知识】

水玻璃生产简介

(一) 固体水玻璃

目前生产水玻璃的主要方法是以纯碱和石英砂为原料,将其磨细拌匀后,在1 300~1 400 ℃的熔炉中熔融,经冷却后生成固体水玻璃,如图2-7所示。

图 2-7 固体水玻璃

(二) 液体水玻璃

液体水玻璃是将固体水玻璃装进蒸压釜内,通入水蒸气使其溶于水而得,或者将石英砂和氢氧化钠溶液在蒸压釜内(0.2~0.3 MPa)用蒸汽加热并搅拌,使其直接反应而生成液体水玻璃,其溶液具有碱性溶液的性质。纯净的水玻璃溶液应为无色透明液体,但因含杂质常呈现为青灰或黄绿等颜色。

水玻璃硬化

水玻璃溶液在空气中吸收二氧化碳,形成无定形硅酸凝胶,并逐渐干燥而硬化。这个过程进行得很慢,在使用过程中,常将水玻璃加热或加入氟硅酸钠(Na_2SiF_6)作为促硬剂,以加快水玻璃的硬化速度。

氟硅酸钠的适宜用量为水玻璃质量的12%~15%。氟硅酸钠也能提高水玻璃的耐水性。

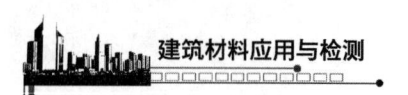

水玻璃的特性

根据碱金属氧化物的不同,水玻璃可分为硅酸钠水玻璃和硅酸钾水玻璃等,其中硅酸钠水玻璃最常用。水玻璃的组成中,氧化硅和氧化钠的分子比 n,称为水玻璃的模数, n 一般在 1.5~3.5 之间,它的大小决定水玻璃的品质及其应用性能。模数低的固体水玻璃较易溶于水,黏结能力较差;而模数越高,水玻璃的黏度越大,越难溶于水。

水玻璃溶液可与水按任意比例混合,不同的用水量可使溶液具有不同的密度和黏度。同一模数的水玻璃溶液,其密度越大,黏度越大,黏结力越强。若在水玻璃中加入尿素,可在不改变黏度的情况下,提高其黏结能力。

水玻璃还具有很强的耐酸腐蚀性,能抵抗多数无机酸、有机酸和侵蚀性气体的腐蚀。水玻璃硬化时析出的硅酸凝胶还能堵塞材料的毛细孔隙,起到阻止水分渗透的作用。水玻璃还具有良好的耐热性能,在高温下不分解,强度不降低,甚至有所增加。

另外,水玻璃对眼睛和皮肤有一定的灼伤作用,使用过程中应注意安全防护。

水玻璃的应用

(一) 耐酸材料

以水玻璃为胶凝材料配制的耐酸胶泥、耐酸砂浆及耐酸混凝土广泛用于防腐工程中。

(二) 耐热材料

水玻璃耐高温性能良好,能长期承受一定高温作用而强度不降低,可配制成耐热混凝土和耐热砂浆。

(三) 涂料

利用水玻璃溶液可涂刷建筑材料表面或浸渍多孔材料,它渗入材料的缝隙或孔隙中,可增加材料的密实度和强度,增强抗风化能力。但不能对石膏制品进行涂刷或浸渍,因为水玻璃与石膏反应生成硫酸钠晶体,会在制品孔隙内部产生体积膨胀,使石膏制品破坏。

(四) 灌浆材料

将水玻璃与氯化钙溶液交替灌入土壤中,两种溶液发生化学反应,析出硅酸胶体,起到胶结和填充土壤孔隙的作用,并可阻止水分的渗透,增加土壤的密实度和强度。

(五) 防水堵漏材料

将水玻璃溶液掺入砂浆或混凝土中,可使其急速凝结硬化,用于结构物的修补堵漏。另外,水玻璃加入矾的水溶液,可配制成水泥砂浆或混凝土的防水剂。

【拓展练习】

一、判断题

1.石膏既耐热又耐火。（　　）
2.石灰熟化的过程又称为石灰的消解。（　　）
3.建筑石膏最突出的技术性质是凝结硬化快,且硬化时体积略有膨胀。（　　）
4.气硬性胶凝材料只能在空气中硬化,水硬性胶凝材料只能在水中硬化。（　　）
5.水玻璃的模数 n 值越大,则其在水中的溶解度越大。（　　）

二、选择题

1.下列材料中凝结硬化最快的是(　　)。
　A.生石灰　　　　B.水泥　　　　C.粉煤灰　　　　D.建筑石膏
2.石灰在应用时不能单独应用,是因为(　　)。
　A.熟化时体积膨胀导致破坏　　　　B.硬化时体积收缩导致破坏
　C.过火石灰的危害　　　　　　　　D.欠火石灰过多
3.氧化镁含量为(　　)是划分钙质石灰和镁质石灰的界限。
　A.5%　　　　　B.10%　　　　　C.15%　　　　　D.20%
4.下列工程不适于选用石膏制品的是(　　)。
　A.影剧院的穿孔贴面板　　　　B.冷库内的墙贴面
　C.非承重隔墙板　　　　　　　D.承重隔墙板
5.石灰熟化时为了消除过火石灰的危害,可在熟化后陈伏(　　)左右。
　A.6 min　　　　B.3 min　　　　C.15 d　　　　D.3 d

三、简答题

1.为什么说石膏板是建筑物的一种良好内墙材料,但不能用于外墙维护结构?
2.简述欠火石灰与过火石灰对石灰品质的影响与危害。

项目三 水 泥

【学习目标】

知识目标

(1)掌握硅酸盐水泥的定义、熟料矿物的主要成分及其水化特性。
(2)掌握硅酸盐水泥的技术性质、特性及应用。
(3)了解混合材料的定义及分类。
(4)掌握六大硅酸盐水泥的主要性质。
(5)了解常用水泥的包装、运输和保管。
(6)掌握水泥石的腐蚀原因及防治措施。
(7)了解其他品种水泥的特点及应用。

能力目标

(1)能够进行水泥细度测定、标准稠度用水量、凝结时间测定、胶砂强度测定、体积安定性测定。
(2)能够根据国家标准完成对试验结果的评定。
(3)能够正确的应用水泥,并且进场后正确保管水泥。
(4)能根据工程要求及所处环境的特点,正确选择水泥的品种。

素养目标

(1)能按时到课,遵守课堂纪律,积极回答课堂问题,按时上交作业。
(2)培养严谨的工作作风,能够认真完成工作。
(3)热爱建筑工作,具有创新意识和创新精神。
(4)具备团队意识,能够与他人进行良好的合作与交流。

项目三 水 泥

【教学场景】

多媒体教室、试验室。

【项目描述】

本项目通过对硅酸盐水泥较详细的阐述,以了解水泥熟料的矿物组成及水泥浆凝结硬化过程对水泥硬化体的结构、性能的影响。掌握常用水泥的技术性质、质量要求及如何合理选用水泥。简要了解一些专用及特性水泥的组成和性能特点及应用范围。

【课时分配】

序 号	任务名称	课时分配(课时)
一	硅酸盐水泥技术要求及应用	4
二	掺混合材料的硅酸盐水泥及应用	4
三	通用硅酸盐水泥的应用	4
四	其他品种水泥技术要求及应用	4
五	水泥细度试验	2
六	水泥标准稠度用水量及凝结时间试验	2
七	水泥体积安定性试验	2
八	水泥强度检验	2
合 计		24

任务一 硅酸盐水泥技术要求及应用

【学习目标】

知识目标

(1)掌握硅酸盐水泥的定义、类型及代号。
(2)掌握硅酸盐水泥的生产过程。

能力目标

(1)能够区分硅酸盐水泥熟料的矿物组成。

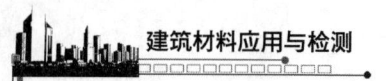

(2)能够掌握硅酸盐水泥水化与凝结硬化的过程。

【任务描述】

国家标准《通用硅酸盐水泥》(GB175—2007)将硅酸盐水泥(波特兰水泥)分为两种类型：不掺混合材料的称为Ⅰ型硅酸盐水泥，代号P·Ⅰ；在硅酸盐水泥粉磨时掺加不超过水泥质量5%的石灰石或粒化高炉矿渣混合材料的称为Ⅱ型硅酸盐水泥，代号P·Ⅱ。

【相关知识】

🖉 硅酸盐水泥的生产简介

(一)原料

生产硅酸盐水泥的原料主要是石灰质原料和黏土质原料，为满足成分的要求还常用校正原料。

1.石灰质原料

主要成分为CaO，采用石灰岩、石灰质凝灰岩等，其中多用石灰石。

2.黏土质原料

主要成分为SiO_2、Al_2O_3及少量Fe_2O_3，采用黏土、黄土、页岩、泥岩等，其中以黏土和黄土应用最广。

3.校正原料

用铁矿粉等铁质原料补充氧化铁的含量，用砂岩、粉砂岩等硅质校正原料补充SiO_2。

(二)生产过程

目前，常把硅酸盐水泥的生产技术简称为两磨一烧，其生产工艺流程如图3-1所示。生产水泥时先把几种原料按适当的比例混合后，在球磨机中磨成生料，然后将制得的生料在回转窑或立窑内经1 350~1 450 ℃高温煅烧，再把烧好的熟料和适当的石膏及混合材料混合，在球磨机中磨细，就得到水泥。

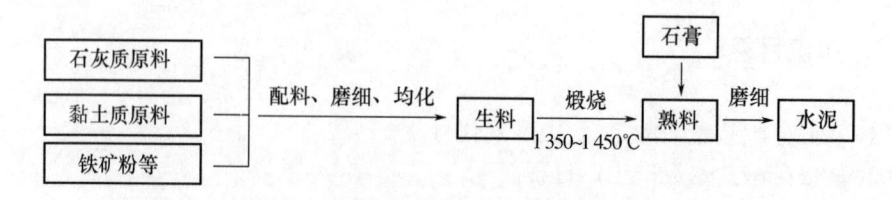

图3-1 硅酸盐水泥生产工艺流程示意图

水泥生料的配合比例不同，直接影响水泥熟料的矿物成分比例和主要建筑技术性

能,硅酸盐水泥生料在窑内的煅烧过程,是保证水泥熟料质量的关键。

水泥生料的煅烧,在达到 1 000 ℃时各种原料完全分解出水泥中的有用成分,主要是氧化钙、二氧化硅、三氧化二铝、三氧化二铁,其中:

800 ℃左右时少量分解出的氧化物已开始发生固相反应,生成铝酸一钙、少量的铁酸二钙及硅酸二钙。

900～1 100 ℃温度范围内铝酸三钙和铁铝酸四钙开始生成。

1 100～1 200 ℃温度范围内大量生成铝酸三钙和铁铝酸四钙,硅酸二钙生成量最大。

1 300～1 450 ℃温度范围内铝酸三钙和铁铝酸四钙呈熔融状态,产生的液相,并把CaO及部分硅酸二钙溶解于其中,在此液相中,硅酸二钙吸收 CaO 化合成硅酸三钙。这是煅烧水泥的关键,必须停留足够的时间,使原料中游离的 CaO 被吸收,以保证水泥熟料的质量。

烧成的水泥熟料经过迅速冷却,即得到水泥熟料块。

硅酸盐水泥熟料的矿物组成及其特性

硅酸盐水泥熟料的主要矿物组成及其含量范围见表 3-1。

表 3-1 硅酸盐水泥的熟料主要矿物组成及其含量

化合物名称	氧化物成分	缩写符号	含量
硅酸三钙	$3CaO \cdot SiO_2$	C_3S	37%～60%
硅酸二钙	$3CaO \cdot SiO_2$	C_2S	15%～37%
铝酸三钙	$3CaO \cdot Al_2O_3$	C_3A	7%～15%
铁铝酸四钙	$4CaO \cdot Al_2O_3 \cdot Fe_2O_3$	C_4AF	10%～18%

硅酸盐水泥熟料的成分中,除表 3-1 列出的主要化合物外,还有少量游离氧化钙和游离氧化镁等。

水泥之所以有许多优良的建筑技术性能,主要是由于水泥熟料中几种主要矿物水化作用的结果,各种熟料矿物单独与水作用时表现出的特性见表 3-2。

表 3-2 各种熟料矿物单独与水作用的性质

性 质		硅酸三钙	硅酸二钙	铝酸三钙	铁铝酸四钙
凝结硬化速度		快	慢	最快	较快
水化时放热量		高	低	最高	中
强度	高低	高	早期低,后期高	低	中
	发展	快	慢	快	较快

水泥熟料是由各种不同特性的矿物所组成的混合物。因此，改变熟料矿物成分之间的比例，水泥的性质会发生相应的变化，如提高硅酸三钙的含量，可制成高强水泥；降低铝酸三钙、硅酸三钙含量，可制成水化热低的大坝水泥等。

硅酸盐水泥的水化与凝结硬化

水泥用适量的水调和后，最初形成具有可塑性的浆体，随着时间的增长，失去可塑性（但尚无强度），这一过程称为初凝，开始具有强度时称为终凝。由初凝到终凝的过程称为水泥的凝结。此后，产生明显的强度并逐渐发展而成为坚硬的水泥石，这一过程称为水泥的硬化。水泥石的凝结和硬化是人为划分的，实际上是一个连续、复杂的物理化学变化过程，这些变化决定了水泥石的某些性质，对水泥的应用有着重要意义。

（一）硅酸盐水泥的水化、凝结和硬化

水泥和水拌和后，水泥颗粒被水包围，表面的熟料矿物立刻与水发生化学反应生成了一系列新的化合物，并放出一定的热量。其反应式如下：

$$2(3CaO \cdot SiO_2) + 6H_2O = 3CaO \cdot 2SiO_2 \cdot 3H_2O + 3Ca(OH)_2$$

$$2(2CaO \cdot SiO_2) + 4H_2O = 3CaO \cdot 2SiO_2 \cdot 3H_2O + Ca(OH)_2$$

$$3CaO \cdot Al_2O_3 + 6H_2O = 3CaO \cdot Al_2O_3 \cdot 6H_2O$$

$$4CaO \cdot Al_2O_3 \cdot Fe_2O_3 + 7H_2O = 3CaO \cdot Al_2O_3 \cdot 6H_2O + CaO \cdot Fe_2O_3 \cdot H_2O$$

为了调节水泥的凝结时间，在熟料磨细时应掺加适量（3%左右）石膏，这些石膏与部分水化铝酸钙反应，生成难溶的水化硫铝酸钙的针状晶体。它包裹在水泥颗粒表面形成保护膜，从而延缓了水泥的凝结时间。

由此可见，硅酸盐水泥与水作用后，生成的主要水化产物有水化硅酸钙、水化铁酸钙凝胶体、水化铝酸钙、氢氧化钙和水化硫铝酸钙晶体。在完全水化的水泥石中，水化硅酸钙约占70%，氢氧化钙约占25%。

当水泥加水拌和后（图3-2a），在水泥颗粒表面即发生化学反应，生成的水化产物聚集在颗粒表面形成凝胶薄膜（图3-2b），它使水化反应减慢。表面形成的凝胶薄膜使水泥浆具有可塑性，由于生成的胶体状水化产物在某些点接触，构成疏松的网状结构时，使浆体失去流动性和部分可塑性，这时为初凝。之后，由于薄膜的破裂，使水泥与水又迅速广泛地接触，反应继续加速，生成较多量的水化硅酸钙凝胶、氢氧化钙和水化硫铝酸钙晶体等水化产物，它们相互接触连生（图3-2c），到一定程度，浆体完全失去可塑性，建立起充满全部间隙的紧密的网状结构，并在网状结构内部不断充实水化产物，使水泥具有一定的强度，这时为终凝。当水泥颗粒表面重新为水化产物所包裹，水化产物层的厚度和致密程度不断增加，水泥浆体趋于硬化，形成具有较高强度的水泥石（图3-2d）。硬化水泥石是由凝胶、晶体、毛细孔和未水化的水泥熟料颗粒所组成。

由此可见，水泥的水化和硬化过程是一个连续的过程。水化是水泥产生凝结硬化的前提，而凝结硬化是水泥水化的结果。凝结和硬化又是同一过程的不同阶段，凝结标志着水泥浆失去流动性而具有一定的塑性强度，硬化则表示水泥浆固化后所建立的网状结构具有一定的机械强度。

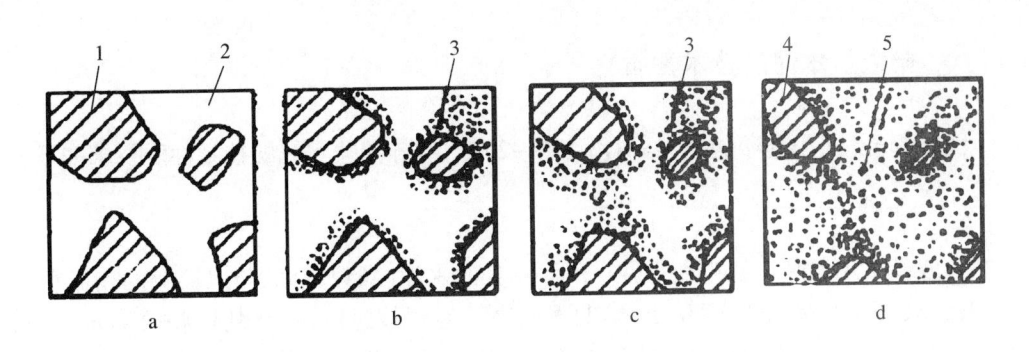

图 3-2 水泥凝结硬化过程示意图
1—未水化水泥颗粒;2—水分;3—水泥凝胶体;4—水泥颗粒的未水化内核;5—毛细管孔隙

(二)影响硅酸盐水泥凝结硬化的主要因素

1. 熟料矿物组成的影响

硅酸盐水泥熟料矿物组成是影响水泥的水化速度、凝结硬化过程及强度等的主要因素。

硅酸三钙(C_3S)、硅酸二钙(C_2S)、铝酸三钙(C_3A)和铁铝酸四钙(C_4AF)四种主要熟料矿物中,C_3A 是决定性因素,是强度的主要来源。改变熟料中矿物组成的相对含量,即可配制成具有不同特性的硅酸盐水泥。提高 C_3S 的含量,可制得快硬高强水泥;减少 C_3A 和 C_3S 的含量,提高 C_2S 的含量,可制得水化热低的低热水泥;降低 C_3A 的含量,适当提高 C_4AF 的含量,可制得耐硫酸盐水泥。

2. 水泥细度的影响

水泥的细度即水泥颗粒的粗细程度。水泥越细,凝结速度越快,早期强度越高。但过细时,易与空气中的水分及二氧化碳反应而降低活性,并且硬化时收缩也较大,且成本高。因此,水泥的细度应适当,硅酸盐水泥的比表面积应大于 300 m^2/kg。

3. 石膏的掺量

水泥中掺入石膏,可调节水泥凝结硬化的速度。掺入少量石膏,可延缓水泥浆体的凝结硬化速度,但石膏掺量不能过多,过多的石膏不仅缓凝作用不大,还会引起水泥安定性不良。一般掺量约占水泥质量的 3%~5%,具体掺量需通过试验确定。

4. 养护湿度和温度的影响

(1)湿度——应保持潮湿状态,保证水泥水化所需的化学用水。混凝土在浇筑后两到三周内必须加强洒水养护。

(2)温度——提高温度可以加速水化反应。如采用蒸汽养护和蒸压养护。冬季施工时,须采取保温措施。

5. 养护龄期的影响

水泥水化硬化是一个较长时期不断进行的过程,随着龄期的增长水泥石的强度逐渐提高。水泥在 3~14 d 内强度增长较快,28 d 后增长缓慢。水泥强度的增长可延续几年,甚至几十年。

硅酸盐水泥的技术性质

国家标准《通用硅酸盐水泥》(GB 175—2007)对硅酸盐水泥的技术性质要求如下:

(一)细度

细度是指水泥颗粒的粗细程度。同样成分的水泥,颗粒越细,与水接触的表面积越大,因而水化较迅速,凝结硬化快,早期强度高。但颗粒过细,硬化的体积收缩较大,易产生裂缝,储存期间容易吸收水分和二氧化碳而失去活性。另外,颗粒细则粉磨过程中的能耗大,水泥成本提高,因此细度应适宜。国家标准(GB 175—2007)规定:硅酸盐水泥的细度以比表面积(比表面积是指单位质量水泥颗粒的总表面积)表示,不小于 300 m^2/kg。

(二)标准稠度用水量

在进行水泥的凝结时间、体积安定性测定时,要求必须采用标准稠度的水泥净浆来测定。标准稠度用水量是指水泥拌制成标准稠度时所需的用水量,以占水泥质量的百分数表示,用标准维卡仪测定。不同的水泥品种,水泥的标准稠度用水量各不相同,一般为 24%~33%。

水泥的标准稠度用水量主要取决于熟料矿物的组成、混合材料的种类及水泥的细度。

(三)凝结时间

水泥的凝结时间是指水泥从加水开始到失去流动性所需的时间,分为初凝和终凝。初凝时间为水泥从开始加水拌和起到水泥浆开始失去可塑性为止所需的时间;终凝时间为水泥从开始加水拌和起至水泥浆完全失去可塑性并开始产生强度所需的时间,如图 3-3 所示。

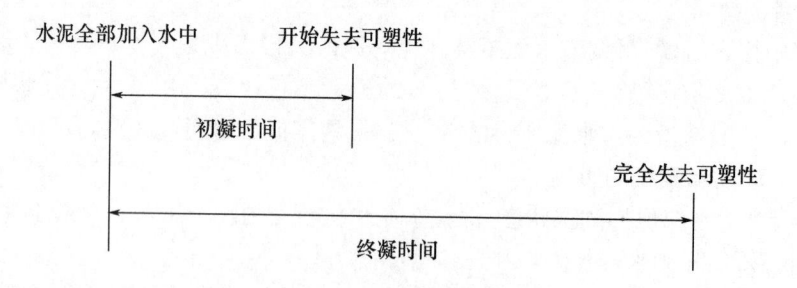

图 3-3 水泥凝结时间示意图

水泥的凝结时间在施工中具有重要意义。

水泥的初凝时间不宜过早,以便在施工时有足够的时间完成混凝土的搅拌、运输、浇捣和砌筑等操作;水泥的终凝时间不宜过迟,以免拖延施工工期。国家标准(GB

175—2007)规定:硅酸盐水泥初凝时间不得早于 45 min,终凝时间不得迟于 390 min。

(四) 体积安定性

水泥的体积安定性是指水泥在凝结硬化过程中水泥体积变化的均匀性。如果水泥凝结硬化后体积变化不均匀,水泥混凝土构件将产生膨胀性裂缝,降低建筑物质量,甚至引起严重事故,这就是水泥的体积安定性不良。体积安定性不良的水泥作废品处理,不能用于工程中。

引起水泥体积安定性不良的原因,一般是由于熟料中含有过量的游离氧化钙(f—CaO)、游离氧化镁(f—MgO)或三氧化硫(SO_3),或者粉磨时掺入的石膏过量。熟料中所含的 f—CaO 和 f—MgO 都是过烧的,熟化很慢,它们在水泥凝结硬化后才慢慢熟化:

$$CaO + H_2O = Ca(OH)_2$$
$$MgO + H_2O = Mg(OH)_2$$

熟化过程中产生体积膨胀,使水泥石开裂。过量的石膏掺入将与已固化的水化铝酸钙作用生成水化硫铝酸钙晶体,产生 1.5 倍的体积膨胀,造成已硬化的水泥石开裂。

由 f—CaO 引起的体积安定性不良可采用沸煮法检验。国家标准《通用硅酸盐水泥》(GB 175—2007)规定,通用硅酸盐水泥的安定性需经沸煮法检验合格。同时规定,硅酸盐水泥中游离氧化镁含量不得超过 5.0%,三氧化硫含量不得超过 3.5%。如果水泥压蒸试验合格,则水泥中氧化镁的含量(质量分数)允许放宽至 6.0%。

(五) 强度

水泥强度是表示水泥力学性能的重要指标,水泥的强度除了与水泥本身的性质(矿物组成、细度)有关外,还与水灰比、试件制作方法、养护条件和养护时间有关。

国家标准《水泥胶砂强度检验方法》(GB/T 17671—1999)规定,以水泥和标准砂为 1:3,水灰比为 0.5 的配合比,用标准方法制成 40 mm×40 mm×160 mm 棱柱体标准试件,在标准条件下养护,测定其达到规定龄期的抗折强度和抗压强度。

为提高水泥的早期强度,现行标准将水泥分为普通型和早强型(R 型)两个型号。硅酸盐水泥按照 3d、28 d 的抗压强度、抗折强度,分为 42.5、42.5 R、52.5、52.5 R、62.5、62.5 R 六个强度等级。各等级、各龄期的强度值不得低于表 3-3 中规定的数值。

表 3-3 硅酸盐水泥的强度要求

品 种	强度等级	抗压强度/MPa 3 d	抗压强度/MPa 28 d	抗折强度/MPa 3 d	抗折强度/MPa 28 d
硅酸盐水泥	42.5	≥17.0	≥42.5	≥3.5	≥6.5
	42.5 R	≥22.0		≥4.0	
	52.5	≥23.0	≥52.5	≥4.0	≥7.0
	52.5 R	≥27.0		≥5.0	
	62.5	≥28.0	≥62.5	≥5.0	≥8.0
	62.5 R	≥32.0		≥5.5	

(六)水化热

水泥在水化过程中所放出的热量,称为水泥的水化热。大部分水化热是在水化初期(7 d)放出的,以后则逐渐减少。水泥水化热的大小首先取决于水泥熟料的矿物组成和细度。冬季施工时,水化热有利于水泥的正常凝结硬化。但对大体积混凝土工程,如大型基础、大坝、桥墩等,水化热大是不利的,可使混凝土产生裂缝。因此对大体积混凝土工程,应采用水化热较低的水泥,如中热水泥、低热矿渣水泥等。

(七)密度与堆积密度

硅酸盐水泥的密度一般为 3.0~3.20 g/cm³。通常采用 3.10 g/cm³。硅酸盐水泥的堆积密度除与矿物组成及细度有关外,主要取决于水泥堆积时的紧密程度。在配制混凝土和砂浆时,水泥堆积密度可取 1 200~1 300 kg/m³。

国家标准除了对上述内容作了规定外,还对水泥中不溶物、烧失量、碱含量、氯离子含量提出了要求。Ⅰ型硅酸盐水泥中不溶物含量不得超过 0.75%,Ⅱ型硅酸盐水泥中不溶物含量不得超过 1.5%。Ⅰ型硅酸盐水泥烧失量不得超过 3.0%,Ⅱ型硅酸盐水泥烧失量不得超过 3.5%。水泥中碱含量按 $Na_2O+0.658 K_2O$ 计算值表示。若使用活性骨料,用户要求提供低碱水泥时,水泥中的碱含量应不大于 0.60%或由买卖双方协商确定。水泥中氯离子含量不得超过 0.06%。

国家标准《通用硅酸盐水泥》(GB 175—2007)规定:通用硅酸盐水泥凡凝结时间、强度、体积安定性、三氧化硫、游离态氧化镁、氯离子、不溶物、烧失量等指标中任一项不符合规定的,为不合格品。

任务二 掺混合材料的硅酸盐水泥及应用

【学习目标】

知识目标

(1)了解混合材料的定义。
(2)掌握掺混合材料的硅酸盐水泥的种类。

能力目标

能够根据工程的要求及所处的不同环境,选择合适的水泥品种。

项目三 水 泥

【任务描述】

在硅酸盐水泥磨细的过程中,常掺入一些天然或人工合成的矿物材料、工业废渣,称为混合材料。

【相关知识】

✏ 混合材料

在硅酸盐水泥磨细的过程中,常掺入一些天然或人工合成的矿物材料、工业废渣,称为混合材料。

掺混合材料的目的是为了改善水泥的某些性能、调整水泥强度、增加水泥品种、扩大水泥的使用范围、综合利用工业废料、节约能源、降低水泥成本等。

混合材料按其掺入水泥后的作用可分为两大类——活性混合材料和非活性混合材料。

(一)活性混合材料

活性混合材料掺入硅酸盐水泥后,能与水泥水化产物中的氢氧化钙起化学反应,生成水硬性胶凝材料,凝结硬化后具有强度并能改善硅酸盐水泥的某些性质,这种混合材料称为活性混合材料。常用的有粒化高炉矿渣、火山灰、粉煤灰等。

(二)非活性混合材料

不具活性或活性很低的人工或天然的矿物质材料称为非活性混合材料。这类材料与水泥成分不起化学作用,或者化学反应很微小。它的掺入仅能起调节水泥强度等级、增加水泥产量、降低水化热等作用。实质上,非活性混合材料在水泥中仅起填充料的作用,所以又称为填充性混合材料。这类材料有磨细石英砂、石灰石、黏土、慢冷矿渣及各种废渣等。

✏ 掺混合材料硅酸盐水泥的种类

(一)普通硅酸盐水泥

国家标准(GB 175—2007)规定,普通硅酸盐水泥中活性混合材料掺加量应大于5%且不大于20%,其中允许用不超过水泥质量8%的非活性混合材料或不超过水泥质量5%的窑灰代替。普通硅酸盐水泥代号P·O。

（二）矿渣硅酸盐水泥

国家标准（GB 175—2007）规定，矿渣硅酸盐水泥中矿渣掺加量应大于20%且不大于70%，其中允许用石灰石、窑灰、粉煤灰和火山灰质混合材料中的一种材料代替炉渣，代替数量不得超过水泥质量的8%。矿渣硅酸盐水泥分为A型和B型。A型矿渣掺量大于20%且不大于50%，代号P·S·A；B型矿渣掺量大于50%且不大于70%，代号P·S·B。

（三）火山灰质硅酸盐水泥

国家标准（GB 175—2007）规定，火山灰质硅酸盐水泥中火山灰混合材料掺量应大于20%且不大于40%，代号P·P。

（四）粉煤灰硅酸盐水泥

国家标准（GB 175—2007）规定，粉煤灰硅酸盐水泥中粉煤灰掺量应大于20%且不大于40%，代号P·F。

（五）复合硅酸盐水泥

国家标准（GB 175—2007）规定，复合硅酸盐水泥中掺入两种或两种以上规定的混合材料，且混合材料掺量应大于20%且不大于50%，代号P·C。

掺混合材料硅酸盐水泥的技术要求

（一）强度等级与强度

国家标准（GB 175—2007）规定，普通硅酸盐水泥的强度等级分为42.5，42.5R，52.5，52.5R四个等级。矿渣硅酸盐水泥、火山灰质硅酸盐水泥、粉煤灰硅酸盐水泥、复合硅酸盐水泥的强度等级分为32.5，32.5R，42.5，42.5R，52.5，52.5R六个等级。各等级、各龄期的强度值不得低于表3-4中规定的数值。

表3-4 掺混合材料硅酸盐水泥各等级、各龄期的强度值

品　种	强度等级	抗压强度/MPa		抗折强度/MPa	
		3 d	28 d	3 d	28 d
普通硅酸盐水泥	42.5	≥17.0	≥42.5	≥3.5	≥6.5
	42.5R	≥22.0		≥4.0	
	52.5	≥23.0	≥52.5	≥4.0	≥7.0
	52.5R	≥27.0		≥5.0	

续表

品　　种	强度等级	抗压强度/MPa		抗折强度/MPa	
		3 d	28 d	3 d	28 d
矿渣硅酸盐水泥 火山灰质硅酸盐水泥 粉煤灰硅酸盐水泥 复合硅酸盐水泥	32.5	≥10.0	≥32.5	≥2.5	≥5.5
	32.5R	≥15.0		≥3.5	
	42.5	≥15.0	≥42.5	≥3.5	≥6.5
	42.5R	≥19.0		≥4.0	
	52.5	≥21.0	≥52.5	≥4.0	≥7.0
	52.5R	≥23.0		≥4.5	

（二）细度

国家标准（GB 175—2007）规定，普通硅酸盐水泥的细度以比表面积表示，不小于 300 m²/kg；矿渣硅酸盐水泥、火山灰质硅酸盐水泥、粉煤灰硅酸盐水泥、复合硅酸盐水泥的细度以筛余表示，80 μm 方孔筛筛余不大于 10% 或 45 μm 方孔筛筛余不大于 30%。

（三）凝结时间

国家标准（GB 175—2007）规定，普通硅酸盐水泥、矿渣硅酸盐水泥、火山灰质硅酸盐水泥、粉煤灰硅酸盐水泥、复合硅酸盐水泥初凝时间不小于 45 min，终凝时间不大于 600 min。

（四）体积安定性

国家标准（GB 175—2007）规定，普通硅酸盐水泥中三氧化硫含量不得超过 3.5%。游离态氧化镁含量不得超过 5.0%，如果水泥压蒸试验合格，则水泥中氧化镁的含量允许放宽至 6.0%。

矿渣硅酸盐水泥中三氧化硫含量不得超过 4.0%。P·S·A 型矿渣硅酸盐水泥中游离态氧化镁含量不得超过 6.0%，如果水泥中氧化镁的含量大于 6.0% 时，需进行压蒸安定性试验并合格。

火山灰质硅酸盐水泥、粉煤灰硅酸盐水泥、复合硅酸盐水泥中三氧化硫含量不得超过 3.5%，游离态氧化镁含量不得超过 6.0%，如果水泥中氧化镁的含量大于 6.0% 时，需进行压蒸安定性试验并合格。

掺混合材料硅酸盐水泥的性质

（一）普通硅酸盐水泥

普通硅酸盐水泥的组成为硅酸盐水泥熟料、适量石膏及少量的混合材料，故其性质介于硅酸盐水泥和其他四种水泥之间，更接近硅酸盐水泥。与硅酸盐水泥相比，普通硅酸盐水泥的具体表现为：
（1）早期强度略低；
（2）水化热略低；
（3）耐腐蚀性略有提高；
（4）耐热性稍好；
（5）抗冻性、耐磨性、抗碳化性略有降低。

普通硅酸盐水泥的应用与硅酸盐水泥基本相同，但在一些硅酸盐水泥不能使用的地方可使用普通硅酸盐水泥，使得普通硅酸盐水泥成为建筑行业应用最广、使用量最大的水泥品种。

（二）矿渣硅酸盐水泥、火山灰质硅酸盐水泥和粉煤灰硅酸盐水泥

这三种水泥与硅酸盐水泥或普通硅酸盐水泥相比，有其共同的特性：
（1）凝结硬化速度较慢，早期强度较低，但后期强度增长较多，甚至超过同强度等级的硅酸盐水泥；
（2）水泥放热速度慢，放热量较低；
（3）对温度的敏感性较高，温度低时硬化慢，温度高时硬化快；
（4）抵抗软水及硫酸盐介质的侵蚀能力较强；
（5）抗冻性比较差。

此外，这三种水泥也各有不同的特点。如矿渣硅酸盐水泥和火山灰质硅酸盐水泥的干缩大，粉煤灰硅酸盐水泥干缩小；火山灰质硅酸盐水泥抗渗性较高，但在干燥的环境中易产生裂缝，并使已经硬化的表面产生"起粉"现象；矿渣硅酸盐水泥的耐热性较好，保持水分的能力较差，泌水性较大。

这三种水泥除能用于地上外，特别适用于地下或水中的一般混凝土和大体积混凝土结构以及蒸汽养护的混凝土构件，也适用于受一般硫酸盐侵蚀的混凝土工程。

（三）复合硅酸盐水泥

复合硅酸盐水泥与矿渣硅酸盐水泥、火山灰质硅酸盐水泥和粉煤灰硅酸盐水泥相比，掺混合材料的种类不是一种而是两种或两种以上，多种材料互掺，可弥补一种混合材料性能的不足，明显改善水泥的性能，使用范围更广。

任务三　通用硅酸盐水泥的应用

【学习目标】

知识目标

（1）了解水泥强度等级的选用。

(2)了解水泥品种的选用。

能力目标

(1)能够对水泥进行包装、标志和贮存。
(2)能够掌握水泥石的腐蚀与防治。

【任务描述】

通过本任务的学习重点掌握水泥强度等级的选用方法、水泥的包装、标志及贮存以及水泥石的腐蚀与防治办法,为日后的实际操作打下基础。

【相关知识】

水泥强度等级的选用

选用水泥强度等级时,应与混凝土设计强度等级相适应。一般的混凝土(如垫层)的水泥强度等级不得低于 32.5;用于一般钢筋混凝土的水泥强度等级不得低于 32.5R;用于预应力混凝土、有抗冻要求的混凝土、大跨度重要结构工程的混凝土等的水泥强度等级不得低于 42.5R。

一般来说,低强度等级的混凝土(C20 以下)所用水泥强度等级应为混凝土强度等级的 2 倍;中等强度等级的混凝土(C20~C40)所用水泥强度等级为混凝土强度等级的 1.5~2 倍;强度等级高的混凝土(C40 以上)所用水泥强度等级应为混凝土强度等级的 0.9~1 倍。

水泥品种的选用

根据六种通用硅酸盐水泥的主要技术性质(表 3-5),可按表 3-6 选用。

表 3-5 通用硅酸盐水泥的主要技术性质

品种	硅酸盐水泥	普通水泥	矿渣水泥	火山灰质水泥	粉煤灰水泥	复合水泥
主要性质区分	①凝结硬化快 ②早期强度高 ③水化热大 ④抗冻性好 ⑤干缩性小 ⑥耐蚀性差 ⑦耐热性差	①凝结硬化较快 ②早期强度较高 ③水化热较大 ④抗冻性较好 ⑤干缩性较小 ⑥耐蚀性较差 ⑦耐热性较差	①凝结硬化慢 ②早期强度低,后期增长较快 ③水化热较低 ④抗冻性差 ⑤干缩性大 ⑥耐蚀性较好 ⑦耐热性好 ⑧泌水性大	①凝结硬化慢 ②早期强度低,后期增长较快 ③水化热较低 ④抗冻性差 ⑤干缩性大 ⑥耐蚀性较好 ⑦耐热性好 ⑧抗渗性较好	①凝结硬化慢 ②早期强度低,后期增长较快 ③水化热较低 ④抗冻性差 ⑤干缩性较小,抗裂性较好 ⑥耐蚀性较好 ⑦耐热性较好	与所掺混合材料的种类、掺量有关,其特性基本与矿渣水泥、火山灰质水泥、粉煤灰水泥的特性相似

表 3-6　通用硅酸盐水泥的选用

混凝土工程特点及所处环境条件		优先选用	可以选用	不宜选用
普通混凝土	在一般气候环境中的混凝土	普通硅酸盐水泥	矿渣硅酸盐水泥、火山灰质硅酸盐水泥、粉煤灰硅酸盐水泥、复合硅酸盐水泥	
	在干燥环境中的混凝土	普通硅酸盐水泥	矿渣硅酸盐水泥	火山灰质硅酸盐水泥、粉煤灰硅酸盐水泥
	在高湿度环境中或长期处于水中的混凝土	矿渣硅酸盐水泥、火山灰质硅酸盐水泥、粉煤灰硅酸盐水泥、复合硅酸盐水泥	普通硅酸盐水泥	
	厚大体积的混凝土	矿渣硅酸盐水泥、火山灰质硅酸盐水泥、粉煤灰硅酸盐水泥、复合硅酸盐水泥		硅酸盐水泥
有特殊要求的混凝土	要求快硬、高强（>C40）的混凝土	硅酸盐水泥	普通硅酸盐水泥	矿渣硅酸盐水泥、火山灰质硅酸盐水泥、粉煤灰硅酸盐水泥、复合硅酸盐水泥
	严寒地区的露天混凝土、寒冷地区处于水位升降范围内的混凝土	普通硅酸盐水泥	矿渣硅酸盐水泥（强度等级>32.5）	火山灰质硅酸盐水泥、粉煤灰硅酸盐水泥
	严寒地区处于水位升降范围内的混凝土	普通硅酸盐水泥（强度等级>42.5）		矿渣硅酸盐水泥、火山灰质硅酸盐水泥、粉煤灰硅酸盐水泥、复合硅酸盐水泥
	有抗渗要求的混凝土	普通硅酸盐水泥、火山灰质硅酸盐水泥		矿渣硅酸盐水泥
	有耐磨性要求的混凝土	硅酸盐水泥、普通硅酸盐水泥	矿渣硅酸盐水泥（强度等级>32.5）	火山灰质硅酸盐水泥、粉煤灰硅酸盐水泥
	受侵蚀性介质作用的混凝土	矿渣硅酸盐水泥、火山灰质硅酸盐水泥、粉煤灰硅酸盐水泥、复合硅酸盐水泥		硅酸盐水泥

包装、标志、贮存

（一）包装

水泥可以袋装和散装,袋装水泥每袋净含量50 kg,且不少于标志质量的99%,随机抽取20袋总质量(含包装袋)不得少于1 000 kg。其他包装形式由供需双方协商确定,但有关袋装质量要求必须符合上述原则。水泥包装袋应符合《水泥包装袋》(GB9774—2010)的规定。

（二）标志

水泥包装袋上应清楚标明:执行标准、水泥品种、代号、强度等级、生产者名称、生产许可证标志(QS)及编号、出厂编号、包装日期、净含量。包装袋两侧应根据水泥的品种采用不同的颜色印刷水泥名称和强度等级,硅酸盐水泥和普通硅酸盐水泥用红色;矿渣硅酸盐水泥用绿色,火山灰质硅酸盐水泥、粉煤灰硅酸盐水泥和复合硅酸盐水泥用黑色或蓝色。

散装发运时应提交与袋装标志相同内容的卡片。

（三）贮存

水泥很容易吸收空气中的水分,在贮存和运输中应注意防水、防潮;贮存水泥要有专用仓库,库房应有防潮、防漏措施,存入袋装水泥时,地面垫板要离地300 mm,四周离墙300 mm。一般不可露天堆放,确因受库房限制需库外堆放时,也必须做到上盖下垫。散装水泥必须盛放在密闭库房或容器内,要按不同品种、标号及出厂日期分别存放。袋装水泥堆放高度一般不应超过10袋,以免造成底层水泥纸袋破损而受潮变质和污染损失。

水泥库存期规定为3个月(自出厂日期算起),超过库存期水泥强度下降,使用时应重新鉴定强度等级,按鉴定后的强度等级使用。所以贮存和使用水泥应注意先入库的先用。

水泥石的腐蚀与防治

（一）水泥石的腐蚀

硅酸盐水泥在硬化后,在通常使用条件下耐久性较好。但在某些腐蚀性介质中,水泥石结构会逐渐受到破坏,强度会降低,甚至引起整个结构破坏,这种现象称为水泥石的腐蚀。

引起水泥石腐蚀的原因很多,现象也很复杂,几种常见的腐蚀现象如下:

1.溶解腐蚀

水泥石中的$Ca(OH)_2$能溶解于水。若处于流动的淡水(如雨水、雪水、河水、湖水)

中，Ca(OH)$_2$不断溶解流失，同时，由于石灰浓度降低，会引起其他水化物的分解溶蚀，孔隙增大，水泥石结构遭到进一步的破坏，这种现象称为溶解腐蚀，也称为溶析。

2.化学腐蚀

水泥石在腐蚀性液体或气体作用下，会生成新的化合物。这些化合物强度较低，或易溶于水，或无胶凝能力，因此使水泥石强度降低，或使水泥石结构遭到破坏。

根据腐蚀介质的不同，化学腐蚀又可分为盐类腐蚀、酸类腐蚀和强碱腐蚀三种。

（1）盐类腐蚀。

盐类腐蚀主要有硫酸盐腐蚀和镁盐腐蚀两种。硫酸盐腐蚀是海水、湖水、盐沼水、地下书及某些工业污水含有的钠、钾、铵等的硫酸盐与水泥石中的氢氧化钙反应生成硫酸钙，硫酸钙又与水泥石中的固态水化铝酸钙反应生成含水硫铝酸钙，含水硫铝酸钙中含有大量结晶水，比原有体积增加1.5倍以上，对已经固化的水泥石有极大的破坏作用。含水硫铝酸钙呈针状晶体，俗称为"水泥杆菌"。

当水中硫酸盐的浓度较高时，硫酸钙将在孔隙中直接结晶成二水石膏，使水泥石体积膨胀，从而导致水泥石破坏。

镁盐的腐蚀主要是海水或地下水中的硫酸镁和氧化镁与水泥石中的氢氧化钙反应，生成松软而无胶凝能力的氢氧化镁、易溶于水的氯化钙及由于体积膨胀导致水泥石破坏的二水石膏，反应式为

$$MgSO_4 + Ca(OH)_2 + 2H_2O \longrightarrow CaSO_4 \cdot 2H_2O + Mg(OH)_2$$
$$MgCl_2 + Ca(OH)_2 \longrightarrow CaCl_2 + Mg(OH)_2$$

（2）酸类腐蚀。

①碳酸腐蚀。在工业污水、地下水中常溶解有较多的二氧化碳，二氧化碳与水泥石中的氢氧化钙反应生成碳酸钙，碳酸钙继续与溶在水中的二氧化碳反应，生成易溶于水的重碳酸钙，因而使水泥石中的氢氧化钙溶失，导致水泥石破坏。反应式为

$$Ca(OH)_2 + CO_2 \longrightarrow CaCO_3 \downarrow + H_2O$$
$$CaCO_3 + CO_2 + H_2O \longrightarrow Ca(HCO_3)_2$$

由于氢氧化钙浓度降低，会导致水泥中的其他水化产物的分解，使腐蚀作用进一步加剧。以上腐蚀称为碳酸腐蚀。

②其他酸腐蚀（HCl，H$_2$SO$_4$）。其他酸的腐蚀是指工业废水、地下水、沼泽水中含有的无机酸或有机酸与水泥石中的氢氧化钙反应，生成易溶于水或体积膨胀的化合物，因而导致水泥石的破坏。如盐酸和硫酸分别与水泥石中氢氧化钙作用，其反应式如下：

$$2HCl + Ca(OH)_2 \longrightarrow CaCl_2 + 2H_2O$$
$$H_2SO_4 + Ca(OH)_2 \longrightarrow CaSO_4 \cdot 2H_2O$$

（3）强碱腐蚀。

浓度不大的碱类溶液对水泥石一般是无害的，但铝酸盐含量较高的硅酸盐水泥遇到强碱（如氢氧化钠）作用时，会生成易溶的铝酸钠。如果水泥石被氢氧化钠溶液浸透后又在空气中干燥，则氢氧化钠与空气中的二氧化碳会作用生成碳酸钠。由于碳酸钠在水泥石的毛细孔中结晶沉积，可导致水泥石的胀裂破坏。

(二)水泥石腐蚀的防治

1.发生腐蚀的原因

水泥石的腐蚀过程是一个复杂的物理化学过程,它在遭受腐蚀作用时往往是几种腐蚀同时存在,互相影响。

发生水泥腐蚀的基本原因,一是水泥石中存在引起腐蚀的氢氧化钙和水化铝酸钙;二是水泥石本身不密实,有很多毛细孔通道,侵蚀性介质容易进入其内部。

2.相应的防治措施

(1)根据腐蚀环境的特点,合理地选用水泥品种。例如采用水化产物中的氢氧化钙含量较少的水泥,可提高抵抗淡水等侵蚀作用的能力;采用铝酸三钙含量低于5%的抗硫酸盐水泥,可提高抵抗硫酸盐腐蚀的能力。

(2)提高水泥石的密实度。由于水泥石水化时实际用水量是理论需水量的2~3倍。多余的水蒸发后形成毛细管通道,腐蚀介质容易渗入水泥石内部,造成水泥石的腐蚀。在实际工程中,可采取合理设计混凝土配合比、降低水灰比、正确选择骨料、掺外加剂、改善施工方法等措施,提高混凝土或砂浆的密实度。

另外,也可在混凝土或砂浆表面进行碳化处理,使表面生成难溶的碳酸钙外壳,以提高密实度。

(3)加做保护层。当水泥制品所处环境腐蚀性较强时,可用耐酸石、耐酸陶瓷、塑料、沥青等,在混凝土或砂浆表面做一层耐腐蚀性强而且不透水的保护层。

任务四　其他品种水泥技术要求及应用

【学习目标】

知识目标

(1)了解快硬硅酸盐水泥的定义及特点。
(2)了解膨胀水泥的定义、分类及特点。
(3)了解白色硅酸盐水泥的定义及特点。
(4)了解中热硅酸盐水泥、低热硅酸盐水泥和低热矿渣硅酸盐水泥的定义及特点。
(5)了解铝酸盐水泥的定义及特点。

能力目标

能够根据现场施工的条件合理的选择不同种类的水泥。

【任务描述】

通过本任务的学习,能够掌握其他几种不同类型的水泥的定义、分类、特点及用途。

【相关知识】

✎ 快硬硅酸盐水泥

国家标准《快硬硅酸盐水泥》(GB199—1990)规定,凡以硅酸盐水泥熟料和适量石膏磨细制成的,以 3 d 抗压强度表示强度等级的水硬性胶凝材料,称快硬硅酸盐水泥(简称快硬水泥)。

快硬硅酸盐水泥凝结硬化很快,其强度等级以 3 d 抗压强度来表示,分为 32.5,37.5 和 42.5 三个等级。各龄期强度均不得低于表 3-7 所示数值。

表 3-7 快硬硅酸盐水泥强度限值(GB199—1990)

强度等级	抗压强度/MPa			抗折强度/MPa		
	1 d	3 d	28 d[①]	1 d	3 d	28 d[①]
32.5	15.0	32.5	52.5	3.5	5.0	7.2
37.5	17.0	37.5	57.5	4.0	6.0	7.6
42.5	19.0	42.5	62.5	4.5	6.4	8.0

注:①供需双方参考指标。

熟料中氧化镁含量不得超过 5.0%。如水泥压蒸性试验合格,则熟料中氧化镁的含量允许放宽到 6.0%。

水泥中三氧化硫的含量不得超过 10%。

快硬水泥的细度为 0.080 mm 方孔筛筛余不得超过 10%。

凝结时间要求,初凝不早于 45 min,终凝不迟于 10 h。

体积安定性要求沸煮法检验合格。

快硬水泥有几个显著的特点:凝结硬化快,早期强度高;抗低温性能较好;抗冻性好;与钢筋黏结力好,对钢筋无侵蚀作用;抗硫酸侵蚀性优于普通水泥,抗渗性、耐磨性也较好。

由于以上特点,此种水泥适用于配制早强、高强度混凝土,适用于紧急抢修工程、低温施工工程和高强度混凝土预制件等。

膨胀水泥

一般水泥在凝结硬化过程中都会产生一定的收缩,使水泥混凝土出现裂纹,影响混凝土的强度及其他许多性能。而膨胀水泥则克服了这一弱点,在硬化过程中能够产生一定的膨胀,增加水泥石的密实度,消除由收缩带来的不利影响。膨胀水泥比一般水泥多了一种膨胀组分,在凝结硬化过程中,膨胀组分使水泥产生一定量的膨胀值。常用的膨胀组分是在水化后能形成膨胀生产物——水化硫铝酸钙的材料。

按膨胀值大小,可将膨胀水泥分为膨胀水泥和自应力水泥两大类。膨胀水泥的膨胀率较小,主要用于补偿水泥在凝结硬化过程中产生的收缩,因此又称为无收缩水泥或收缩补偿水泥;自应力水泥的膨胀值较大,在限制膨胀的条件下(如配有钢筋时),由于水泥石的膨胀作用,使混凝土受到压应力,从而的达到了预应力的作用,同时还增加了钢筋的握裹力。

常用的膨胀水泥及主要用途如下:

1. 硅酸盐膨胀水泥

硅酸盐膨胀水泥主要用于制造防水层和防水混凝土,加固结构、浇筑机器底座或固结地脚螺栓,并可用于接缝及修补工程。但禁止在有硫酸盐侵蚀的水中工程中使用。

2. 低热微膨胀水泥

低热微膨胀水泥主要用于要求较低水化热和要求补偿收缩的混凝土及大体积混凝土,也适用于要求抗渗和抗硫酸侵蚀的工程。

3. 膨胀硫铝酸盐水泥

膨胀硫铝酸盐水泥主要用于配制节点、抗渗和补偿收缩的混凝土工程。

4. 自应力水泥

自应力水泥主要用于自应力钢筋混凝土压力管及其配件。

此外,还有多种膨胀水泥。

白色硅酸盐水泥

国家标准《白色硅酸盐水泥》(GB 2015—2005)规定,由氧化铁含量少的硅酸盐水泥熟料、适量石膏及规定的混合材料,磨细制成的水硬性胶凝材料称为白色硅酸盐水泥(简称"白水泥")。代号 P·W。白色硅酸盐水泥熟料中三氧化硫的含量应不超过3.5%,氧化镁的含量不宜超过5.0%。如果水泥经压蒸安定性试验合格,则熟料中氧化镁的含量允许放宽到6.0%。

为了保证白色硅酸盐水泥的白度,在煅烧和磨细时应防止着色物质混入。一般在煅烧时常采用天然气、煤气或重油作燃料,磨细时在球磨机中用硅质石材或坚硬的白色陶瓷作为衬板和研磨体,磨细时还可以加入10%~15%的白色混合材料。

国家标准(GB 2015—2005)将白色硅酸盐水泥分成35.5,42.5,52.5三个强度等级,各等级强度值见表3-8。

表 3-8 白色硅酸盐水泥各龄期强度值

强度等级	抗压强度/MPa		抗折强度/MPa	
	3 d	28 d	3 d	28 d
32.5	12.0	32.5	3.0	6.0
42.5	17.0	42.5	3.5	6.5
52.5	22.0	52.5	4.0	7.0

白色硅酸盐水泥的细度要求 80 μm 方孔筛筛余应不超过 10%。

凝结时间要求初凝不早于 45 min,终凝不迟于 10 h。

体积安定性要求用沸煮法检验合格。

白色硅酸盐水泥的白度值应不低于 87。

用白色硅酸盐水泥熟料、石膏和耐碱矿物颜料共同磨细,可制成彩色硅酸盐水泥。白色和彩色硅酸盐水泥,主要用于建筑物装饰工程。可做成水泥拉毛、彩色砂浆、水磨石、水刷石、斩假石等饰面,也可用于雕塑及装饰构件或制品。使用白色或彩色硅酸盐水泥时,应以彩色大理石、石灰石、白云石等彩色石子或石屑和石英砂作粗细骨料。制作方法可以预制,也可以在工程的要求部位现制。

中热硅酸盐水泥、低热硅酸盐水泥和低热矿渣硅酸盐水泥

(一)中热硅酸盐水泥

以适当成分的硅酸盐水泥熟料,加入适量石膏,磨细制成的具有中等水化热的水硬性胶凝材料,称为中热硅酸盐水泥,简称中热水泥,代号 P·MH。熟料中的硅酸三钙的含量应不超过 55%,铝酸三钙的含量应不超过 6%,游离氧化钙的含量应不超过 1.0%。

(二)低热硅酸盐水泥

以适当成分的硅酸盐水泥熟料,加入适量石膏,磨细制成的具有低水化热的水硬性胶凝材料,称为低热硅酸盐水泥,简称低热水泥,代号 P·LH。熟料中的硅酸二钙的含量应不超过 6%,游离氧化钙的含量应不超过 1.0%。

(三)低热矿渣硅酸盐水泥

以适当成分的硅酸盐水泥熟料,加入矿渣、适量石膏,磨细制成的具有低水化热的水硬性胶凝材料,称为低热矿渣硅酸盐水泥,简称低热矿渣水泥,代号 P·SLH。熟料中的铝酸三钙的含量应不超过 8%,游离氧化钙的含量应不超过 1.2%,氧化镁的含量不宜超过 5.0%;如果水泥经压蒸安定性试验合格,则熟料中氧化镁的含量允许放宽到 6.0%。

中热水泥和低热水泥强度等级为 42.5;低热矿渣水泥强度等级为 32.5。上述三种水泥主要适用于要求水化热低的大坝和大体积混凝土工程。

铝酸盐水泥

国家标准《铝酸盐水泥》(GB 201—2015)规定,凡以铝酸钙为主的铝酸盐水泥熟料

磨细制成的水硬性胶凝材料,称为铝酸盐水泥,代号 CA。铝酸盐水泥常为黄色或褐色,也有呈灰色的。铝酸盐水泥的主要矿物成分为铝酸一钙($CaO \cdot Al_2O_3$,简写 CA)和其他的铝酸盐以及少量的硅酸二钙($2CaO \cdot SiO_2$)等。

铝酸盐水泥的密度和堆积密度与普通硅酸盐水泥相近。其细度为比表面积不小于 300 m^2/kg 或 0.045 mm,筛余不大于 20%。铝酸盐水泥按氧化铝含量分为 CA—50,CA—60,CA—70,CA—80 四种类型,凝结时间为 CA—50,CA—70,CA—80 的胶砂初凝时间不得早于 30 min,终凝时间不得迟于 6h;CA—60 的胶砂初凝时间不得早于 60 min,终凝时间不得迟于 18 h。

铝酸盐水泥凝结硬化速度快,1 d 强度可达最高强度的 80% 以上,主要用于工期紧急的工程,如国防、道路和特殊抢修工程等。

铝酸盐水泥水化热大,且放热量集中,1 d 内放出的水化热为总量的 70%~80%,使混凝土内部温度上升较高,即使在 -10 ℃下施工,铝酸盐水泥也能很快凝结硬化,可用于冬季施工的工程。

铝酸盐水泥在普通硬化条件下,由于水泥石中不含铝酸三钙和氢氧化钙,且密实度较大,因此具有很强的抗硫酸盐腐蚀作用。

铝酸盐水泥具有较高的耐热性,如采用耐火粗细骨料(如铬铁矿等)可制成使用温度达 1 300~1 400 ℃ 的耐热混凝土。

另外,铝酸盐水泥与硅酸盐水泥或石灰相混不但产生闪凝,而且由于生成高碱性的水化铝酸钙,使混凝土开裂,甚至破坏。因此施工时除不得与石灰或硅酸盐水泥混合外,也不得与未硬化的硅酸盐水泥接触使用。

任务五　水泥细度试验

【学习目标】

知识目标

(1)了解水泥细度的定义。
(2)掌握影响水泥细度的因素。

能力目标

能够测定水泥的细度,提高技能的熟练程度。

【任务描述】

掌握《水泥细度检验方法(80 μm 筛分析法)》(GB/T1345—2005)的测试方法。正确使用所用仪器与设备,并熟悉其性能。加深对所学知识的理解。

【相关知识】

根据一定量水泥在一定孔径筛子上的筛余量大小来反映水泥的粗细。筛余量越大,水泥越粗。反之,水泥越细。

干筛法(负压筛析法)

(一)主要仪器设备

1.试验筛

由圆形筛框和筛网组成,筛框和筛网接触处应用防水密封。筛口配有有机玻璃筛盖;筛盖和筛口有良好的密封性。

2.负压筛析仪(图3-4)

由筛座、干筛、负压源及收尘器组成。其中干筛座又由转速为(30±2)r/min 的微型电机、喷气嘴、负压表、控制板及壳体构成。筛析仪工作时,负压应不低于4 000 Pa,不高于6 000 Pa。喷气嘴上口平面与筛网之间距离为2~8 mm。喷气嘴上开口尺寸应符合标准要求,负压源和收尘器为功率600 W 的工业吸尘器或其他具有相当能力的设备。

3.天平(图3-5)

最大称量为100 g,分度值不大于0.05 g。

图3-4 负压筛析仪   图3-5 电子天平

(二)试样制备

水泥样品需具有代表性,且通过0.9 mm 方孔筛过筛。

(三)操作步骤

(1)将水泥试样充分混合均匀,通过0.9 mm 方孔筛过筛,并记录筛余物情况。

(2)试验时,80 μm 筛析试验称取水泥试样 25 g,45 μm 筛析试验称取水泥试样 10 g,置于洁净的干筛内并盖上筛盖,再将筛子放在干筛座上,启动筛析仪器连续筛析 2 min,此间若有试样黏附在筛盖上,可用手轻轻拍击,使试样落下。筛毕,用天平称量筛余物质量,精确至 0.1 g。

注意事项

(1)试验前要检查被测样品,不得受潮、结块或混有其他杂质。
(2)试验前应将带盖的干筛放在干筛座上,接通电源,检查负压、密封情况和控制系统等一切正常后,方能开始正式试验。
(3)试验时,当负压小于 4 000 Pa 时,应清理吸尘器内的水泥。使负压恢复正常。
(4)每做完一次筛析试验,应用毛刷清理一次筛网,以防筛网被堵塞。

试验结果

(1)水泥试样筛余百分数按下式进行计算(精确至 0.1%):

$$F = \frac{m_s}{m} \times 100\% \tag{3-1}$$

式中　F——水泥试样的筛余百分数,%;
　　　m_s——水泥筛余物的质量,g;
　　　m——水泥试样的质量,g。

(2)将测定数据与计算结果填入水泥的检测报告中。

【技能训练】

(1)水泥样品应充分拌匀,通过 0.9 mm 方孔筛,记录筛余物情况。
(2)试验时,当负压小于 4 000 Pa 时,应清理吸尘器内的水泥,使负压恢复正常。
(3)对水泥的细度测定进行反复操作,提高技能熟练程度。
(4)填写数据记录表,如表 3-9 所示:

表 3-9　水泥细度测定记录表

次数	水泥试样质量/g	水泥筛余物质量/g	水泥试样的筛余百分数/%
1			
2			
平均			

【任务评价】

教学评价表

班级:_____ 姓名:_____ 本任务得分_____

项目	要素	主要评价内容	等级及参考分值				得分
			优	良	中	差	
职业素养	工作纪律	课堂不迟到、早退,服从教师管理及组长指挥	5	4	3	2	
	安全操作	严格按照试验步骤进行操作,不野蛮操作、试验现场不打闹	5	4	3	2	
	环保意识	文明操作,爱护仪器、器材,保持工作台及试验室环境整洁,完成后主动清理现场	5	4	3	2	
	团队协作	小组协作、相互交流,组员、同学之间互相带动学习	5	4	3	2	
	小　计:	20分	20	16	12	8	
技能考评	试验准备	明确所需试验设备、工具及器材,掌握设备及器材的使用方法	20	16	12	8	
	试验过程	掌握测定水泥细度的方法和步骤,严格按规范要求的条款进行试验操作,反复操作,提高技能的熟练程度	20	16	12	8	
	完成质量	小组配合完成任务,并计算出水泥试样筛余百分数;不抄袭其他小组的成果	20	16	12	8	
	任务工单	按要求填写任务工单,工单书写工整;试验步骤清晰、计算结果正确,成果和结论真实	20	16	12	8	
	小　计:	80分	80	64	48	32	
		合计	100	80	60	40	
教师、学生或小组结论性评价（描述性评语）							

任务六　水泥标准稠度用水量及凝结时间试验

【学习目标】

知识目标

(1)了解标准稠度的定义。
(2)掌握水泥达到初凝及终凝状态时所需要的时间。

能力目标

能够测定水泥标准稠度用水量及凝结时间,提高技能的熟练程度。

【任务描述】

掌握《水泥标准稠度用水量、凝结时间、安定性测定方法》(GB1346—2011),正确使用仪器设备,并熟悉其性能。

【相关知识】

水泥标准稠度用水量试验

水泥标准稠度净浆对标准试杆(或试锥)的沉入具有一定的阻力。通过试验不同含水量水泥净浆的穿透性,以确定水泥标准稠度净浆中所需加入的水量。

(一)试验目的

掌握水泥标准稠度用水量的测试方法,测定水泥净浆具有标准稠度时需要的加水量,作为水泥凝结时间、体积安定性试验时,拌和水泥净浆加水量的根据。

(二)主要仪器设备

1.水泥净浆搅拌机(图3-6)
水泥净浆搅拌机由搅拌锅、搅拌叶片、传动机构和控制系统组成。搅拌叶片在搅拌锅内作与搅拌锅旋转方向相反的公转与自转,转速为90 r/min,控制系统可以自动控制,也可以人工控制。

图 3-6 水泥净浆搅拌机

2.标准法维卡仪

如图 3-7 所示为标准法维卡仪。其滑动部分总质量为(300±1)g。标准稠度测定用试杆(图 3-7c)有效长度为(50±1)mm,由直径为 φ(10±0.05)mm 的圆柱形耐腐蚀金属制成。测定凝结时间时取下试杆,用试针(图 3-7d、e)代替试杆。盛装水泥净浆的试模(图 3-7a)应由耐腐蚀的、有足够硬度的金属制成。试模为深(40±0.2)mm、顶内径 φ(65±0.5)mm、底内径 φ(75±0.5)mm 的截顶圆锥体。每只试模底部应配备一个边长或直径约 100 mm、厚度 4~5 mm 的平板玻璃底板或金属底板。

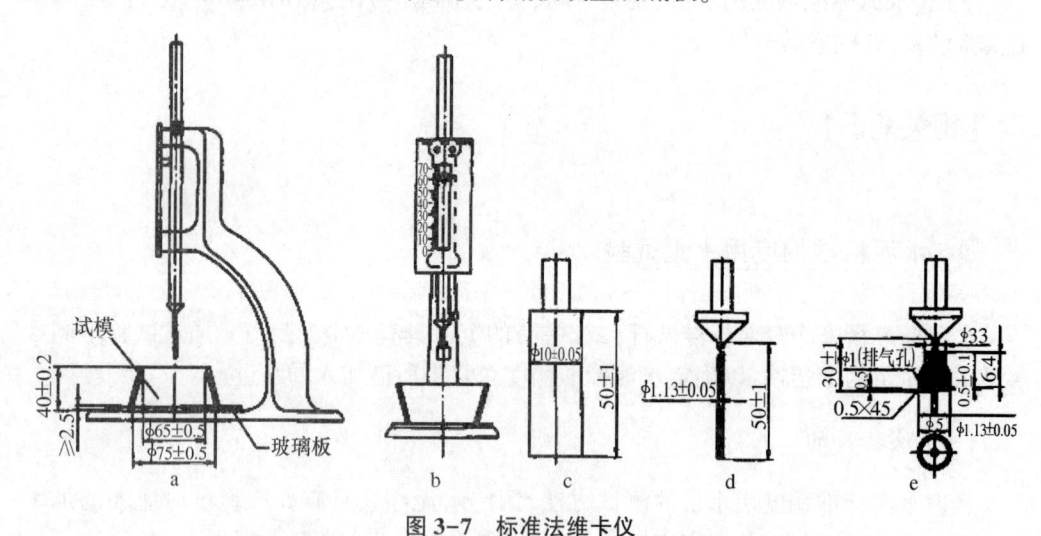

图 3-7 标准法维卡仪
a.初凝时间测定用立式试模的侧视图;b.终凝时间的测定用反转试模的前视图;
c.标准稠度试杆;d.初凝用试针;e.终凝用试针

3.量筒

量筒精度为±0.5 mL。

4.天平

天平最大称量不小于 1 000 g,分度值不大于 1 g。

(三)试验过程

1.试验前准备

必须做到:维卡仪的金属棒能自由滑动;调整至试杆接触玻璃板时指针对准零点;搅拌机运行正常。

2.拌和水泥

将拌和水倒入搅拌锅内,然后在 5~10 s 内将称好的 500 g 水泥加入水中,慢速搅拌 120 s,停拌 15 s,同时将叶片和锅壁上的水泥浆刮入锅中,接着再快速搅拌 120 s 后停机。

3.拌和结束

拌和结束后,立即取适量水泥净浆一次性将其装入已置于玻璃底板上的试模中,浆体超过试模上端,用宽约 25 mm 的直边刀轻轻拍打超出试模部分的浆体 5 次以排除浆体中的孔隙,然后在试模上表面约 1/3 处,略倾斜于试模分别向外轻轻锯掉多余净浆,再从试模边沿轻抹顶部一次,使净浆表面光滑。在锯掉多余净浆和抹平的操作过程中,注意不要压实净浆。抹平后,放置在维卡仪底座上与试杆对中。将试杆降至净浆表面,拧紧螺钉。然后突然放松,让试杆自由沉入净浆中。在试杆停止沉入或释放试杆 30 s 时记录试杆距底板之间的距离,升起试杆后,立即擦净。整个操作应在搅拌后 1.5 min 内完成。

(四)试验结果

以试杆沉入净浆并距底板(6±1)mm 的水泥净浆为标准稠度净浆。其拌和水量为该水泥的标准稠度用水量,按水泥质量的百分比计。即

$$P = \frac{拌合用水量}{水泥用量} \times 100\% \quad (3-2)$$

水泥凝结时间试验

(一)试验目的

掌握水泥净浆凝结时间的测试方法,测定水泥初凝和终凝所需要的时间,以评定水泥是否符合国家标准的规定。

(二)仪器设备

1.维卡仪

将原来测定标准稠度的试杆换成试针。试针由钢制成,其有效长度初凝针(图 3-7d)为(50±1)mm,终凝针(图 3-7e)为(30±1)mm(安装环形附件)、直径为 $\varphi(1.13±0.05)$mm 的圆柱体。

2.水泥净浆搅拌机

与测定标准稠度时所用的相同。

3.湿气养护箱

应能使温度控制在(20±3)℃,湿度大于90%。

(三)试验步骤

1.试验前准备

将试模内表面涂油后放在玻璃板上。调整维卡仪的试针接触玻璃板时,指针对准零点。

2.试件的制备

以标准稠度用水量制成标准稠度净浆一次装满试模,振动数次刮平,立即放入养护箱内。记录水泥全部加入水中的时间作为凝结时间的起始时间。

3.初凝时间的测定

将养护箱内养护至加水后 30 min 的试件取出,放置在维卡仪的试针下面进行第一次测定。测定时让试针与水泥净浆表面接触,拧紧螺钉 1~2 s 后突然放松,试针自由扎入净浆内,读出试针停止下沉或释放试针 30 s 时指针所指的数值。

当试针沉至距底板(4±1)mm,为水泥达到初凝状态。

4.终凝时间的测定

为了准确观测试针沉入的状况,在终凝针上安装了一个环形附件,在完成初凝时间测定后,立即将试模连同浆体以平移的方式从玻璃板上取下,翻转 180°,大端朝上,小端向下放在玻璃板上(图 3-7b),再放入湿气养护箱中继续养护,当试针(终凝针)沉入试体 0.5 mm 时,即环形附件开始不能在试体上留下痕迹时,为水泥达到终凝状态。

5.测定注意事项

在最初测定的操作时应轻扶金属柱,使其慢慢下降,以防试针撞弯,但结果以自由下落为准,在整个测试过程中试针沉入的位置至少要距试模内壁 10 mm。临近初凝时,每隔 5 min 测定一次。临近终凝时每隔 15 min 测定一次。到达初凝时应立即重复测一次,当两次结论相同时才能确定到达初凝状态,到达终凝时,需要在试体另外两个不同点测试,结论相同时才能确定到达终凝状态。每次测试完毕须将试针擦净并将试模放回湿气养护箱内。这个测试过程要防止试模受震动。

(四)试验结果

由开始加水至初凝、终凝状态的时间分别为该水泥的初凝时间和终凝时间,用小时(h)和分(min)来表示。

【技能训练】

 水泥标准稠度用水量试验

(1)装模时要用小刀从试模中心线开始分两下刮去多余的净浆,然后一次抹平,迅速放到试杆(或试锥)下固定位置上测定。

(2) 从装模到测量完毕,必须在 1.5 min 内完成。

(3) 对水泥标准稠度用水量检测进行反复操作,提高技能熟练程度。

(4) 填写数据记录表,见表 3-10。

表 3-10　水泥标准稠度用水量测定记录表

次数	下沉深度 S/mm	标准稠度用水量 P
1		
2		
平均		

水泥凝结时间试验

(1) 试件在养护箱中养护至加水后 30 min 时进行第一次测定。临近初凝时,每隔 5 min 测定一次,当试针沉至距底板 4 mm±1 mm 时,即为水泥达到初凝状态。

(2) 临近终凝时每隔 15 min 测一次,当试针沉净浆 0.5 min 时,即环形附件开始不能在净浆表面留下痕迹时,即为水泥的终凝状态。

(3) 对水泥凝结时间检测进行反复操作,提高技能熟练程度。

(4) 填写数据记录表,见表 3-11。

表 3-11　水泥凝结时间测定记录表

次数	初凝时间/min	终凝时间/min
1		
2		
平均		

【任务评价】

教学评价表

班级：_____ 姓名：_____ 本任务得分_____

项目	要素	主要评价内容	等级及参考分值 优	良	中	差	得分
职业素养	工作纪律	课堂不迟到、早退，服从教师管理及组长指挥	5	4	3	2	

项目	要素	主要评价内容	等级及参考分值 优	良	中	差	得分
职业素养	安全操作	严格按照试验步骤进行操作，不野蛮操作、试验现场不打闹	5	4	3	2	
	环保意识	文明操作，爱护仪器、器材，保持工作台及试验室环境整洁，完成后主动清理现场	5	4	3	2	
	团队协作	小组协作、相互交流，组员、同学之间互相带动学习	5	4	3	2	
	小 计：	20分	20	16	12	8	
技能考评	试验准备	明确所需试验设备、工具及器材，掌握设备及器材的使用方法	20	16	12	8	
	试验过程	掌握测定水泥标准稠度用水量及凝结时间的方法和步骤，严格按规范要求的条款进行试验操作，反复操作，提高技能的熟练程度	20	16	12	8	
	完成质量	小组配合完成任务，并计算出水泥标准稠度用水量及水泥初凝和终凝时间；不抄袭其他小组的成果	20	16	12	8	
	任务工单	按要求填写任务工单，工单书写工整；试验步骤清晰、计算结果正确，成果和结论真实	20	16	12	8	
	小 计：	80分	80	64	48	32	
		合计	100	80	60	40	
教师、学生或小组结论性评价（描述性评语）							

任务七　水泥体积安定性试验

【学习目标】

知识目标

（1）掌握水泥体积安定性的定义。
（2）掌握影响水泥体积安定性的因素。

能力目标

能够测定水泥安定性，提高技能的熟练程度。

【任务描述】

掌握 GB1346—2011《水泥标准稠度用水量、凝结时间、安定性测定方法》中水泥安定性的测试方法，检验水泥浆在硬化时体积变化的均匀性，以决定水泥是否可以使用。

【相关知识】

试验目的

通过试验可掌握《水泥标准稠度用水量、凝结时间、安定性检验方法》（GB/T 1346—2011）的测试方法，正确评定水泥的体积安定性。

试验方法

检验主要由游离氧化钙所产生的体积安定性不良，可用"雷氏法"（标准法）和"试饼法"（代用法）两种方法进行，两者有争议时以雷氏法为准。雷氏法是指测定水泥净浆在雷氏夹中煮沸后的膨胀值来判测水泥安定性是否合格；试饼法是通过观察水泥净浆试饼煮沸后的外形变化来检验水泥的安定性。

仪器与设备

(一)沸煮箱

有效容积为 410 mm×240 mm×300 mm,内设篦板和加热器,能在(30±5)min 内将箱内水由室温升至沸腾,并可保持沸腾状态 3 h 而不需加水。

(二)雷氏夹

由铜质材料制成(图 3-8),将一根指针的根部先悬挂在一根金属丝或尼龙丝上,另一根指针的根部再挂上 300 g 的砝码时,两指针尖距离增加应在(17.5±2.5)mm 范围内,当去掉砝码后针尖应回到初始状态(图 3-9)。

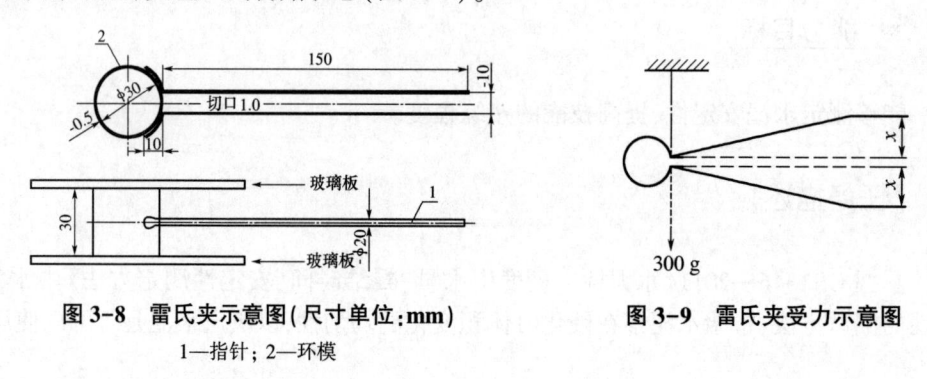

图 3-8 雷氏夹示意图(尺寸单位:mm)
1—指针;2—环模

图 3-9 雷氏夹受力示意图

(三)雷氏夹膨胀值测定仪

它主要用于检验雷氏夹的弹性要求,和测定雷氏夹环模中经养护及沸腾一定时间后的水泥净浆试件的膨胀值。标尺最小刻度为 0.5 mm(图 3-10)。

(四)其他设备

水泥净浆搅拌机、湿气养护箱、天平、量筒或滴定管。

试验方法及步骤

(一)试验前准备工作

每个试样需成型两个试件,每个雷氏夹需配备两个边长或直径约 80 mm、厚度 4~5 mm 的玻璃板,凡与水泥净浆接触的玻璃板和雷氏夹内表面都要稍稍涂上一层油。

项目三　水　泥

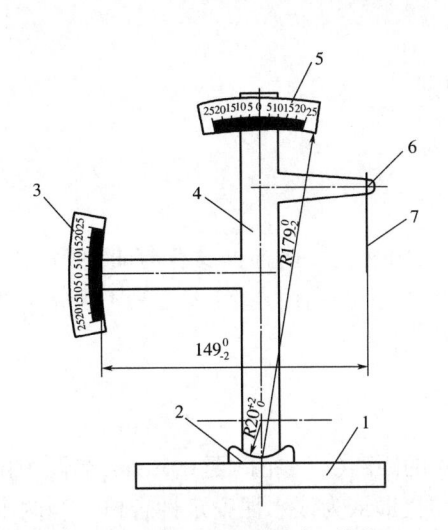

图 3-10　雷氏夹膨胀值测定仪(单位:mm)
1—底座；2—模座；3—弹性标尺；4—立柱；5—膨胀值标尺；6—悬臂；7—悬丝

(二)水泥标准稠度净浆的制备

称取 500 g 水泥,以标准稠度用水量,用水泥净浆搅拌机搅拌水泥净浆。

(三)试件制作

采用试饼法时,将拌制好的净浆取出一部分(约 150 g),分成两等份使之成球形。将其放在预先准备好的玻璃板(玻璃板约 100 mm×100 mm,并稍涂有机油)上,轻轻振动玻璃板,并用湿布擦过的小刀由边缘向中央抹动,做成直径为 $\varphi70 \sim \varphi80$ mm、中心厚约 10 mm、边缘渐薄、表面光滑的试饼。然后将试饼放入湿气养护箱内养护(24±2)h。

采用雷氏法时,将预先准备好的雷氏夹放在已稍涂有机油的玻璃板上,并立即将已制好的标准稠度净浆一次装满雷氏夹,装浆时一只手轻轻扶持雷氏夹模,另一只手用宽约 25 mm 的直边刀在浆体表面轻轻插捣 3 次,然后抹平,盖上稍涂有机油的玻璃板,接着立即将试模移至湿气养护箱内养护(24±2)h。

(四)沸煮

养护结束后将试件从玻璃板上脱去。

调整沸煮箱内的水位,使试件能在整个沸煮过程中都被水没过,并在煮沸的中途不需添补试验用水,同时又保证能在(30±5)min 内升至沸腾。

采用试饼法时,先检查试饼是否完整(如已开裂、翘曲要检查原因,确无外因时,该试件已属不合格,不必沸煮)。在试饼无缺陷的情况下,将试饼放在沸煮箱水中的篦板上,然后在(30±5)min 内加热至沸腾,并恒沸 3 h±5 min。

采用雷氏法时,先测量雷氏夹指针尖端间的距离(A),精确到 0.5 mm,接着将试件放入沸煮箱水中的试件架上,指针朝上,试件之间互不交叉,然后在(30±5)min 内加热至沸,并恒沸 3 h±5 min。

沸煮结束,即放掉箱中的热水,打开箱盖,待箱体冷却至室温,取出试件进行判别。

试验结果的判别

(一)试饼法判别

目测试饼未发现裂缝,用钢直尺检查也没有弯曲(使钢直尺和试饼底部紧靠,以两者间不透光为不弯曲)的试饼为安定性合格,反之为不合格。当两个试饼判别结果有矛盾时,该水泥的安定性为不合格。

(二)雷氏夹法判别

测量试件指针尖端间的距离(C),精确至 0.5 mm,当两个试件组后增加距离($C-A$)的平均值不大于 5.0 mm 时,即认为该水泥安定性合格。当两个试件沸煮后增加距离($C-A$)的平均值大于 5.0 mm 时,应用同一样品立即重做一次试验,以复检结果为准。

【技能训练】

(1)安定性的测定可用雷氏法和试饼法,有争议时以雷氏法为准。
(2)对水泥安定性检测进行反复操作,提高技能熟练程度。
(3)填写数据记录表,见表 3-12。

表 3-12 水泥安定性测定记录表

次数	试饼法	雷氏法
1		
2		
平均		
评定结果		

【任务评价】

教学评价表

班级：_____ 姓名：_____ 本任务得分_____

项目	要素	主要评价内容	等级及参考分值 优	良	中	差	得分
职业素养	工作纪律	课堂不迟到、早退，服从教师管理及组长指挥	5	4	3	2	
	安全操作	严格按照试验步骤进行操作，不野蛮操作、试验现场不打闹	5	4	3	2	
	环保意识	文明操作，爱护仪器、器材，保持工作台及试验室环境整洁，完成后主动清理现场	5	4	3	2	
	团队协作	小组协作、相互交流，组员、同学之间互相带动学习	5	4	3	2	
	小　计：	20分	20	16	12	8	
技能考评	试验准备	明确所需试验设备、工具及器材，掌握设备及器材的使用方法	20	16	12	8	

项目	要素	主要评价内容	等级及参考分值 优	良	中	差	得分
技能考评	试验过程	掌握测定水泥体积安定性的方法和步骤，严格按规范要求的条款进行试验操作，反复操作，提高技能的熟练程度	20	16	12	8	
	完成质量	小组配合完成任务，并判断水泥体积安定性题合格；不抄袭其他小组的成果	20	16	12	8	
	任务工单	按要求填写任务工单，工单书写工整；试验步骤清晰、计算结果正确，成果和结论真实	20	16	12	8	
	小　计：	80分	80	64	48	32	
		合计	100	80	60	40	
教师、学生或小组结论性评价（描述性评语）							

任务八　水泥强度检验

【学习目标】

知识目标

(1) 了解水泥胶砂强度的指标。
(2) 了解水泥试件的养护条件。
(3) 了解水泥强度的检测意义。

能力目标

能够检验水泥的强度，提高技能的熟练程度。

【任务描述】

通过试验掌握国家标准 GB/T 17671—2005《水泥胶砂强度的测定方法(ISO 法)》，正确使用仪器并熟悉其性能。

【相关知识】

试验目的

通过试验掌握国家标准《水泥胶砂强度检验方法(ISO 法)》(GB/T17671—1999)；检验水泥 3d、28d 龄期的抗压强度、抗折强度，以确定水泥的强度等级；或已知水泥的强度等级，检验其强度是否满足国家标准中规定的 3d、28d 龄期强度的要求。

仪器与设备

(一)行星式水泥胶砂搅拌机

国家标准通用型，工作时搅拌机叶片既绕自身轴线自转又沿搅拌锅周边公转，运动轨迹似行星式的水泥胶砂搅拌机，如图 3-11 所示。

图 3-11　水泥胶砂搅拌机

(二)水泥胶砂试体成型振动台

由可以跳动的台盘和使其跳动的凸轮等组成。振实台的振动频率为 2 800～3 000 次/min,振幅 0.75 mm。

(三)试模

试模为可拆卸的三联模,由隔板、端板、底座等组成。模槽内腔尺寸为 40 mm×40 mm×160 mm,三边应互相垂直,如图 3-12 所示。

图 3-12　试　　模

(四)抗折强度试验机

一般构造为单动双杠杆式,抗折机上支撑胶砂试件的两支撑圆柱的中心距为 100 mm。

(五)抗压试验机

一般用万能试验机,最大荷载以 200~300 kN 为宜,压力机应具有加荷速度自动调节和记录结果的装置,同时应配有抗压试验用的专用夹具,夹具由优质碳钢制成,受压面积为 40 mm×40 mm。

试件成型

(一)配料

取被检测水泥(450±2)g,标准砂(1 350±5)g,拌和水(225±1)g,配制 1∶3 水泥胶砂,水灰比为 0.50。

(二)搅拌

将搅拌锅放在搅拌机底座上并进行固定。先往锅内加水,再加水泥,开动搅拌机低速搅拌 30 s 后,在第二个 30 s 开始的同时均匀地加入标准砂(当各级砂是分级装时,从最粗粒级开始,依次将所需的每级砂量加完),将搅拌机转至高速,再搅拌 30 s。停拌 90 s,在第一个 15 s 内用一胶皮刮具将叶片和锅壁上的胶砂刮入锅中间,在高速下继续搅拌 60 s,各个搅拌阶段的时间误差应在±1 s 以内。

(三)成型

将试模和下料漏斗卡紧在振实台的中心,将搅拌好的胶砂均匀地装入下料漏斗中,开动振实台,胶砂通过下料漏斗流入试模。振动(120±5)s 后停机,取下试模,用刮平刀刮去高出试模的胶砂并抹平。接着在试模上做出标记或用字条标明试件编号。

试件养护

(一)脱模前的处理及养护

将编好号的试模放入雾室或湿箱的水平架子上养护温度(20±3)℃、相对湿度>90%(24±3)h 后取出脱模。硬化速度较慢的水泥,可延长脱模时间,但要做好记录。

(二)脱模

脱模应非常小心,可用塑料锤或橡皮榔头或专门的脱模器。对于 24 h 龄期的,应在破型试验前 20 min 内脱模;对于 24 h 以上龄期的应在成型后 20~24 h 之间脱模。

(三)水中养护

将做好标记的试件立即水平或垂直放在(20±1)℃的水中养护,水平放置时刮平面应朝上,试件在水中六个面都要与水接触,试体之间的间隔或试体上表面的水深不得小于 5 mm。

每个养护水池只养护同类型的水泥试件。

除 24 h 龄期或延迟至 48 h 脱模的试件外,任何到龄期的试件应在试验(破壁)前 15 min 从水中取出,揩去试体表面的沉积物,并用湿布盖至试验时止。

强度试验

强度检验试体的龄期是从水泥和水搅拌开始试验时计算。各龄期的试体必须在表 3-13 规定的时间内进行强度试验。试体从水中取出后,在强度试验前应用湿布覆盖。

表 3-13　各龄期强度试验时间规定

龄期	时间
24 h	24 h±15 min
48 h	48 h±30 min
72 h	72 h±45 min
7 d	7 d±2 h
>28 d	28 d±8 h

(一)抗折强度试验

将试件一个侧面放在抗折机的支撑圆柱上,试体长轴垂直于支撑圆柱,通过加荷圆柱以(50±10)N/s 的速率将荷载均匀地加在棱柱体相对侧面上直至折断试体。

保持两个半截棱柱体处于潮湿状态直至抗压强度检验。

抗折强度 R_f 以 MPa 表示,按下式进行计算:

$$R_f = \frac{1.5F_f L}{b^3} \tag{3-3}$$

式中:R_f——水泥抗折强度,MPa;

　　　F_f——折断时施加于棱柱体中部的荷载,N;

　　　L——两支撑圆柱之间的距离,mm;

　　　b^3——棱柱体正方形截面的边长,mm。

(二)抗压强度检验

将半截棱柱体装在抗压夹具内,棱柱体中心与夹具压板受压中心差应在 ±0.5 mm 以内,棱柱体露在压板处的部分约为 10 mm。开动压力机,以(2 400±200)N/s 的加荷速率均匀地向试体加荷直至破坏。抗压强度 R_c 以 MPa 为单位,按下式进行计算:

$$R_c = \frac{F_c}{A} \tag{3-4}$$

式中:R_c——水泥抗压强度,MPa;

　　　F_c——试体破坏时的最大荷载,N;

A——试体受压部分的面积，40 mm×40 mm = 1 600 mm²。

强度检验结果评定

抗折强度以一组 3 个棱柱体抗折强度的平均值作为检验结果。当 3 个强度值中有超过平均值±10%的值时，应将该值剔除后再取平均值作为抗折强度的检验结果。抗压强度是以一组 3 个棱柱体上得到的 6 个抗压强度测定值的平均值为检验结果。如果 6 个测定值中有 1 个超出平均值的±10%，应剔除这个结果，而以余下 5 个值的平均值作为检测结果；如果 5 个测定值中再出现超过它们平均值±10%，则该组试体作废。

【技能训练】

(1) 装配试模时，涂油应适中不能太多或太少。
(2) 脱模时应非常小心，避免损坏试体而影响其强度。
(3) 对水泥胶砂强度测定进行反复操作，提高技能熟练程度。
(4) 填写数据记录表，见表 3-14。

表 3-14 水泥强度测定记录表

次数	水泥抗折强度 R_f/MPa	水泥抗压强度 R_c/MPa
1		
2		
平均		

【任务评价】

教学评价表

班级：_____ 姓名：_____ 本任务得分_____

项目	要素	主要评价内容	等级及参考分值 优	良	中	差	得分
职业素养	工作纪律	课堂不迟到、早退，服从教师管理及组长指挥	5	4	3	2	
	安全操作	严格按照试验步骤进行操作，不野蛮操作、试验现场不打闹	5	4	3	2	
	环保意识	文明操作，爱护仪器、器材，保持工作台及试验室环境整洁，完成后主动清理现场	5	4	3	2	
	团队协作	小组协作、相互交流，组员、同学之间互相带动学习	5	4	3	2	
	小　计：	20分	20	16	12	8	
技能考评	试验准备	明确所需试验设备、工具及器材，掌握设备及器材的使用方法	20	16	12	8	
	试验过程	掌握测定水泥强度检验的方法和步骤，严格按规范要求的条款进行试验操作，反复操作，提高技能的熟练程度	20	16	12	8	
	完成质量	小组配合完成任务，检验水泥3D、28d龄期的抗压强度、抗折强度，以确定水泥的强度等级；不抄袭其他小组的成果	20	16	12	8	
	任务工单	按要求填写任务工单，工单书写工整；试验步骤清晰、计算结果正确，成果和结论真实	20	16	12	8	
	小　计：	80分	80	64	48	32	
		合计	100	80	60	40	
教师、学生或小组结论性评价（描述性评语）							

【拓展练习】

一、填空题

1.水泥按特性和用途分为_____、_____、_____。
2.生产硅酸盐水泥时,必须掺入适量的石膏,其目的是_____,石膏掺加量过多时,会引起_____。
3.硅酸盐水泥熟料的生产原料主要有_____和_____。
4.防治水泥石腐蚀的措施有_____、_____、_____。
5.由于游离氧化钙引起的水泥安定性不良,可用_____检验。

二、选择题

1.不得与硅酸盐水泥一同使用的是(　　)水泥。
　A.普通　　　　B.火山灰　　　　C.粉煤灰　　　　D.高铝
2.用沸煮法检验水泥体积安定性,只能检查出(　　)的影响。
　A.游离 CaO　　　　　　　B.游离 MgO
　C.石膏　　　　　　　　　D.游离 CaO 和游离 MgO
3.生产硅酸盐水泥,在粉磨熟料时,加入适量的石膏,是为了对水泥起(　　)作用。
　A.缓凝　　　　B.促凝　　　　C.助磨　　　　D.不起作用
4.淡水对水泥石腐蚀的形式是(　　)。
　A.水泥石膨胀　　　　　　B.水泥石收缩
　C.氢氧化钙溶解　　　　　D.以上都不是

三、简答题

1.为何不是水泥越细,强度越高?
2.什么是水泥的合格品、不合格品?
3.如何确定水泥强度等级?

项目四　混　凝　土

【学习目标】

知识目标

(1) 了解混凝土的定义及分类。
(2) 了解混凝土粗、细骨料颗粒级配的概念,掌握利用筛分析结果计算砂的细度模数的方法。
(3) 掌握混凝土和易性的定义及影响和易性的主要因素。
(4) 掌握混凝土强度、强度等级的定义及影响混凝土强度的主要因素。
(5) 了解混凝土的变形知识。
(6) 了解混凝土耐久性的概念及提高耐久性的措施。
(7) 掌握混凝土强度的影响因素及提高措施。
(8) 了解混凝土常用外加剂的种类及作用。
(9) 了解混凝土配合比设计的原则、步骤及主要设计参数。

能力目标

(1) 能够进行砂、石筛分析试验并正确填写任务工单。
(2) 能够完成混凝土拌和物的抽样与制备,并测定其和易性。
(3) 能够完成混凝土抗压强度的测定。
(4) 能够计算初步配合比及施工配合比。

素养目标

(1) 能按时到课,遵守课堂纪律,积极回答课堂问题,按时上交作业。
(2) 具有严谨的工作作风,能够认真完成工作。
(3) 能够热爱建筑工作,具有创新意识和创新精神。
(4) 具备团队意识,能够与他人进行良好的合作与交流。

【教学场景】

多媒体教室、试验室。

【项目描述】

本项目是建筑材料应用与检测课程的重点之一。主要介绍普通混凝土的组成材料,新拌混凝土的工作性及评定指标,混凝土外加剂及其作用原理和应用,硬化混凝土的力学性能、耐久性及其影响因素,混凝土配合比设计方法及混凝土质量控制等。此外,还简要介绍了其他品种混凝土的特性和用途。

【课时分配】

序 号	任务名称	课时分配(课时)
一	认识混凝土	2
二	混凝土组成及砂石级配试验	4
三	混凝土拌和物和易性及试验	4
四	混凝土强度及试验	2
五	混凝土的耐久性	2
六	硬化混凝土的变形	2
七	混凝土外加剂	2
八	混凝土配合比设计及拌和物的制备与抽样	6
合 计		24

任务一　认识混凝土

【学习目标】

知识目标

(1)掌握混凝土的定义。
(2)了解混凝土的优缺点。

项目四 混凝土

能力目标

能够区分不同类别的混凝土。

【任务描述】

混凝土是由胶结材料将天然的(或人工的)骨料粒子或碎片聚集在一起,形成坚硬的整体,并具有强度和其他性能的复合材料。

【相关知识】

混凝土是由胶凝材料将骨料胶结成整体的复合固体材料的总称。

混凝土的优缺点

(一)混凝土的优点

混凝土是一种主要的建材材料,在建筑工程中应用广泛。混凝土除具有原材料丰富、经久耐用、节约能源、价格便宜等长处外,就其本身还具有很多优点:

(1)可以根据不同要求,配制出具有特定性能的混凝土产品。
(2)拌和物可塑性良好,可浇筑成不同形状和大小的制品或构件。
(3)和钢筋复合成钢筋混凝土,互补优缺,使混凝土的应用范围更为广阔。
(4)可以现浇成抗震性良好的整体建筑物,也可以做成各种类型的装配式预制构件。
(5)可以充分利用工业废料,减少对环境的污染,有利于环保。

(二)混凝土的缺点

(1)自重大、抗拉强度低、呈脆性、易开裂。
(2)在施工中影响质量的因素较多,质量容易产生波动。
(3)大量生产、使用常规的水泥产品,会造成环境污染及温室效应。

混凝土的分类

混凝土种类繁多,可采用不同方法进行分类:

(1)按所用胶凝材料种类不同,分为水泥混凝土、石膏混凝土、水玻璃混凝土、沥青混凝土和聚合物混凝土等。
(2)按用途不同,分为结构混凝土、道路混凝土、水工混凝土、耐热混凝土、耐酸混凝土、防射线混凝土等。

(3)按拌和物的坍落度,分为干硬性混凝土、塑性混凝土、流动性混凝土、大流动性混凝土等。

水泥混凝土

在混凝土中应用最广、用量最大的是水泥混凝土,水泥混凝土是由水泥、水、粗骨料、细骨料等按适当比例配合,拌制均匀,浇筑成型,经硬化后形成的人造石材。在硬化前称之为混凝土拌和物。

水泥混凝土常按表观密度分为重混凝土、普通混凝土和轻混凝土。

(一)重混凝土

干表观密度大于2 800 kg/m³,采用特别密实的骨料(如钢屑、重晶石、铁矿石等)制成,主要用于防护原子射线的建筑物。

(二)普通混凝土

干表观密度为2 000~2 800 kg/m³,采用天然或人工砂、石为骨料制成,主要用于各种建筑物的承重结构。

(三)轻混凝土

干表观密度小于2 000 kg/m³,采用轻质多孔的骨料或不用骨料而掺入加气剂或泡沫剂制成的多孔结构,主要用于轻质结构和保温结构。

在普通混凝土中,水泥浆包裹砂粒并填充砂子空隙组成砂浆,砂浆包裹石子并填充石子的空隙组成密实整体。在混凝土拌和物中,水泥和水形成水泥浆,水泥浆在砂石颗粒间起润滑作用,使拌和物具有良好的可塑性而便于施工。水泥浆硬化后形成水泥石,将砂、石骨料牢固地黏结在一起,形成具有一定强度的人造石材。砂、石在混凝土中分别称为细骨料、粗骨料,占混凝土总体积约80%以上,一般不与水泥起化学作用,其目的是构成混凝土骨架,减少水泥用量和减少混凝土体积收缩。在混凝土中还常残留少量的空气,硬化后混凝土结构如图4-1所示。

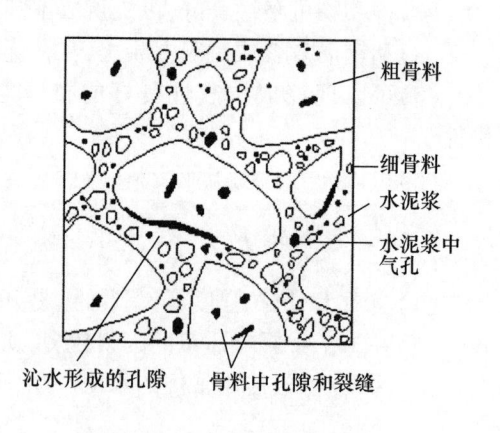

图4-1 硬化后的混凝土结构

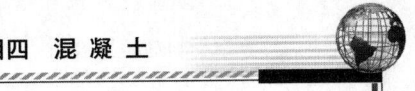

任务二　混凝土组成及砂石级配试验

【学习目标】

知识目标

(1)掌握混凝土中水泥的作用及强度等级的选择。
(2)了解混凝土中水的选用标准。
(3)掌握粗细骨料的颗粒级配和粗细程度。

能力目标

(1)能够评定细骨料细度模数和粗骨料最大粒径。
(2)会碎石或卵石的筛分析试验的试验方法。

【任务描述】

混凝土的质量,很大程度上取决于原材料的技术性质是否符合要求。因此,为了合理选用材料和保证混凝土的质量,必须掌握原材料的技术质量要求。

【相关知识】

水泥

水泥在混凝土中起胶结作用,其品种与强度等级的选定直接影响混凝土的强度、和易性、耐久性和经济性,在配制混凝土时,应合理选择水泥的品种和强度等级。

(一)水泥品种的选择

水泥品种的选择应根据工程特点、所处环境条件、施工条件以及水泥供应商的情况综合考虑,详见项目三。

(二)水泥强度等级的选择

水泥强度等级的选择应与混凝土的强度等级相适应,混凝土的强度等级越高,所选择的水泥强度等级也越高,若水泥强度等级过低,会使水泥用量过大而不经济。反之,混凝土的强度等级越低,所选择的水泥强度等级也越低,若水泥强度等级过高,则水泥用量会偏少,对混凝土的和易性及耐久性均带来不利影响。

拌和用水及养护用水

国家标准《混凝土用水标准》JGJ 63—2006 规定,凡符合国家标准的生活饮用水,均可用于拌制和养护各种混凝土。混凝土拌和用水水质要求应符合表4-1 的规定。对于设计使用年限为 100 年的结构混凝土,氯离子含量不得超过 500 mg/L;对使用钢丝或经热处理钢筋的预应力混凝土,氯离子含量不得超过 350 mg/L。

混凝土拌和用水不应有漂浮明显的油脂和泡沫,不应有明显的颜色和异味。混凝土企业设备洗刷水不宜用于预应力混凝土、装饰混凝土、加气混凝土和暴露于腐蚀环境的混凝土,不得用于使用碱活性或潜在碱活性骨料的混凝土。在无法获得水源的情况下,海水可用于素混凝土,但不宜用于装饰混凝土,未经处理的海水严禁用于钢筋混凝土和预应力混凝土。

表4-1 混凝土拌和水水质要求(JGJ 63—2006)

项目	预应力混凝土	钢筋混凝土	素混凝土
pH	≥5.0	≥4.5	≥4.5
不溶物/(mg·L^{-1})	≤2 000	≤2 000	≤5 000
可溶物/(mg·L^{-1})	≤2 000	≤5 000	≤10 000
Cl$^-$/(mg·L^{-1})	≤500	≤1 000	≤3 500
SO$_4^{2-}$/(mg·L^{-1})	≤600	≤2 000	≤2 700
碱含量/(rag·L^{-1})	≤1 500	≤1 500	≤1 500

注:碱含量按 $Na_2O+0.658K_2O$ 计算值来表示。采用非碱活性骨料时,可不检验。

骨料

混凝土中骨料的分类:

骨料 { 细骨料(砂:粒径为 0.15~4.75 mm) { 天然砂:河砂、湖砂、山砂、淡化海砂 ; 机制砂(人工砂) } ; 粗骨料(石子:粒径大于 4.75 mm) { 卵石:河卵石、海卵石、山卵石 ; 碎石:天然岩石或卵石经机械破碎、筛分制成 } }

天然砂——自然生成的,经人工开采和筛分的粒径小于 4.75 mm 的岩石颗粒,包括湖砂、河砂、山砂、淡化海砂,但不包括软质、风化的岩石颗粒。

机制砂——由机械破碎、筛分制成的,粒径小于 4.75 mm 的岩石、矿山尾矿或工业废渣颗粒,但不包括软质、风化的颗粒,俗称人工砂。

目前,建筑工程中常用的是天然砂。随着天然砂资源的减少和混凝土技术的发展,使用机制砂将成为发展的方向,这样既充分利用了资源,又保护了环境。

混凝土用骨料(砂、石)应符合国家标准《建筑用砂》(GB/T 14684—2011)、《建筑用卵石、碎石》(GB/T 14685—2011)中的要求。

(一)细骨料的颗粒级配和粗细程度

颗粒级配是指大小不同的颗粒互相搭配的情况。良好的级配是在粗颗粒的间隙中填充中颗粒,中颗粒的间隙中填充细颗粒,这样一级一级地填充,使骨料形成密集的堆积,空隙率达到最低程度,如图4-2(c)所示为理想的级配,图4-3为较差的颗粒级配。

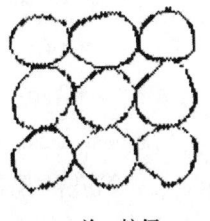

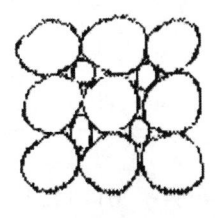

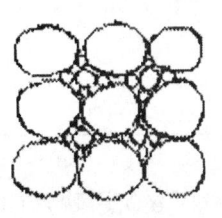

(a)单一粒级　　　　(b)两种粒级搭配　　　(c)多种粒级搭配

图4-2　骨料颗粒级配

图4-3　级配较差的砂

细骨料级配良好,可使填充砂子空隙的水泥浆较少,既节约了水泥用量,又有助于混凝土强度和耐久性的提高。同理,粗骨料的级配良好,可使填充石子空隙的水泥砂浆较少,也可节约水泥用量。粗、细骨料级配良好,则制成的混凝土密实度大,收缩小。

骨料的粒级越大,单位体积内总表面积就越小,包裹骨料表面所需的水泥浆用量就越少,这样也可以节约水泥用量。

细骨料的颗粒级配和粗细程度均采用筛分析法测定。

1.颗粒级配

测定时,称取500 g烘干砂,置于一套尺寸为4.75,2.36,1.18 mm和600,300,150 μm的方孔标准筛中,由粗到细依次过筛,然后称取各筛筛余试样的质量(筛余量)$m_1, m_2, m_3, m_4, m_5, m_6$,计算分计筛余百分率$a_1, a_2, a_3, a_4, a_5, a_6$和累计筛余百分率$A_1, A_2, A_3, A_4, A_5, A_6$,见表4-2。

表 4-2 分计筛余百分率和累计筛余百分率的关系

方孔筛	分计筛余 质量/g	分计筛余 百分率/%	累计筛余百分率/%
4.75 mm	m_1	$a_1 = m_1/500$	$A_1 = a_1$
2.36 mm	m_2	$a_2 = m_2/500$	$A_2 = a_1 + a_2$
1.18 mm	m_3	$a_3 = m_3/500$	$A_3 = a_1 + a_2 + a_3$
600 μm	m_4	$a_4 = m_4/500$	$A_4 = a_1 + a_2 + a_3 + a_4$
300 μm	m_5	$a_5 = m_5/500$	$A_5 = a_1 + a_2 + a_3 + a_4 + a_5$
150 μm	m_6	$a_6 = m_6/500$	$A_6 = a_1 + a_2 + a_3 + a_4 + a_5 + a_6$

国家标准《建筑用砂》(GB/T 14684—2011)规定,按 600 μm 筛孔的累计筛余百分率,将砂分为三个级配区,见表 4-3。凡经筛分析检验的砂,各筛的累计筛余百分率落在表 4-3 的任一个级配区内,其级配都属合格或级配良好。砂的实际累计筛余百分率与表 4-3 相比,除 4.75 mm 和 600 μm 筛挡外,允许略有超出,但各级累计筛余超出总量应小于 5%。

配制混凝土时宜优先选用 2 区砂。当采用 1 区砂时,应适当增加砂用量,并保持足够的水泥用量,以满足混凝土的和易性;当采用 3 区砂时,宜适当减少砂用量,以保证混凝土强度。

表 4-3 砂的颗粒级配(GB/T 14684—2011)

砂的分类	天然砂			机制砂		
级配区	1 区	2 区	3 区	1 区	2 区	3 区
方孔筛	累计筛余/%					
4.75 mm	10~0	10~0	10~0	10~0	10~0	10~0
2.36 mm	35~5	25~0	15~0	35~5	25~0	15~0
1.18 mm	65~35	50~10	25~0	65~35	50~10	25~0
600 μm	85~71	70~41	40~16	85~71	70~41	40~16
300 μm	95~80	92~70	85~55	95~80	92~70	85~55
150 μm	100~90	100~90	100~90	97~85	94~80	94~75

为了更直观地反映砂的级配情况,可将表 4-3 的规定绘成级配曲线图,如图 4-4 所示。

2. 粗细程度

砂的粗细程度是指不同粒径的砂粒混合在一起的平均粗细程度。相同用量的砂,细砂的总表面积大,拌制混凝土时,需要用较多的水泥浆去包裹,而粗砂则可少用水泥。若砂过细,不仅水泥用量增加,而且混凝土的强度还会降低。若砂过粗,砂颗粒的表面积较小,黏聚性、保水性较差,会使拌和物的和易性变差。因此,拌混凝土用的砂,尽量采用粗砂和中砂,但不宜过粗,也不宜过细。

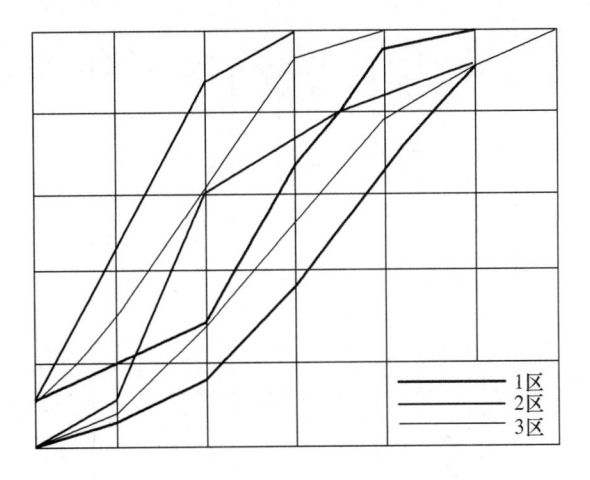

图 4-4　砂的级配曲线

砂的粗细程度用细度模数(M_x)表示:

$$M_x = \frac{(A_2 + A_3 + A_4 + A_5 + A_6) - 5A_1}{100 - A_1} \qquad (4-1)$$

混凝土用砂的细度模数范围一般为3.7~1.6,细度模数越大,表示砂越粗。粗砂:M_x = 3.7~3.1;中砂:M_x = 3.0~2.3;细砂:M_x = 2.2~1.6。

若砂级配不良或过粗、过细,可以采用筛分的方法,筛除含量过多的颗粒,还可以掺配使用。在只有细砂或特细砂的地区,可以用细砂或特细砂来配制混凝土,但往往水泥用量过多,为节约水泥,可掺减水剂、引气剂等外加剂,也可以掺加石屑。

(二)粗骨料的颗粒级配和最大粒径

1.颗粒级配

与细骨料级配的原理相同。测定时所用标准筛为方孔筛,尺寸为2.36,4.75,9.50,16.0,19.0,26.5,31.5,37.5,53.0,63.0,75.0,90 mm 12个筛挡。分计筛余百分率及累计筛余百分率的计算方法与细骨料的计算方法相同。根据国家标准《建筑用卵石、碎石》(GB/T 14685—2011),石子颗粒剂配应符合表4-4的规定。

粗骨料的级配有连续粒级和单粒粒级两种。连续粒级是指颗粒的尺寸由大到小连续分布,每一级颗粒都占一定的比例,又称为连续级配。连续粒级大小颗粒搭配合理,配制的混凝土拌和物和易性好,不易发生离析现象,目前使用较多。单粒粒级石子主要用于组合成具有要求级配的连续粒级,或与连续粒级混合使用,用于改善级配或配成较大粒度的连续粒级。不宜用单一的单粒粒级配制混凝土。

表4-4 碎石和卵石的颗粒级配（GB/T 14685—2011）

	公称粒级/mm	2.36	4.75	9.50	16.0	19.0	26.5	31.5	37.5	53.0	63.0	75.0	90
连续粒级	5～16	95～100	85～100	30～60	0～10	0							
	5～20	95～100	90～100	40～80	—	0～10	0						
	5～25	95～100	90～100	—	30～70	—	0～5	0					
	5～31.5	95～100	90～100	70～90	—	15～45	—	0～5	0				
	5～40	—	95～100	70～90	—	30～65	—	—	0～5	0			
单粒粒级	5～10	95～100	80～100	0～15	0								
	10～16		95～100	80～100	0～15	0							
	10～20		95～100	85～100	—	0～15	0						
	16～25		—	95～100	55～70	25～40	0～10						
	16～31.5		95～100	—	85～100	—	—	0～10	0				
	20～40		—	95～100	—	80～100	—	—	0～10	0			
	40～80		—	—	—	95～100	—	—	70～100	—	30～60	0～10	0

项目四 混凝土

间断级配是由法国的瓦莱特(Vauete)提出的,即人为地剔除一级或几级中间粒级的颗粒,大颗粒的空隙直接由比它小得多的颗粒去填充。间断级配的骨架作用增强,空隙率达到最小,可以减少水泥用量。但混凝土拌和物易产生离析,导致施工困难,工程应用较少。

2.最大粒径

粗骨料的粗细程度用最大粒径表示。公称粒级的上限为该粒级的最大粒径。粗骨料的规格,是用其最小粒径至最大粒径的尺寸标出,如5~40 mm、5~25 mm等。

为节省水泥,粗骨料的最大粒径在条件允许时,尽量选大值。但还要受到结构截面尺寸、钢筋净距等因素的限制。《混凝土结构工程施工质量验收规范》(GB 50204—2015)规定,混凝土用的粗骨料,其最大粒径不得超过结构截面最小尺寸的1/4,且不得大于钢筋间最小净距的3/4。对混凝土实心板,骨料的最大粒径不宜超过板厚的1/3,且不得超过40 mm。

(三)骨料的含泥量、泥块含量、石粉含量和有害物质含量

天然砂中含泥量是指粒径小于75 μm的颗粒含量,泥块含量是指砂中原粒径大于1.18 mm,经水浸洗、手捏后小于600 μm的颗粒含量;机制砂中石粉含量是指粒径小于75 μm的颗粒含量,泥块含量同天然砂。石子中含泥量是指卵石、碎石中粒径小于75 μm的颗粒含量,泥块含量是指卵石、碎石中原粒径大于4.75 mm,经水浸洗、手捏后小于2.36 mm的颗粒含量。

含泥量多会降低骨料与水泥石的黏结力、混凝土的强度和耐久性。泥块比泥土对混凝土的性能影响更大。因此,必须严格控制其含量,应符合表4-5、表4-6的规定。

表4-5 天然砂的含泥量、泥块含量(GB/T 14684—2011)

	Ⅰ	Ⅱ	Ⅲ
含泥量(按质量计)/%	≤1.0	≤3.0	≤5.0
泥块含量(按质量计)/%	0	≤1.0	≤2.0

表4-6 卵石、碎石的含泥量和泥块含量(GB/T 14685—2011)

	Ⅰ	Ⅱ	Ⅲ
含泥量(按质量计)/%	≤0.5	≤1.0	≤1.5
泥块含量(按质量计)/%	0	≤0.2	≤0.5

机制砂中适量的石粉对混凝土是有益的,但石粉中泥土含量过高会影响混凝土的性能。机制砂中石粉含量和泥块含量应符合表4-7、表4-8的规定。

表4-7 机制砂中石粉含量、泥块含量(MB值≤1.4或快速法试验合格)(GB/T 14684—2011)

类 别	Ⅰ	Ⅱ	Ⅲ
MB值	≤0.5	≤1.0	≤
石粉含量(按质量计)/%	≤10.0		
泥块含量(按质量计)/%	0	≤1.0	≤2.0

* 此指标根据使用地区和用途,经试验验证,可由供需双方协商确定。

表 4-8　机制砂中石粉含量、泥块含量
(MB 值>1.4 或快速法试验不合格)(GB/T 14684—2011)

类　　别	Ⅰ	Ⅱ	Ⅲ
石粉含量(按质量计)/%	≤1.0	≤3.0	≤5.0
泥块含量(按质量计)/%	0	≤1.0	≤2.0

(四)颗粒特征

骨料颗粒形状及表面特征对混凝土的性能有很大影响。碎石和人工砂的颗粒富有棱角,表面粗糙,与水泥黏结较好,拌制的混凝土强度相对较大,但混凝土拌和物和易性较差。卵石和河砂、海砂、湖砂的颗粒近于圆形,表面光滑,与水泥黏结力较差,拌制的混凝土拌和物和易性好,但强度相对较低。

粗骨料中凡颗粒长度大于该颗粒所属相应粒级平均粒径的2.4倍者为针状颗粒,厚度小于平均粒径0.4倍者为片状颗粒(平均粒径是指该粒级上、下限粒径的平均值)。这些颗粒本身容易折断,含量不能太多,否则会严重降低混凝土拌和物的和易性和混凝土强度,因此应严格控制其在骨料中的含量,详见表4-9。

表 4-9　卵石、碎石的针、片状颗粒含量(GB/T 14685—2011)

类　　别	Ⅰ	Ⅱ	Ⅲ
针、片状颗粒总含量(按质量计)/%	≤5	≤10	≤15

(五)强度

碎石和卵石的强度,可用岩石的抗压强度和压碎指标两种方法表示。

岩石的抗压强度是采用直径与高度均为50 mm 的圆柱体或边长为50 mm 的立方体岩石试件,水中浸泡48 h 后测得的极限抗压强度值。火成岩试件的强度值应不小于80 MPa,变质岩应不小于60 MPa,水成岩应不小于30 MPa。

压碎指标表示石子抵抗压碎的能力。压碎指标值越小,表明石子抵抗破碎的能力越强。卵石和碎石的压碎指标值应符合表4-10的规定。

表 4-10　碎石、卵石的压碎指标(GB/T 14685—2011)

类　　别	Ⅰ	Ⅱ	Ⅲ
碎石压碎指标/%	≤10	≤20	≤30
卵石压碎指标/%	≤12	≤14	≤16

（六）有害物质的含量

粗、细骨料中不应混有草根、树叶、树枝、塑料、煤块和炉渣等杂物。砂中如含有云母、轻物质、有机物、硫化物及硫酸盐、氯盐等,石子中如含有有机物、硫化物及硫酸盐等,其含量应符合表4-11、表4-12的规定。

表4-11　砂、石中有害物质含量（GB/T 14684—2011）

类　　别	Ⅰ	Ⅱ	Ⅲ
云母（按质量计）/%	≤1.0	≤2.0	
轻物质（按质量计）/%	≤1.0		
有机物	合格		
硫化物及硫酸盐（按SO_3质量计）/%	≤0.5		
氯化物（以氯离子质量计）/%	≤0.01	≤0.02	≤0.06
贝壳（按质量计）/% *	≤3.0	≤5.0	≤8.0

＊该指标仅适用于海砂,其他砂不做要求

表4-12　卵石、碎石中有害物含量（GB/T 14685—2011）

类别	Ⅰ	Ⅱ	Ⅲ
有机物	合格	合格	合格
硫化物及硫酸盐（按SO_3质量计）/%	≤0.5	≤1.0	≤1.0

砂石级配试验

（一）砂的筛分析试验

1.试验目的

掌握国家标准《建筑用砂》（GB/T 14684—2011）的测试方法,测定混凝土用砂的颗粒级配,计算细度模数,评定砂的粗细程度。

2.仪器设备

（1）方孔筛:孔径为150 μm、300 μm、600 μm、1.18 mm、2.36 mm、4.75 mm及9.50 mm的筛各一只,并附有筛底和筛盖;

（2）鼓风烘箱:能使温度控制在（105±5）℃;

（3）天平:称量1 000 g,感量1 g;

（4）摇筛机（图4-5）、搪瓷盘、毛刷等。

3.试验步骤

按规定取样,用四分法缩分至约1 100 g,放在烘箱中于（105±5）℃下烘干至恒量,待冷却至室温后,筛除大于9.50 mm的颗粒（并算出其筛余百分率）,分为大致相等的两份备用。

(1)称烘干试样 500 g,精确至 1 g,倒入按孔径从大到小组合的套筛(附筛底)上,在摇筛机上筛 10 min,取下套筛,按筛孔大小顺序再逐个用手筛。筛至每分钟通过量小于试样总量 0.1%为止。通过的试样并入下一号筛中,并和下一号筛中的试样一起过筛,这样顺序进行,直至各号筛全部筛完为止。

(2)称出各号筛的筛余量,精确至 1 g,试样在各号筛上的筛余量不得超过公式(4-2)计算出的量。

图 4-5 摇筛机

$$m = \frac{A \times d^{1/2}}{200} \quad (4-2)$$

式中:m——在一个筛上的筛余量,g;
A——筛面面积,mm²;
d——筛孔尺寸,mm。

超过时应按下列方法之一处理:

①将该粒级试样分成少于按式(4-2)计算出的量,分别筛分,并以筛余量之和作为该号筛的筛余量。

②将该粒级及以下各粒级的筛余混合均匀,称出其质量,精确至 1 g。再用四分法缩分为大致相等的两份,取其中一份,称出其质量,精确至 1 g,继续筛分。计算该粒级及以下各粒级的分计筛余量时应根据缩分比例进行修正。

4.结果计算与评定

(1)计算分计筛余百分率:各号筛的筛余量与试样总量之比,精确至 0.1%。

(2)计算累计筛余百分率:该号筛的分计筛余百分率加上该号筛以上各分计筛余百分率之和,精确至 0.1%。筛分后,如每号筛的筛余量与筛底的剩余量之和同原试样质量之差超过 1%时,应重新试验。

(3)砂的细度模数(M_x)按下式计算,精确至 0.01:

$$M_x = \frac{(A_2 + A_3 + A_4 + A_5 + A_6) - 5A_1}{100 - A_1} \quad (4-3)$$

式中:M_x——细度模数;
A_1,A_2,A_3,A_4,A_5,A_6——分别为 4.75 mm、2.36 mm、1.18 mm、600 μm、300 μm、150 μm 筛的累计筛余百分率。

(4)累计筛余百分率取两次试验结果的算术平均值,精确至 1%。细度模数取两次试验结果的算术平均值,精确至 0.1。如两次试验的细度模数之差超过 0.20 时,须重新试验。

(5)以试验结果并依据相应标准,判断砂的粗细程度和级配情况。

(二)碎石或卵石的筛分析试验

1.试验目的

掌握国家标准《建筑用碎石、卵石》(GB/T 14685—2011)的测试方法,测定碎石或卵石的颗粒级配及粒级规格,为混凝土配合比设计提供依据。

2.仪器设备

(1)鼓风烘箱:能使温度控制在(105±5)℃;

(2)台秤:称量10 kg,感量1 g;

(3)方孔筛:孔径为2.36、4.75、9.50、16.0、19.0、26.5、31.5、37.5、53.0、63.0、75.0及90 mm的筛各一只,并附有筛底和筛盖(筛框内径为300 mm);

(4)摇筛机、搪瓷盘、毛刷等。

3.试验步骤

按规定取样,用四分法缩分至略大于表4-13规定的数量,烘干或风干后备用。

表4-13　碎石或卵石颗粒级配试验所需试样数量

最大粒径/mm	9.5	16.0	19.0	26.5	31.5	37.5	63.0	75.0
最少试样质量/kg	1.9	3.2	3.8	5.0	6.3	7.5	12.6	16.0

根据试样的最大粒径,称取按表4-13规定数量的试样一份,精确至1 g。将试样倒入套筛(附筛底)上,然后进行筛分。

将套筛置于摇筛机上,摇10 min;取下套筛,按筛孔大小顺序再逐个用手筛,筛至每分钟通过量小于试样总量0.1%时为止。通过的颗粒并入下一号筛中,并和下一号筛中的试样一起过筛,这样顺序进行,直至各号筛全部筛完为止。当筛余颗粒的粒径大于19.0 mm时,在筛分过程中,允许用手指拨动颗粒。称出各号筛的筛余量,精确至1 g。

4.结果计算与评定

(1)计算分计筛余百分率。

各号筛的筛余量与试样总质量之比,计算精确至0.1%。

(2)计算累计筛余百分率。

该号筛的筛余百分率加上该号筛以上各分计筛余百分率之和,精确至1%。筛分后,如每号筛的筛余量与筛底的筛余量之和同原试样质量之差超过1%时,应重新试验。

(3)根据各号筛的累计筛余百分率并依据相应标准,判断该试样的颗粒级配及粒级规格。

【技能训练】

(1)对砂的颗粒级配测定进行反复操作,提高技能熟练程度。

(2)对石的颗粒级配测定进行反复操作,提高技能熟练程度。

【任务评价】

教学评价表

班级：_____ 姓名：_____ 本任务得分_____

项目	要素	主要评价内容	等级及参考分值				得分
			优	良	中	差	
职业素养	工作纪律	课堂不迟到、早退，服从教师管理及组长指挥	5	4	3	2	
	安全操作	严格按照试验步骤进行操作，不野蛮操作、试验现场不打闹	5	4	3	2	
	环保意识	文明操作，爱护仪器、器材，保持工作台及试验室环境整洁，完成后主动清理现场	5	4	3	2	
	团队协作	小组协作、相互交流，组员、同学之间互相带动学习	5	4	3	2	
	小　计：	20分	20	16	12	8	
技能考评	试验准备	明确所需试验设备、工具及器材，掌握设备及器材的使用方法	20	16	12	8	
	试验过程	掌握砂的筛分析及碎石或卵石筛分析的方法和步骤，严格按规范要求的条款进行试验操作，反复操作，提高技能的熟练程度	20	16	12	8	
	完成质量	小组配合完成任务，计算砂的细度模数，测定碎石或卵石的颗粒级配；不抄袭其他小组的成果	20	16	12	8	
	任务工单	按要求填写任务工单，工单书写工整；试验步骤清晰、计算结果正确，成果和结论真实	20	16	12	8	
	小　计：	80分	80	64	48	32	
		合计	100	80	60	40	
教师、学生或小组结论性评价（描述性评语）							

任务三　混凝土拌和物和易性及试验

【学习目标】

知识目标

(1)掌握混凝土拌和物和易性的概念。
(2)掌握混凝土拌和物和易性的性能。
(3)了解影响和易性的因素。

能力目标

(1)能够了解改善和易性的措施。
(2)能够测定混凝土拌和物的和易性,加深理解所学习的相关理论知识。

【任务描述】

混凝土各组成材料按一定比例配合,经搅拌均匀后尚未凝结硬化的材料称为混凝土拌和物,又称新拌混凝土,如图 4-6 所示。混凝土拌和物必须具有良好的和易性,才能便于施工和获得均匀而密实的混凝土,从而保证混凝土的强度和耐久性。

图 4-6　新拌混凝土

【相关知识】

和易性的概念

和易性是指混凝土拌和物能保持其组成成分均匀,不发生分层离析、泌水等现象,适于运输、浇筑、捣实成型等施工作业,并能获得质量均匀、密实的混凝土的性能。

和易性是一项综合技术性能,包括流动性、黏聚性和保水性三个方面。

(一)流动性

流动性是指混凝土拌和物在自重或机械振捣作用下,能流动并均匀密实地填满模型的性能。流动性越大,施工操作越方便,越易于捣实成型。

(1)拌和物太稠,混凝土难以振捣,易造成内部孔隙。
(2)拌和物过稀,会分层离析,影响混凝土的均匀性。

(二)黏聚性

黏聚性是指混凝土拌和物在施工过程中,具有一定的黏聚力,不会发生离析和分层现象,保持整体均匀的性能。黏聚性差的拌和物,在施工中易发生分层、离析,致使混凝土硬化后产生"蜂窝""麻面"等缺陷,影响强度和耐久性。

(三)保水性

保水性是指混凝土拌和物保持水分不易析出的能力。保水性差的拌和物,在施工中,容易泌水,并积聚到混凝土表面,引起表面疏松,或积聚到骨料或钢筋的下表面而形成空隙,从而削弱了骨料或钢筋与水泥石的结合力,影响混凝土硬化后的质量。渗水通道会形成开口空隙,降低混凝土的强度和耐久性。

和易性的测定

和易性是一项综合的技术性质,很难找到一种能全面反映拌和物和易性的测定方法。根据我国现行标准《普通混凝土拌和物性能试验方法》(GB/T 50080—2002)规定,用坍落度和维勃稠度来测定混凝土拌和物的流动性,并辅以直观经验来评定黏聚性和保水性。坍落度法适用于最大粒径不大于40 mm、坍落度值为10~90 mm的混凝土拌和物,坍落度值小于10 mm的干硬性混凝土拌和物采用维勃稠度法测定。

(一)坍落度法

将混凝土拌和物按规定的方法装入坍落度筒内,提起坍落度筒后拌和物因自重而向下坍落,下落的尺寸(以毫米计)即为该混凝土拌和物的坍落度值,用 S 表示,如图4-7所示。坍落度主要用来表示混凝土拌和物的流动性,在测定坍落度的同时,应观察黏聚性和保水性，以便全面地评定混凝土拌和物的和易性。

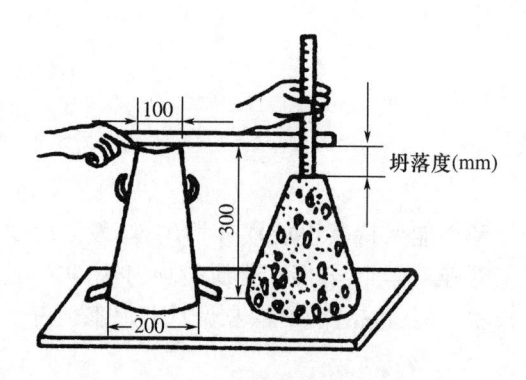

图 4-7 坍落度测定示意图

国家标准《混凝土质量控制标准》(GB 50164—2011)规定，混凝土拌和物根据其坍落度大小分为五级，见表 4-14。

表 4-14 混凝土按坍落度分级(GB 50164—2011)

等级	坍落度/mm
S_1	10~40
S_2	50~90
S_3	100~150
S_4	160~210
S_5	≥220

(二) 维勃稠度法

把维勃稠度仪水平放置在坚实的基面上，喂料斗转到坍落度筒上方，将拌和物分层装入桶内插捣密实，把喂料斗转离，垂直提起坍落度筒，把透明圆盘转到拌和物锥体顶面，放松夹持圆盘的螺钉，使圆盘落到拌和物顶面，开动振动台和秒表，当透明圆盘的底面被水泥浆所布满的瞬间，停下秒表并关闭振动台，记录秒表上的时间(以秒计)，即为拌和物的维勃稠度值，用 V 表示，如图 4-8 所示。维勃稠度值越小，表示拌和物越稀，流动性越好，反之，维勃稠度值越大，表示黏度越大，越不易振实。

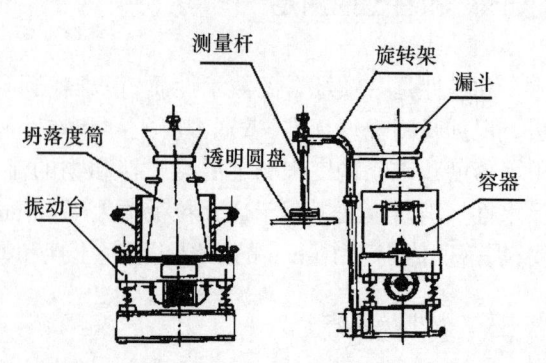

图 4-8 维勃稠度仪

根据 GB 50164-2011 规定,混凝土拌和物维勃稠度共分为五级,见表 4-15。

表 4-15　混凝土维勃稠度的分级(GB 50164—2011)

级别	维勃稠度/s
V_0	≥31
V_1	30~21
V_2	20~11
V_3	10~5
V_4	5~3

干硬性混凝土与塑性混凝土不同之处在于干硬性混凝土的水泥用量少、粗骨料较多、流动性小,水泥用量相同时,强度高。

(三)坍落度的选择

正确选择坍落度值,对于保证混凝土施工质量、节约水泥具有重要意义。原则上应在便于施工操作并能保证振捣密实的条件下,尽可能取较小的坍落度。根据国家标准《混凝土结构工程施工质量及验收规范》(GB 50204—2015)规定,混凝土浇筑时的坍落度宜按表 4-16 选用。

表 4-16　混凝土浇筑时的坍落度(GB 50204—2015)

项目	结构种类	坍落度/mm
1	基础或地面等的垫层、无配筋的大体积结构(挡土墙、基础等)或配筋稀疏的结构	10~30
2	板、梁或大型及中型截面的柱子等	30~50
3	配筋密列的结构(薄壁、斗仓、筒仓、细柱等)	50~70
4	配筋特密的结构	70~90

注:1.本表系采用机械振捣混凝土时的坍落度,当采用人工捣实时其值可适当增大。
　　2.当需要配置大坍落度混凝土时,应掺用外加剂。
　　3.曲面或斜面结构混凝土的坍落度应根据实际需要另行选定。
　　4.轻骨料混凝土的坍落度,宜比表中数值减少 10~20 mm。

影响和易性的因素

影响拌和物和易性的主要因素有用水量、水泥浆用量、砂率和外加剂。此外,组成材料的品种与性质、施工条件等都对和易性有一定的影响。

(一)用水量

拌和物流动性随用水量增加而增大。若用水量过大,使拌和物黏聚性和保水性都变差,会产生严重泌水、分层或流浆;同时,强度与耐久性也随之降低。

(二)水泥浆的用量

在混凝土拌和物中,水泥浆的多少显著影响和易性。在水灰比不变的情况下,水泥浆越多,则拌和物的流动性越大;水泥浆越少则流动性也越小;若水泥浆过多,不仅增加了水泥用量,还会出现流浆现象,使拌和物的黏聚性变差,对混凝土的强度和耐久性会产生不利影响。因此,混凝土拌和物中水泥浆的用量应以满足流动性和强度的要求为度,不宜过量。

(三)砂率

混凝土中砂的质量占砂、石总质量的百分率,称为砂率。试验证明,砂率对拌和物的和易性有很大影响,如图4-9所示。

在混凝土拌和物中,水泥浆固定时加大砂率,骨料的总表面积及空隙率增大,使水泥浆显得比原料贫乏,从而减少了流动性;若减小砂率,使水泥浆显得富余起来,流动性会加大,但不能保证粗骨料之间有足够的砂浆层,也会降低拌和物的流动性,并严重影响其黏聚性和保水性。因此,砂率有一个合理值,称为合理砂率。采用合理砂率时,能使拌和物获得较好的流动性、黏聚性和保水性,而水泥用量最省。

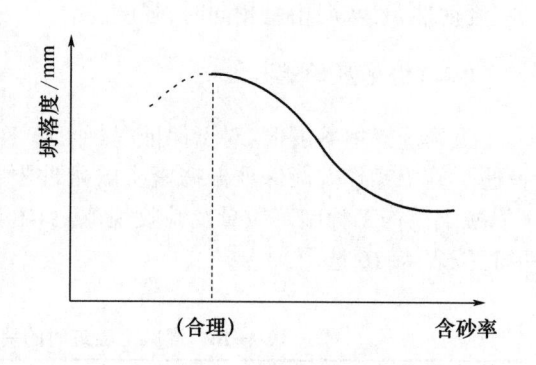

图4-9 砂率与坍落度的关系
(水和水泥用量一定)

(四)材料品种的影响

常用水泥中,以普通硅酸盐水泥所配制的混凝土拌和物的流动性和保水性较好;矿渣硅酸盐水泥所配制的混凝土拌和物的流动性较大,但黏聚性和保水性较差;火山灰质硅酸盐水泥需水量大,在相同用水量的条件下,流动性较差,但黏聚性和保水性较好。当混凝土掺入外加剂或粉煤灰时,和易性将显著改善。

粗骨料粒形较圆、颗粒较大、表面光滑、级配较好时,拌和物流动性较大。使用细砂,拌和物流动性较小;使用粗砂,拌和物黏聚性和保水性较差。

(五)施工方面的影响

施工中环境温度、湿度的变化,运输时间的长短,称料设备、搅拌设备及振捣设备的性能等都会对和易性产生影响。

改善和易性的措施

在实际工作中,采用如下措施来改善混凝土拌和物的和易性:
(1)改善砂、石的级配。在可能条件下,尽量采用较粗的砂、石。
(2)采用合理砂率。
(3)在上述基础上,当混凝土拌和物坍落度太小时,保持水灰比不变,适当增加水泥和水的用量;当坍落度太大时,保持砂率不变,适当增加砂、石用量。
(4)掺用外加剂(减水剂、引气剂等)。

混凝土拌和物和易性试验(坍落度法)

本方法适用于骨料最大粒径不大于 40 mm、坍落度不小于 10 mm 的稠度测定。

(一)试验目的

掌握国家标准《普通混凝土拌和物性能试验方法标准》(GB/T 50080—2002)的测试方法,测定混凝土拌和物的坍落度,观察其黏聚性和保水性,评定其和易性。

(二)仪器设备

(1)坍落度筒。

由薄钢板或其他金属制成的圆台形筒,如图 4-10(a)所示。其内壁应光滑、无凹凸部位。底面和顶面应互相平行并与锥体的轴线垂直,在坍落度筒外部 2/3 高度处安两个手把,下端应焊上脚踏板。筒的内部尺寸为:底部直径(200±2) mm,顶部直径(100±2) mm,高度(300±2) mm,筒壁厚度不小于 1.5 mm。

(2)小铲、钢尺、喂料斗。

(3)捣棒。

直径 16 mm、长 650 mm 的钢棒,端部应磨圆,如图 4-10(b)所示。

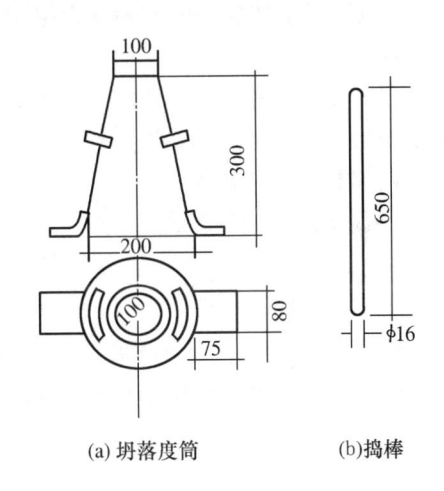

(a)坍落度筒　(b)捣棒

图 4-10　坍落度筒和捣棒

(三)试验步骤

(1)湿润坍落度筒及其他用具,并把筒放在不吸水的刚性水平底板上,然后用脚踩住两个脚踏板,使坍落度筒在装料时保持位置固定。

(2)把按要求取得的混凝土试样用小铲分三层均匀地装入筒内,使捣实后每层高度为筒高的 1/3 左右。每层用捣棒沿螺旋方向在截面上由外向中心均匀插捣 25 次。插捣筒边混凝土时,捣棒可以稍稍倾斜。插捣底层时,捣棒应贯穿整个深度,插捣第二层和顶层时,捣棒应插透本层至下一层的表面。

浇灌顶层时，混凝土应灌到高出筒口，插捣过程中，如混凝土沉落到低于筒口，则应随时添加，顶层插捣完后，刮去多余的混凝土，并用抹刀抹平。

(3)清除筒边底板上的混凝土后，垂直平稳地提起坍落度筒。坍落度筒的提离过程应在5~10 s内完成。从开始装料到提起坍落度筒的整个过程，应不间断地进行，并应在150 s内完成。

(4)提起坍落度筒后，量测筒高与坍落后混凝土试体最高点之间的高度差，即为该混凝土拌和物的坍落度值。

(四)结果评定

(1)坍落度筒提离后，如混凝土发生崩坍或一边剪坏现象，则应重新取样再测定。如第二次试验仍出现上述现象，则表示该混凝土拌和物和易性不好，应予记录备查。

(2)观察坍落后的混凝土试体的黏聚性和保水性。

黏聚性：用捣棒在已坍落的混凝土锥体侧面轻轻敲打，如果锥体逐渐下沉，则表示黏聚性良好，如果锥体倒塌、部分崩裂或出现离析现象，则表示黏聚性不好。

保水性：坍落度筒提起后，如有较多的稀浆从底部析出，锥体部分的拌和物也因失浆而骨料外露，表明其保水性差。如坍落度筒提起后，无稀浆或仅有少量稀浆自底部析出，表明其保水性良好。

(3)混凝土拌和物的坍落度以毫米(mm)为单位，结果表达精确至5 mm。

(4)当混凝土拌和物的坍落度大于220 mm时，用钢尺测量混凝土扩展后最终的最大直径与最小直径，在这两个直径之差小于或等于50 mm的条件下，其算术平均值称为坍落扩展度，若两个直径之差大于50 mm，则此次试验无效，应对坍落度进行调整。

(5)和易性的调整。

①在按配合比计算备好试样材料的同时，另外还须备好两份为调整坍落度用的水泥与水，备用的水泥与水的比例应符合原定的水灰比，其用量可为原来计算用量的5%（另外一份为10%）。

②当测得拌和物的坍落度达不到要求，或黏聚性、保水性认为不满意时，可掺入备用的一份水泥与水，当坍落度过大时，可酌情增加砂和石子，尽快拌和均匀，重新测定坍落度。

【技能训练】

(1)对混凝土拌和物的和易性测定进行反复操作，提高技能熟练程度。

(2)填写数据记录表：见表4-17。

表 4-17　混凝土拌和物的和易性测定与调整

顺序	测定日期							
	材料用量/kg				测定结果			
	水泥	砂子	石子	水	坍落度/mm	黏聚性	保水性	是否符合要求
调整前								
第一次调整后								
第二次调整后								

测定结果
对混凝土拌和物的和易性测定结果为：

【任务评价】

教学评价表

班级：_____　姓名：_____　本任务得分_____

项目	要素	主要评价内容	等级及参考分值				得分
			优	良	中	差	
职业素养	工作纪律	课堂不迟到、早退，服从教师管理及组长指挥	5	4	3	2	
	安全操作	严格按照试验步骤进行操作，不野蛮操作、试验现场不打闹	5	4	3	2	
	环保意识	文明操作，爱护仪器、器材，保持工作台及试验室环境整洁，完成后主动清理现场	5	4	3	2	
	团队协作	小组协作、相互交流，组员、同学之间互相带动学习	5	4	3	2	
	小　计：	20分	20	16	12	8	
技能考评	试验准备	明确所需试验设备、工具及器材，掌握设备及器材的使用方法	20	16	12	8	
	试验过程	掌握测定混凝土和易性的方法和步骤，严格按规范要求的条款进行试验操作，反复操作，提高技能的熟练程度	20	16	12	8	

续表

项目	要素	主要评价内容	等级及参考分值				得分
			优	良	中	差	
技能考评	完成质量	小组配合完成任务,测定混凝土拌和物的坍落度,评定其和易性;不抄袭其他小组的成果	20	16	12	8	
	任务工单	按要求填写任务工单,工单书写工整;试验步骤清晰、计算结果正确,成果和结论真实	20	16	12	8	
	小 计:	80分	80	64	48	32	
		合计	100	80	60	40	
教师、学生或小组结论性评价（描述性评语）							

任务四　混凝土强度及试验

【学习目标】

知识目标

(1)掌握混凝土的立方体抗压强度。
(2)了解混凝土轴心抗压强度。
(3)了解混凝土的劈裂抗拉强度。
(4)了解混凝土与钢筋的黏结强度。
(5)掌握影响混凝土强度的因素以及提高混凝土强度的措施。

能力目标

能够正确测定混凝土的强度。

【任务描述】

混凝土一般均用作结构材料,故其强度是最主要的技术性质。混凝土强度分为抗

压强度、抗拉强度、抗弯强度及抗剪强度。其中以抗压强度最大,抗拉强度最小,故混凝土主要用于承受压力。混凝土的抗压强度与各种强度及其他性能之间有一定的相关性,因此混凝土的抗压强度是结构设计的主要参数,也是混凝土质量评定的指标。

【相关知识】

混凝土的立方体抗压强度

混凝土的抗压强度是指其标准试件在压力作用下直到破坏的单位面积所能承受的最大应力。常作为评定混凝土质量的指标,并作为确定强度等级的依据。

(一)立方体抗压强度与强度等级

国家标准《普通混凝土力学性能试验方法》(GB/T 50081—2002)规定,以边长为150 mm 的立方体试件为标准试件,按标准方法成型,在标准条件下[温度(20±2)℃,相对湿度95%以上],养护到 28 d 龄期,用标准试验方法测得的极限抗压强度,称为混凝土标准立方体抗压强度,以 f_{cc} 表示。在立方体极限抗压强度的总体分布中,具有95%保证率的抗压强度,就可以称为立方体抗压强度标准值($f_{cu,k}$)。

混凝土强度等级按立方体强度标准值确定。采用符号 C 与立方体抗压强度标准值(单位为 MPa)表示,有:C15、C20、C25、C30、C35、C40、C45、C50、C55、C60、C65、C70、C75、C80 共14个强度等级。例如,C30 表示混凝土立方体抗压强度标准值为 30 MPa,即混凝土立方体抗压强度大于 30 MPa 的概率为95%以上。

(二)折算系数

混凝土立方体试件的最小尺寸应根据粗骨料的最大粒径确定。边长 150 mm 的立方体试件为标准试件,100 mm、200 mm 试件为非标准试件。当采用非标准试件确定强度等级时,应将其抗压强度值乘以表 4-18 的折算系数,换算成标准试件的抗压强度值。

表 4-18 试件尺寸及折算系数

骨料的最大粒径/mm	试件尺寸/mm	折算系数
≤31.5	100×100×100	0.95
≤40	150×150×150	1.00
≤65	200×200×200	1.05

(三)强度等级选用

工程设计时,混凝土的强度等级应根据建筑物的部位及承载情况选取:
C20 以下用于垫层、基础、地面及受力不大的结构。

C20~C35 用于梁、板、柱、楼梯、屋架等普通钢筋混凝土结构。

C35 以上用于大跨度结构、预应力混凝土结构、吊车梁及特种结构。

混凝土轴心（棱柱体）抗压强度

混凝土强度等级是采用立方体试件确定的。实际工程中，在钢筋混凝土结构计算中，考虑到混凝土构件的实际受力状态，计算轴心受压构件时，常以轴心抗压强度作为依据。

国家标准《普通混凝土力学性能试验方法》（GB/T 50081—2002）规定，轴心抗压强度采用 150 mm×150 mm×300 mm 的标准试件，在标准条件下养护 28 d，测其抗压强度值，即为轴心抗压强度标准值（f_{cp}）。

试验表明，混凝土的轴心抗压强度与立方体抗压强度之比为 0.7~0.8。

混凝土的劈裂抗拉强度

混凝土的抗拉强度很低，只有抗压强度的 1/20~1/10，在钢筋混凝土结构设计中，不考虑混凝土承受结构中的拉力，而由钢筋来承受。但混凝土抗拉强度对于混凝土抗裂性具有重要作用，它是结构设计中确定混凝土抗裂度的主要指标。

国家标准（GB/T 50081—2002）规定，采用劈裂抗拉试验法求混凝土的劈裂抗拉强度。劈裂法试验装置示意图，如图 4-11 所示。

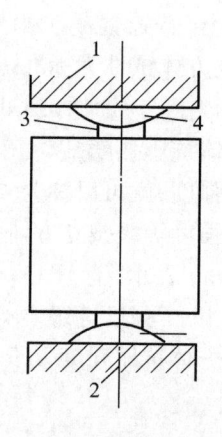

图 4-11 劈裂法试验装置示意图
1—压力机上压板；2—压力机下压板；
3—垫层；4—垫条；5—试件

混凝土劈裂抗拉强度应按下式计算：

$$f_{ts} = 0.637 \frac{F}{A} \quad (4-4)$$

混凝土与钢筋黏结强度

在钢筋混凝土结构中，为使钢筋充分发挥其作用，混凝土与钢筋之间必须有足够的黏结强度。这种黏结强度主要来源于混凝土与钢筋之间的摩擦力、钢筋与水泥石之间的黏结力及变形钢筋的表面机械啮合力。混凝土抗压强度越高，其黏结强度越高。

影响混凝土强度的因素

影响混凝土强度的主要因素有水泥强度等级与水灰比，其次是骨料的质量、施工质量、养护条件与龄期、试验条件等。

(一)水泥强度等级与水灰比

水泥强度等级和水灰比是影响混凝土强度的主要因素。在其他材料相同时,水泥强度等级越高,配制成的混凝土强度也越高。若水泥强度等级相同,则混凝土的强度主要取决于水灰比,水灰比越小,配制成的混凝土强度越高。但是,如果水灰比过小,拌和物过于干稠,在一定的施工条件下,混凝土不能被振捣密实,出现较多的蜂窝、孔洞,反而导致混凝土强度严重下降。

根据大量的试验结果,可以建立混凝土强度经验公式:

$$f_{cu,28} = \alpha_a f_{ce}(C/W - \alpha_b) \tag{4-5}$$

式中:$f_{cu,28}$——混凝土 28 d 龄期的立方体抗压轻度,MPa;

f_{ce}——水泥 28 d 龄期抗压强度实测值,MPa;

C/W——灰水比;

α_a,α_b——回归系数。根据工程所使用的水泥、骨料种类通过试验确定。当不具备试验统计资料时,可按建筑工程行业标准《普通混凝土配合比设计规程》(JGJ 55—2011)提供的经验系数取用:

碎石混凝土　　$\alpha_a = 0.53, \alpha_b = 0.20$;

卵石混凝土　　$\alpha_a = 0.49, \alpha_b = 0.13$。

强度经验公式适用于 $W/C = 0.40 \sim 0.80$ 的低流动性混凝土和塑性混凝土,不适用于干硬性混凝土。

该公式还可以解决两方面的问题:

一是混凝土配合比设计时,估算应采用的 W/C 值;

二是混凝土质量控制过程中,估算混凝土 28 d 可达到的抗压强度。

(二)骨料的质量

骨料本身强度一般都比混凝土强度高(轻骨料除外),它不会直接影响混凝土的强度;但若使用含有有害杂质较多且品质低劣的骨料时,会降低混凝土强度。由于碎石表面粗糙并富有棱角,与水泥的黏结力较强,所配制的混凝土强度比用卵石的要高。骨料级配良好、砂率适当,能组成密实的骨架,也能使混凝土获得较高的强度。

(三)养护条件与龄期

混凝土振捣成型后的一段时间内,保持适当的温度和湿度,使水泥充分水化,称为混凝土的养护。混凝土在拌制成型后所经历的时间称为龄期。在正常养护条件下,混凝土的强度将随着龄期的增长而不断发展,最初几天强度发展较快,以后逐渐缓慢,28 d 达到设计强度。28 d 以后更慢,若能长期保持适当的温度和湿度,强度的增长可延续数十年。从图 4-12 和图 4-13 可以看出混凝土与养护温度和养护龄期之间的关系。

国家标准《混凝土结构工程施工质量验收规范》(GB 50204—2015)规定,在混凝土浇筑完毕后的 8~12 h 以内对混凝土加以覆盖和浇水,其浇水时间,对硅酸盐水泥、普通水泥或矿渣水泥拌制的混凝土不得少于 7 d,对掺用缓凝型外加剂或有抗渗要求的混凝土不得少于 14 d。防水混凝土终凝后应立即进行养护,养护时间不得少于 14 d。浇水次数应能保持混凝土处于润湿状态。

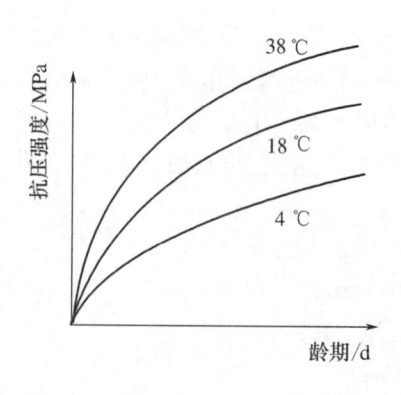

图 4-12 养护温度对混凝土强度的影响　　图 4-13 养护龄期对混凝土强度的影响

（四）施工因素的影响

混凝土施工工艺复杂，在配料、搅拌、运输、振捣、养护过程中，一定要严格遵守施工规范，确保混凝土强度。

（五）试验条件

试件的尺寸、形状、表面状态及加荷速度等，称为试验条件。试验条件不同，会影响混凝土强度的试验值。

实践证明材料用量相同的混凝土试件，其尺寸越大，测得的强度越低。其原因是试件尺寸大时，内部孔隙、缺陷等出现的概率也大，会导致混凝土强度降低。棱柱体试件（150 mm×150 mm×300 mm）要比立方体试件（150 mm×150 mm×150 mm）测得的强度值小。

当混凝土试件受压面上有油脂类润滑物时，压板与试件间的摩擦阻力大大减小，试件将出现垂直裂纹而破坏，测出的强度值较低，如图 4-14 所示。

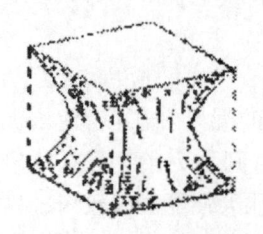

（a）试件破坏后残存的棱柱体　　（b）不受压板约束时试件的破坏情况

图 4-14 混凝土试件受压破坏状态

加荷速度越快，测得混凝土强度值越大。因此，国家标准《普通混凝土力学性能试验方法》（GB/T 50081—2002）规定，在试验过程中应连续均匀地加荷，混凝土强度等级

小于C30时,加荷速度每秒钟0.3~0.5 MPa;混凝土强度等级不小于C30且小于C60时,取每秒钟0.5~0.8 MPa;混凝土强度等级不小于C60时,取每秒钟0.8~1.0 MPa。

综上所述,在其他条件完全相同的情况下,由于试验条件不同,所测得的强度试验结果也有所差异。因此,要得到正确的混凝土抗压强度值,就必须严格遵守国家有关的试验标准。

📝 提高混凝土强度的措施

根据影响混凝土强度的因素,应采取以下措施提高混凝土的强度:
(1)采用高强度等级的水泥。
(2)采用水灰比较小、用水量较少的混凝土。
(3)采用级配良好的骨料及合理的砂率值。
(4)采用机械搅拌、机械振捣,改进施工工艺。
(5)加强养护。采用湿热养护处理,即蒸汽养护和蒸压养护的方法,提高混凝土的强度,这种措施对采用掺混合材料的水泥拌制的混凝土更为有利。
(6)在混凝土中掺入减水剂、早强剂等外加剂,可提高混凝土的强度或早期强度。

📝 混凝土立方体抗压强度试验

(一)试验目的

掌握国家标准《普通混凝土力学性能试验标准》(GB/T 50081—2002)及《混凝土强度检验评定标准》(GB/T 50107—2010),测定混凝土抗压强度,为确定和校核混凝土配合比、控制施工质量提供依据。

(二)仪器设备

(1)压力试验机:精度(示值的相对误差)至少为±2%,其量程应能使试件的预期破坏荷载值不小于全量程的20%,也不大于全量程的80%。
(2)钢尺:量程300 mm,最小刻度1 mm。
(3)试模:由铸铁或钢制成,应具有足够的刚度并便于拆装。试模内表面应刨光,其不平度应不大于试件边长的0.05%;组装后各相邻面的不垂直度应不超过±0.5°。如图4-15所示。
(4)振动台:试验用振动台的振动频率应为(50±3)Hz,空载时振幅应约为0.5 mm。如图4-16所示。
(5)钢制捣棒:直径16 mm、长600 mm,捣棒的一端须磨圆。

(三)试件成型

(1)混凝土抗压强度试验一般以三个试件为一组。每一组试件所用的拌和物应从同一盘或同一车运送的混凝土中取出,或在实验室用机械或人工单独拌制。用以检验混凝土工程或预制构件质量的试件分组及取样原则,应按国家标准《混凝土结构工程施工及验收规范》(GB 50204—2002)及其他有关规定执行。

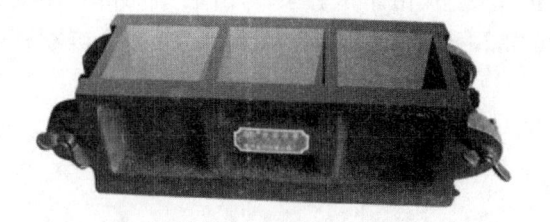

图 4-15　试模　　　　　　　　　图 4-16　振动台

（2）制作试件前,应将试模清刷干净,在其内壁上涂上一薄层矿物油脂。

（3）所有试件应在取样后立即制作。试件的成型方法应视混凝土的稠度而定。对坍落度不大于70 mm 的混凝土,试件成型方法应与实际施工采用的方法相同。

①采用振动台成型时,应将混凝土拌和物一次装入试模,装料时应用抹刀沿试模内壁略加插捣,并使混凝土拌和物高出试模上口。振动时,应防止试模在振动台上自由跳动。振动应持续到混凝土表面出浆为止,刮出多余的混凝土,并用抹刀抹平。

②采用人工插捣时,混凝土拌和物应分两层装入试模,每层的装料厚度大致相等。插捣应按螺旋方向从边缘向中心均匀进行。插捣底层时,捣棒应达到试模底部;插捣上层时,捣棒应贯穿上层后插入下层20~30 mm。插捣时捣棒应保持垂直,不得倾斜。同时,还应用抹刀沿试模内壁插拔数次。每层的插捣次数应根据试件的截面而定,一般每100 cm² 截面积不应少于12次,见表4-19。插捣完后,刮除多余的混凝土,并用抹刀抹平。

表 4-19　混凝土试件尺寸与每层振捣次数选用及换算

试件尺寸/mm	每层插捣次数	每组需混凝土量/kg	换算系数
100×100×100	12	9	0.95
150×150×150	25	30	1.00
200×200×200	50	65	1.05

（四）养护

试件成型后,应覆盖表面,以防止水分蒸发,并应在温度为(20±5)℃情况下静停一至两昼夜(不超过两昼夜),然后编号、拆模。

1.标准养护

拆模后的试件应立即放在温度为(20±2)℃,相对湿度为95%以上的标准养护室中养护,或在温度为(20±2)℃的不流动氢氧化钙饱和溶液中养护。试件放在架上,彼此间隔为10~20 mm,并应避免用水直接冲淋试件。

2.同条件养护

试件成型后应覆盖表面。试件的拆模时间可与实际构件的拆模时间相同,拆模后,试件仍需保持同条件养护。

(五)破型

(1)试件从养护地点取出后,应尽快进行试验,以免试件内部的温度、湿度发生显著变化。

(2)先将试件擦拭干净,测量尺寸,并检查外观。试件尺寸测量精确至1 mm,并据此计算试件的承压面积。如实测尺寸与公称尺寸之差不超过1 mm,可按公称尺寸进行计算。

(3)将试件安放在试验机的下压板上,试件的承压面应与成型时的顶面垂直。试件的中心应与试验机下压板中心对准。开动试验机,当上板与试件接近时,调整球座,使接触均衡。

混凝土试件的试验应连续而均匀地加荷,混凝土强度等级低于C30时,其加荷速度为0.3~0.5 MPa/s;混凝土强度等级大于等于C30且小于C60时,为0.5~0.8 MPa/s;混凝土强度等级大于等于C60时,为0.8~1 MPa/s。当试件接近破坏而开始迅速变形时,停止调整试验机油门,直至试件破坏。然后记录破坏荷载。

(六)结果计算及评定

(1)混凝土立方体试件抗压强度(f_{cc})按下式计算,精确至0.1 MPa。

$$f_{cc} = \frac{F}{A}$$

式中:f_{cc}——混凝土立方体试件抗压强度,MPa;
F——破坏荷载,N;
A——试件承压面积,mm^2。

(2)以三个试件测值的算术平均值作为该组试件的抗压强度值。三个测值中的最大值或最小值中如有一个与中间值的差值超过中间值的15%时,则把最大值和最小值舍除,取中间值作为该组试件的抗压强度值。如有两个测值与中间值的差均超过中间值的15%,则该组试件的试验结果无效。

(3)取150 mm×150 mm×150 mm试件的抗压强度为标准值,用其他尺寸试件测得的强度值均应乘以尺寸换算系数(表4-18)。

【技能训练】

对混凝土抗压强度测定进行反复操作,提高技能熟练程度。

【任务评价】

教学评价表

班级：_____ 姓名：_____ 本任务得分_____

项目	要素	主要评价内容	等级及参考分值				得分
			优	良	中	差	
职业素养	工作纪律	课堂不迟到、早退，服从教师管理及组长指挥	5	4	3	2	
	安全操作	严格按照试验步骤进行操作，不野蛮操作、试验现场不打闹	5	4	3	2	
	环保意识	文明操作，爱护仪器、器材，保持工作台及试验室环境整洁，完成后主动清理现场	5	4	3	2	
	团队协作	小组协作、相互交流，组员、同学之间互相带动学习	5	4	3	2	
	小　计：	20分	20	16	12	8	
技能考评	试验准备	明确所需试验设备、工具及器材，掌握设备及器材的使用方法	20	16	12	8	
	试验过程	掌握混凝土立方体抗压强度试验的方法与步骤，严格按规范要求的条款进行试验操作，反复操作，提高技能的熟练程度	20	16	12	8	
	完成质量	小组配合完成任务，测定混凝土立方体的抗压强度；不抄袭其他小组的成果	20	16	12	8	
	任务工单	按要求填写任务工单，工单书写工整；试验步骤清晰、计算结果正确，成果和结论真实	20	16	12	8	
	小　计：	80分	80	64	48	32	
		合计	100	80	60	40	
教师、学生或小组结论性评价（描述性评语）							

任务五　混凝土的耐久性

【学习目标】

知识目标

(1) 掌握混凝土抗冻性的定义及影响因素。
(2) 掌握混凝土抗渗性的定义及影响因素。
(3) 掌握混凝土抗碳化性能的定义及影响因素。
(4) 掌握混凝土抗碱-骨料反应的定义及条件。
(5) 掌握提高混凝土耐久性的措施掌握。

能力目标

能够掌握提高混凝土耐久性的措施。

【任务描述】

用于构筑物的混凝土，不仅要具有能安全承受荷载的强度，还应具有耐久性，即要求混凝土在长期使用环境条件的作用下，能抵抗内、外不利影响，而保持其使用性能。

耐久性良好的混凝土，对延长结构使用寿命，减少维修保养费用，提高经济效益等具有重要意义。

【相关知识】

混凝土在实际使用条件下抵抗各种破坏因素的作用，长期保持强度和外观完整性，维持混凝土结构的安全和正常使用的能力称为混凝土耐久性。

混凝土耐久性主要包括抗冻性、抗渗性、抗侵蚀性、抗碳化性、抗碱-骨料反应及抗风化性能等。

抗冻性

混凝土在水饱和状态下，能经受多次冻融循环作用而不破坏，同时也不严重降低强度的性能称为抗冻性。

混凝土的抗冻性用抗冻等级 F 表示。抗冻等级是以 28 d 龄期的混凝土标准试件，在吸水饱和后承受反复冻融循环，以抗压强度损失不超过 25%，质量损失不超过 5% 时所能承受的最大循环次数来确定。混凝土的抗冻等级有 F10,F15,F25,F50,F100,F150,F200,F250,F300 九个等级,分别表示混凝土能承受冻融循环的最大次数不小于 10,15,25,50,100,150,200,250 和 300 次。

密实混凝土和具有闭口孔隙的混凝土(如引气混凝土)抗冻性较高。在实际工程中,可采取以下方法提高混凝土的抗冻性:掺入引气剂、减水剂或防冻剂;减少水灰比;选择好的骨料级配;加强振捣和养护等。在寒冷地区,特别是潮湿环境下受冻的混凝土工程,其抗冻性是评定混凝土耐久性的重要指标。

抗渗性

混凝土抵抗压力水(或油)等液体渗透的能力称为抗渗性。

混凝土的抗渗性用抗渗等级 P 表示。抗渗等级是以 28 d 龄期的标准试件,按标准试验方法进行试验,所能承受的最大水压力来确定。抗渗等级有 P4,P6,P8,P10,P12 五个等级,分别表示混凝土能抵抗 0.4,0.6,0.8,1.0,1.2 MPa 的水压力而不渗透。

密实的混凝土和具有闭口孔隙的混凝土,抗渗性较高。在实际工程中,可采取以下方法提高混凝土的抗渗性:掺入引气剂和减水剂;合理选择水泥品种;减少水灰比;选择好的骨料级配;加强振捣和养护等。

抗侵蚀性

混凝土的抗侵蚀性主要取决于水泥的抗侵蚀性,可参看项目三。

抗碳化性

由于水泥水化产物中有较多的氢氧化钙,所以硬化后的混凝土呈碱性。在这种碱性条件下会使钢筋表面形成一层钝化膜,对钢筋有良好的保护作用。

空气中的二氧化碳在潮湿的条件下与水泥的水化产物氢氧化钙发生反应,生成碳酸钙和水的过程称为混凝土的碳化。这个过程由表及里逐渐向混凝土内部扩散。碳化使混凝土的碱度降低,减弱了对钢筋的保护作用,易引起钢筋锈蚀;碳化还会引起混凝土的收缩,导致表面形成细微裂缝,使混凝土的抗拉强度、抗折强度和耐久性降低,但碳化作用对提高抗压强度有利。

混凝土碳化的快慢和所处环境有关。二氧化碳的浓度越大,碳化速度越快;碳化需要一定的条件才能进行,在相对湿度 50%~70% 的条件下,碳化速度最快。

混凝土碳化的快慢和混凝土的密实程度有关。混凝土越密实,抗碳化能力越强。在实际工程中,可采取以下方法提高混凝土的抗碳化能力:掺入减水剂;使用硅酸盐水泥和普通硅酸盐水泥;减小水灰比和增加单位水泥用量;加强振捣和养护;在混凝土表面涂刷保护层等。

抗碱-骨料反应

水泥中的碱(Na_2O,K_2O)与骨料中的活性二氧化碳发生化学反应,在骨料表面生成复杂的产物,这种产物吸水后,体积膨胀约3倍以上,导致混凝土产生膨胀而破坏,这种现象称为碱-骨料反应。

混凝土发生碱-骨料反应必须具备以下三个条件:
(1)水泥中碱含量大于0.6%;
(2)砂、石骨料中含有一定活性成分;
(3)有水存在。在无水情况下,混凝土不可能发生碱-骨料反应。

在实际工程中,采取以下方法可防止碱-骨料反应:选用低碱水泥;选用非活性骨料;降低混凝土的单位水泥用量,以降低单位混凝土的含碱量;在混凝土中掺入火山灰质混合材料,以减少膨胀值;保证混凝土密实程度和重视建筑物排水,使混凝土处于干燥状态。

提高混凝土耐久性的措施

混凝土所处的环境条件不同,对耐久性的要求也不相同。总的来说,混凝土的密实程度是影响耐久性的主要因素;其次是原材料的品质和施工质量等。提高混凝土耐久性的主要措施有:

(1)根据环境条件,合理的选择水泥品种;
(2)严格控制其他原材料品质,使之符合规范的要求;
(3)严格控制水灰比,保证足够的水泥用量。建筑工程行业标准《普通混凝土配合比设计规程》(JGJ 55—2011)规定了混凝土的最大水灰比和最小水泥用量,见表4-20;
(4)掺入减水剂和引气剂,提高混凝土的耐久性;
(5)精心进行混凝土配制与施工,加强养护,提高混凝土的耐久性。

表4-20 混凝土的最大水灰比和最小水泥用量

环境条件		结构物类别	最大水灰比			最小水泥用量/kg		
			素混凝土	钢筋混凝土	预应力混凝土	素混凝土	钢筋混凝土	预应力混凝土
干燥环境		·正常的居住或办公用房屋内部件	不做规定	0.65	0.60	200	260	300
潮湿环境	无冻害	·高湿度的室内环境 ·室外部件 ·在非侵蚀性土或水中的部件	0.70	0.60	0.60	225	280	300

续表

环境条件		结构物类别	最大水灰比			最小水泥用量/kg		
			素混凝土	钢筋混凝土	预应力混凝土	素混凝土	钢筋混凝土	预应力混凝土
潮湿环境	有冻害	·经受冻害的室外部件 ·在非侵蚀性土或水中且经受冻害的部件 ·高湿度且经受冻害的室内部件	0.55	0.55	0.55	250	280	300
有冻害和除冰剂的潮湿环境		·经受冻害和除冰剂作用的室内和室外部件	0.50	0.50	0.50	300	300	300

任务六 硬化混凝土的变形

【学习目标】

✎ 知识目标

(1)掌握混凝土在非荷载作用下的变形、变形特点及变形的产生原因。
(2)掌握混凝土在荷载作用下的变形、变形特点及影响因素。

✎ 能力目标

能够区别混凝土在荷载作用下的变形及非荷载作用下的变形的产生原因。

【任务描述】

硬化混凝土除了受荷载作用产生变形外,在不受荷载作用的情况下,由于各种物理或化学的因素也会引起局部或整体的体积变化。

【相关知识】

混凝土的变形包括非荷载作用下的变形和荷载作用下的变形。非荷载作用下的变形,分为混凝土的化学收缩、干湿变形及温度变形;荷载作用下的变形,分为短期荷载作

用下的变形及长期荷载作用下的变形—徐变。混凝土的变形是混凝土产生裂缝的重要原因,直接影响混凝土的强度和耐久性。

✎ 非荷载作用下的变形

(一)化学收缩

在混凝土硬化过程中,由于水泥水化产物的固体体积比反应前物质的总体积小,从而引起混凝土的收缩,称为化学收缩。

特点:不能恢复,收缩值较小,对混凝土结构没有破坏作用,但在混凝土内部可能产生微细裂缝而影响承载状态和耐久性。

(二)干湿变形

干湿变形是指由于混凝土周围环境湿度的变化,引起混凝土的干湿变形,表现为干缩湿胀。

1.产生原因

混凝土在干燥过程中,由于毛细孔内水分的蒸发,使毛细孔中形成负压,随着空气湿度的降低,负压逐渐增大,产生收缩力,导致混凝土收缩。同时,水泥凝胶体颗粒的吸附水也发生部分蒸发,凝胶体因失水而产生紧缩。当混凝土在水中硬化时,体积产生轻微膨胀,这是由于凝胶体中胶体粒子的吸附水膜增厚,胶体粒子间的距离增大所致。

2.危害性

混凝土的湿涨变形量很小,一般无破坏作用。但干缩变形对混凝土危害较大,干缩能使混凝土表面产生较大的拉应力而导致开裂,降低混凝土的抗渗、抗冻、抗侵蚀等耐久性能。

3.影响因素

(1)水泥的用量、细度及品种:水灰比不变,水泥用量越多,混凝土干缩率越大;水泥颗粒越细,混凝土干缩率越大。

(2)水灰比的影响:水泥用量不变,水灰比越大,干缩率越大。

(3)施工质量的影响:延长养护时间能推迟干缩变形的发生和发展,但影响甚微;采用湿热法处理养护混凝土,可有效减小混凝土的干缩率。

(4)骨料的影响:骨料含量多的混凝土,干缩率较小。

(三)温度变形

温度变形是指混凝土随着温度的变化而产生热胀冷缩变形。温度变形对大体积混凝土、纵长的混凝土结构、大面积混凝土工程极为不利,易使这些混凝土造成温度裂缝。可采取的措施为:采用低热水泥,减少水泥用量,掺加缓凝剂,采用人工降温,设温度伸缩缝,以及在结构内配置构造钢筋等措施,以减少因温度变形而引起的混凝土质量问题。

荷载作用下的变形

(一)混凝土在短期荷载作用下的变形

混凝土是一种由水泥石、砂、石、游离水、气泡等组成的不匀质的多组分三相复合材料,为弹塑性体。受力时既产生弹性变形,又产生塑性变形,其应力—应变关系呈曲线,如图 4-17 所示。卸荷后能恢复的应变 $\varepsilon_{弹}$ 称为混凝土的弹性应变;剩余的不能恢复的应变 $\varepsilon_{塑}$ 称为混凝土的塑性应变。

在应力—应变曲线上任一点的应力 σ 与其应变 ε 的比值,称为混凝土在该应力下的变形模量。影响混凝土弹性模量的主要因素有混凝土的强度、骨料的含量及其弹性模量及养护条件等。

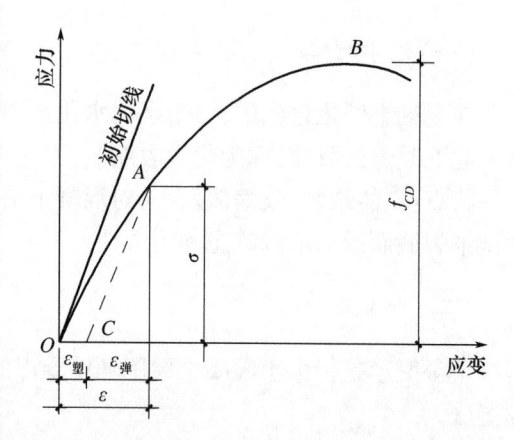

图 4-17 混凝土在压力作用下的应力-应变曲线

(二)混凝土在长期荷载作用下的变形—徐变(Creep)

混凝土在持续荷载作用下,除产生瞬间的弹性变形和塑性变形外,还会产生随时间增长的变形,称为徐变,如图 4-18 所示。

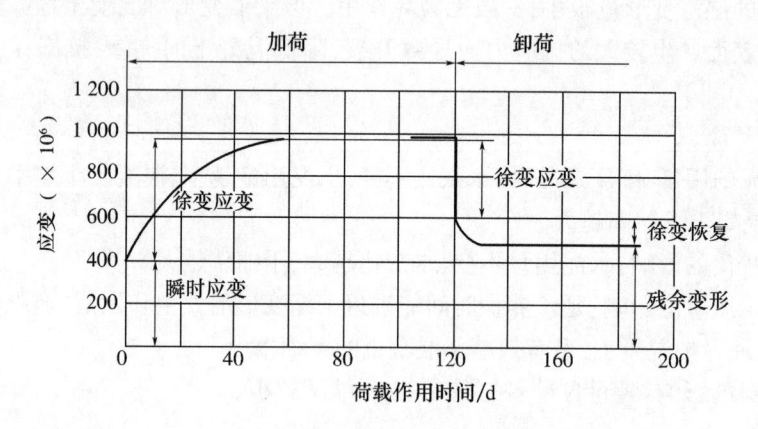

图 4-18 徐变变形与徐变恢复

1.徐变的特点

荷载初期,徐变变形增长较快,以后逐渐变慢并稳定下来。卸荷后,一部分变形瞬时恢复,其值小于在加荷瞬间产生的瞬时变形。在卸荷后的一段时间内变形还会继续恢复,称为徐变恢复。最后残存的不能恢复的变形,称为残余变形。

2.徐变对结构物的影响

有利影响:可消除钢筋混凝土内的应力集中,使应力重新分配,从而使混凝土构件中局部应力得到缓和。对大体积混凝土则能消除一部分由于温度变形所产生的破坏应力。

不利影响:使钢筋的预加应力受到损失(预应力减小),使构件强度减小。

3.影响徐变因素

混凝土的徐变是由于长期荷载作用下,水泥石中的胶凝体产生黏性流动,向毛细孔内迁移所致。影响混凝土徐变的因素有水灰比、水泥用量、骨料种类、应力等。混凝土内毛细孔数量越多,徐变越大;加荷龄期越长,徐变越小;水泥用量和水灰比越小,徐变越小;所用骨料弹性模量越大,徐变越小;所受应力越大,徐变越大。

任务七 混凝土外加剂

【学习目标】

知识目标

(1)掌握减水剂的特点及使用效果。
(2)了解引气剂的特点及使用效果。
(3)了解早强剂的特点及使用效果。
(4)了解防冻剂的特点及使用效果。
(5)了解速凝剂的特点及使用效果。

能力目标

(1)能够根据工程需要、施工条件、混凝土原材料等因素的不同,合理的选择混凝土的外加剂。
(2)能够正确运用混凝土的外加剂。

【任务描述】

在混凝土拌制工程中,掺入不超过水泥用量的5%(特殊情况除外),用以改善混凝土性能的物质称为混凝土外加剂。外加剂虽然用量不多,但对改善拌和物的和易性,调节凝结硬化时间,控制强度发展和提高耐久性等方面起着显著作用,已成为混凝土中必不可少的第五种成分。

【相关知识】

混凝土外加剂按主要功能分为以下四类：
(1)改善混凝土拌和物流变性能的外加剂，包括各种减水剂、引气剂和泵送剂等。
(2)调节混凝土凝结硬化性能的外加剂，包括缓凝剂、早强剂和速凝剂等。
(3)改善混凝土耐久性的外加剂，包括引气剂、防水剂和阻锈剂等。
(4)改善混凝土其他特殊性能的外加剂，包括加气剂、膨胀剂、防冻剂、着色剂和泵送剂等。

目前常用的外加剂主要有减水剂、引气剂、早强剂、缓凝剂、防冻剂等。

减水剂

在混凝土坍落度基本相同的条件下，能减少拌和用水量的外加剂称为减水剂。根据减水剂的作用效果及功能情况，可分为普通减水剂、高效减水剂、早强减水剂、缓凝减水剂、引气减水剂等。

在混凝土中掺入减水剂后，根据使用目的的不同，可相应得到以下效果：①提高混凝土拌和物的流动性；②提高混凝土的强度；③节约水泥；④改善混凝土的耐久性能。

减水剂是使用最广泛、效果最显著的一种外加剂。减水剂品种繁多，按其化学成分可分为木质素系减水剂、萘系减水剂、树脂系减水剂、糖蜜系减水剂和复合系减水剂五大类，目前常用的是木质素系及萘系减水剂，见表4-21。

表4-21 常用减水剂的品种

种 类	木质素系	萘系	树脂系
类 别	普通减水剂	高效减水剂	早强减水剂(高效减水剂)
主要品种	木质素磺酸钙(木钙粉、M型减水剂)木钠、木镁等	NNO、NF、建-1、FDN、UNF、JN、MF等	FG-2、ST、TF
适宜掺量（占水泥质量/%)	0.2~0.3	0.2~1	0.5~2
减水率	10%左右	10%以上	20%~30%
早强效果	—	显著	显著(7 d可达28 d强度)
缓凝效果	1~3 h	—	—
引起效果	1%~2%	部分品种<2%	—
适用范围	一般混凝土工程及滑模、泵送、大体积及夏季施工的混凝土工程	适用于所有混凝土工程，更适于配制高强度混凝土及流态混凝土工程	因价格昂贵，宜用于特殊要求的混凝土工程

引气剂

混凝土在搅拌过程中,能引入大量分布均匀、稳定而密闭的微小气泡的外加剂称为引气剂。

掺入引气剂能减少混凝土拌和物泌水、离析,改善和易性,并能显著提高混凝土抗冻性、耐久性。目前常用的引气剂为松香热聚物和松香皂等。近年来开始使用烷基磺酸钠、脂肪醇硫酸钠等品种。引气剂的掺用量极小,一般仅为水泥质量的 0.005%～0.015%,并具有一定的减水效果,减水率为 8% 左右,混凝土的含气量为 3%～5%。一般情况下,含气量每增加 1%,混凝土的强度下降 3%～5%。引气剂可用于抗渗混凝土、抗冻混凝土、抗硫酸盐侵蚀混凝土、泌水严重的混凝土、贫混凝土、轻混凝土,以及对饰面有要求的混凝土等,但引气剂不宜用于蒸养混凝土及预应力混凝土。

早强剂

能提高混凝土早期强度,并对后期强度无显著影响的外加剂称为早强剂。

早强剂可在不同温度下加速混凝土的强度发展,常用于要求早拆模工程、抢修工程及冬季施工。早强剂可分为氯盐类、硫酸盐类、有机胺类及复合早强剂等。

(一)氯盐类早强剂

氯盐类早强剂主要有氯化钙、氯化钠等,其中以氯化钙效果最佳。氯化钙易溶于水,适宜掺量为水泥质量的 1%～2%,能使混凝土 3 d 强度提高 50%～100%,7 d 强度提高 20%～40%,同时能降低混凝土中水的冰点,防止混凝土早期受冻。

氯盐类早强剂最大的缺点是含有氯离子,会引起钢筋锈蚀,从而导致混凝土开裂。为了抑制氯盐对钢筋的锈蚀作用,常将氯盐早强剂与阻锈剂(亚硝酸钠)复合使用。

(二)硫酸盐类早强剂

硫酸盐类早强剂应用较多的是硫酸钠。一般掺量为水泥质量的 0.5%～2.0%,当掺量为 1%～1.5% 时,达到混凝土设计强度 70% 的时间可缩短一半左右。

硫酸钠对钢筋无锈蚀作用,适用于不允许掺用氯盐的混凝土。但严禁用于含有活性骨料的混凝土,同时应注意硫酸钠掺量过多,会导致混凝后期产生膨胀开裂,以及混凝土表面产生"白霜"。

(三)有机胺类早强剂

有机胺类早强剂早强效果最好的是三乙醇胺。三乙醇胺呈碱性,能溶于水,掺量为水泥质量的 0.02%～0.05%,能使混凝土早期强度提高 50% 左右。与其他外加剂(如氯化钠、氯化钙、硫酸钠等)复合使用,早强效果更加显著。

三乙醇胺对混凝土稍有缓凝作用,掺量过多会造成混凝土严重缓凝和混凝土强度下降,故应严格控制掺量。

(四)复合早强剂

试验表明,上述几类早强剂以适当比例配制成的复合早强剂具有较好的早强效果。

缓凝剂

能延缓混凝土凝结时间,并对混凝土后期强度发展无不利影响的外加剂称为缓凝剂。缓凝剂主要有四类:糖类,如糖蜜;木质素磺酸盐类,如木钙、木钠;羟基羧酸及其盐类,如柠檬酸、酒石酸;无机盐类,如锌盐、硼酸盐等。常用的缓凝剂是木钙和糖蜜,其中糖蜜的缓凝效果最好。

糖蜜的适宜掺量为水泥质量的 0.1%~0.3%,混凝土凝结时间可延长 2~4 h,掺量过大会使混凝土长期酥松不硬,强度严重下降,但对钢筋无锈蚀作用。木质素磺酸钙的掺量、性能见表 4-21。

缓凝剂主要适用于夏季施工的混凝土、大体积混凝土、滑模施工混凝土、泵送混凝土、长时间或长距离运输的商品混凝土,不适用于 5 ℃ 以下施工的混凝土、有早强要求的混凝土及蒸养混凝土。

防冻剂

在规定温度下,能显著降低混凝土的冰点,使混凝土液相不冻结或仅部分冻结,以保证水泥的水化作用,并在一定的时间内获得预期强度的外加剂称为防冻剂。常用的防冻剂有氯盐类(氯化钙、氯化钠),氯盐阻锈类(以氯盐与亚硝酸钠阻锈剂复合而成),无氯盐类(以亚硝酸盐、硝酸盐、碳酸盐及尿素复合而成)。

氯盐类防冻剂适用于无筋混凝土,氯盐阻锈类防冻剂可用于钢筋混凝土,无氯盐类防冻剂可用于钢筋混凝土和预应力钢筋混凝土。硝酸盐、亚硝酸盐、碳酸盐不适用于预应力混凝土以及与镀锌钢材或与铝铁相接触部位的钢筋混凝土结构。另外,含有六价铬盐、亚硝酸盐等有毒成分的防冻剂,严禁用于饮水工程及与食品接触的部位。

速凝剂

能使混凝土迅速凝结硬化的外加剂称为速凝剂。我国常用的速凝剂有红星 I 型、711 型、728 型等。

红星 I 型速凝剂适宜掺量为水泥质量的 2.5%~4.0%。711 型速凝剂适宜掺量为水泥质量的 3%~5%。

速凝剂掺入混凝土后,能使混凝土在 5 min 内初凝,10 min 内终凝,1 h 就可产生强度,1 d 强度提高 2~3 倍,但后期强度会下降,28 d 强度约为不掺时的 80%~90%。

速凝剂主要用于矿山井巷、铁路隧道、饮水涵洞、地下工程及喷锚支护时的喷射混凝土或喷射砂浆工程中。

外加剂的选择和使用

外加剂品种的选择,应根据工程需要、施工条件、混凝土原材料等因素通过试验确定。

外加剂品种确定后,要认真确定外加剂的掺量。掺量过小,往往达不到预期效果;掺量过大,则会影响混凝土的质量,甚至造成事故。因此应通过试验试配确定最佳掺量。外加剂一般不能直接投入混凝土搅拌机内,应配制成合适浓度的溶液,随水加入搅拌机进行搅拌。对于不溶于水的外加剂,应与适量水泥或砂混合均匀后再加入搅拌机内。

任务八 混凝土配合比设计及拌和物的制备与抽样

【学习目标】

知识目标

(1)掌握普通混凝土配合比设计的定义及表示方法。
(2)了解混凝土配合比设计的基本要求。
(3)掌握混凝土配合比设计中的三个重要参数。

能力目标

(1)能够计算混凝土初步配合比、施工配合比。
(2)能够进行混凝土拌和物的制备与抽样。

【任务描述】

混凝土的配合比是指混凝土中各组成材料的质量比例。确定配合比的工作,称为配合比设计。配合比设计优劣与混凝土性能有着直接密切的关系。

【相关知识】

普通混凝土配合比设计是确定混凝土中各组成材料用量之间的比例关系。配合比常用的表示方法有两种:

(1)以每平方米混凝土中各种材料的质量表示,如水泥 340 kg、水 180 kg、砂 710 kg、石子 1 200 kg;

(2)以各种材料间的质量比来表示(以水泥质量为1),将上例换算成质量比为:
$$水泥:砂:石子:水 = 1:2.09:3.53:0.53$$
配合比设计的目的就是科学地确定这种比例,使混凝土满足工程所引起的各项技术指标,而尽量节约水泥。

混凝土配合比设计的基本要求

(1)满足混凝土结构设计所要求的强度等级。
(2)满足混凝土施工所要求的和易性。
(3)满足工程所处环境对混凝土耐久性(抗冻、抗渗等)的要求。
(4)合理使用材料,节约水泥,降低成本。

混凝土配合比设计中的三个重要参数

水灰比、砂率、单位用水量是混凝土配合比设计的三个重要参数。混凝土配合比设计,实质上就是合理地确定水泥、水、砂与石子这四种基本组成材料用量之间的三个比例关系。

1. 水灰比(W/C)

要得到适宜的水泥浆,就必须合理地确定用水量和水泥的比例关系,即水灰比(W/C)。在组成材料一定的情况下,水灰比对混凝土的强度和耐久性起关键作用。

2. 砂率(β_s)

要使砂、石在混凝土中组成密实的骨架,就必须合理地确定砂和石子的比例关系,即砂率$\left(\beta_s = \dfrac{m_{s0}}{m_{g0}+m_{s0}}\right)$。砂率对混凝土拌和物的和易性,特别是黏聚性和保水性有很大影响。

3. 单位用水量(m_{w0})

在水灰比一定的情况下,单位用水量反映了水泥浆与骨料之间的关系,是控制混凝土流动性的主要因素。

混凝土配合比设计的基本资料

混凝土配合比设计之前,必须预先掌握以下基本资料:
(1)了解工程设计要求的混凝土强度等级,以便确定配制强度。
(2)了解工程所处环境对混凝土耐久性的要求,以便确定所配制的混凝土的适宜水泥品种、最大水灰比和最小水泥用量。
(3)了解结构断面尺寸和钢筋配制情况,以便确定混凝土骨料的最大粒径。
(4)了解混凝土施工方法和管理水平,以便选择混凝土拌和物坍落度及骨料的最大粒径。
(5)掌握混凝土的性能指标,包括:水泥品种、强度等级、密度;砂、石骨料的种类及

表观密度、级配、最大粒径;拌和用水的水质情况;外加剂的品种、性能、适宜掺量。

混凝土配合比设计的方法与步骤

混凝土配合比设计应根据所使用原材料的实际品种,经过计算、试配和调整三个阶段,得出合理的配合比。

(一)初步配合比的计算

1.混凝土配制强度($f_{cu,0}$)的确定

混凝土配制强度按下式计算:

$$f_{cu,0} \geq f_{cu,k} + 1.645\sigma \qquad (4-6)$$

式中:$f_{cu,0}$——混凝土配制强度,MPa;

$f_{cu,k}$——混凝土立方体抗压强度指标值,MPa;

σ——混凝土强度指标差,MPa。

混凝土强度指标差σ应按下列规定确定:

(1)当施工单位具有近期同类混凝土28 d的抗压强度资料时,宜根据统计资料计算,并应符合下列规定:

①计算时,强度试件组数不应小于25组;

②当混凝土强度等级为C20和C25级,其强度标准差计算值小于2.5 MPa时,计算配制强度用的标准差应取不小于2.5 MPa;当混凝土强度等级等于或大于C30级,其强度标准差计算值小于3.0 MPa时,计算配制强度用的标准差应取不小于3.0 MPa。

(2)当无统计资料计算混凝土强度标准差时,其值应按现行国家标准《混凝土结构工程施工质量验收规范》(GB 50204—2002)的规定取用,见表4-22。

表4-22 混凝土强度标准差值(JGJ 55—2011)

混凝土强度	≤C20	C25~C45	C50~C55
σ	4.0	5.0	6.0

2.确定水灰比(W/C)

水灰比先按下式计算:

$$\frac{W}{C} = \frac{\alpha_a \cdot f_{ce}}{f_{cu,0} + \alpha_a \cdot \alpha_b \cdot f_{ce}} \qquad (4-7)$$

式中:$f_{cu,0}$——混凝土配制强度,MPa。

α_a,α_b——回归系数,对碎石取$\alpha_a = 0.53$,$\alpha_b = 0.20$;对卵石取$\alpha_a = 0.49$,$\alpha_b = 0.13$。

f_{ce}——水泥28 d抗压强度实测值,MPa。

当无水泥28 d抗压强度实测值时f_{ce}值可按下式确定:

$$f_{ce} = \gamma_c \cdot f_{ce,g} \qquad (4-8)$$

式中：γ_c——水泥强度等级值的富余系数，可按实际统计资料确定。

$f_{ce,g}$——水泥强度等级值，MPa。

计算的水灰比还必须满足混凝土耐久性要求，见表4-20。

3.确定单位用水量(m_{w0})

（1）水灰比为0.40~0.80时，根据粗骨料的品种、粒径及施工要求的混凝土拌和物稠度，按表4-23选取用水量。

表4-23 塑性和干硬性混凝土的用水量选用表（JGJ 55—2011）

kg/m³

拌和物稠度		卵石最大公称粒径/mm				碎石最大公称粒径/mm			
项 目	指标	10	20	31.5	40	16	20	31.5	40
坍落度/mm	10~30	190	170	160	150	200	185	175	165
	35~50	200	180	170	160	210	195	185	175
	55~70	210	190	180	170	220	205	195	180
	75~90	215	195	185	175	230	215	205	195
维勃稠度/s	16~20	175	160		145	180	170		155
	11~15	180	165		150	185	175		160
	5~10	185	170		155	190	180		165

注：①本表用水量系采用中砂时的取值。采用细砂时，每立方米混凝土用水量可增加5~10 kg；采用粗砂时，可减少5~10 kg。

②掺用矿物掺和料和外加剂时，用水量应相应调整。

（2）流动性和大流动性混凝土的用水量宜按下列步骤计算：

①以表4-23中坍落度90 mm的用水量为基础，按坍落度没增大20 mm，用水量增加5 kg，计算出未掺外加剂时的混凝土用水量。

②掺外加剂时的混凝土用水量可按下式计算：

$$m_{wa} = m_{w0}(1-\beta) \quad (4-9)$$

式中：m_{wa}——掺外加剂的每平方米混凝土的用水量，kg。

m_{w0}——未掺外加剂的每平方米混凝土的用水量，kg。

β——外加剂的减水率，%；应经试验确定。

4.确定水泥用量(m_{c0})

$$m_{c0} = \frac{m_{w0}}{W/C} \quad (4-10)$$

水泥用量应满足混凝土耐久性要求，见表4-20。

5.确定砂率(β_s)

坍落度为10~60 mm的混凝土砂率，可根据粗骨料品种、粒径及水灰比按表4-24选取。

表4-24　混凝土砂率选用表（JGJ 55—2011）　　　　　　　　　　　　　　　　　　　　　%

水灰比 (W/C)	卵石最大粒径/mm			碎石最大粒径/mm		
	10.0	20.0	40.0	16.0	20.0	40.0
0.40	26~32	25~31	24~30	30~35	29~34	27~32
0.50	30~35	29~34	28~33	33~38	32~37	30~35
0.60	33~38	32~37	31~36	36~41	35~40	33~38
0.70	36~41	35~40	34~39	39~44	38~43	36~41

注：①本表数值系中砂的选用砂率，对细砂或粗砂，可相应地减少或增大砂率；

②采用人工砂配制混凝土时，砂率可适当增大；

③只用一个单粒级粗骨料配制混凝土时，砂率应适当增大。

6.确定细骨料、粗骨料用量

(1) 当采用质量法时，应按下式计算：

$$m_{c0} + m_{s0} + m_{g0} + m_{w0} = m_{cp} \tag{4-11}$$

$$\beta_s = \frac{m_{s0}}{m_{g0} + m_{s0}} \times 100\% \tag{4-12}$$

式中：m_{c0}——每平方米混凝土的水泥用量，kg；

m_{g0}——每平方米混凝土的粗骨料用量，kg；

m_{s0}——每平方米混凝土的细骨料用量，kg；

m_{w0}——每平方米混凝土的用水量，kg；

β_s——砂率，%；

m_{cp}——每平方米混凝土拌和物的假定质量，其值可取 2 350~2 450 kg。

(2) 当采用体积法时，应按下式计算：

$$\frac{m_{c0}}{\rho_c} + \frac{m_{g0}}{\rho_{g0}} + \frac{m_{s0}}{\rho_{s0}} + \frac{m_{w0}}{\rho_w} + 0.01\alpha = 1 \tag{4-13}$$

$$\beta_s = \frac{m_{s0}}{m_{g0} + m_{s0}} \times 100\% \tag{4-14}$$

式中：ρ_c——水泥密度，可取 2 900~3 100 kg/m³；

ρ_{g0}——粗骨料的表观密度，kg/m³；

ρ_{s0}——细骨料的表观密度，kg/m³；

ρ_w——水的密度，可取 1 000 kg/m³；

α——混凝土含气量百分数，在不使用引气剂外加剂时，α 可取 1。

解联立方程，求出细骨料用量(m_{s0})和粗骨料用量(m_{g0})。

7.得出初步配合比

将上述的计算结果表示为：水泥 m_{c0}、砂 m_{s0}、石 m_{g0}、水 m_{w0}，或

$$m_{c0} : m_{s0} : m_{g0} = 1 : \frac{m_{s0}}{m_{c0}} : \frac{m_{g0}}{m_{c0}}, \frac{W}{C} = \frac{m_{w0}}{m_{c0}}$$

(二)混凝土配合比的试配、调整

混凝土试配时,应采用工程中实际使用的原材料的搅拌方法。

1.试配拌和物材料

试配时,每盘混凝土的最小搅拌量应符合表4-25的规定;当采用机械搅拌时,其搅拌量不应小于搅拌机额定搅拌量的1/4。

表4-25　混凝土试配的最小搅拌量

粗骨料最大公称粒径/mm	最小搅拌的拌和物量/L
≤31.5	20
40	25

2.和易性的检验与调整

按计算的配合比试拌,以检查拌和物的性能。当试拌得出的拌和物坍落度(或维勃稠度)不能满足要求,或黏聚性和保水性不好时,应在保证水灰比不变的条件下相应调整用水量或砂率,直到符合要求为止。然后提出供混凝土强度试验用的基准配合比。

3.强度检验

混凝土强度试验时,应至少采用三个不同的配合比,一个为基准配合比,另外两个配合比的水灰比,宜较基准配合比分别增加或减少0.05;用水量应与基准配合比相同,砂率可分别增加或减少1%。将三个配合比的拌和物分别检验坍落度(或维勃稠度)、黏聚性、保水性及表观密度,并以此为结果作为代表相应配合比的混凝土拌和物性能;然后,制作强度试件,标准养护到28 d时试压。

(三)确定设计配合比

根据试验得出的三个配合比的混凝土强度与其相对应的水灰比关系,用作图法或计算法求出与混凝土配制强度相对应的水灰比,然后按下列原则确定各材料用量。

1.用水量(m_w)应取基准配合比中的用水量,并根据制作强度试件时测得的坍落度(或维勃稠度)进行调整。

2.水泥用量(m_c)应以用水量除以选定出来的水灰比计算确定。

3.细骨料、粗骨料用量(m_s和m_g)应取基准配合比中的细骨料、粗骨料用量,并按选定的水灰比进行调整。

4.经试配确定配合比后,还应按下列步骤校正:

(1)根据确定的材料用量,计算混凝土的表观密度计算值($\rho_{c,c}$):

$$\rho_{c,c} = m_c + m_g + m_s + m_w \qquad (4-15)$$

(2)计算混凝土配合比校正系数(δ):

$$\delta = \frac{\rho_{c,t}}{\rho_{c,c}} \qquad (4-16)$$

式中:$\rho_{c,t}$——混凝土表观密度实测值,kg/m³;

$\rho_{c,c}$——混凝土表观密度计算值,kg/m³。

(3)当混凝土表观密度实测值与计算值之差的绝对值不超过计算值的2%时,不必校正;当两者之差超过2%时,应将配合比中每项材料用量均乘以校正系数δ,即为确定的设计配合比。

(四)施工配合比

上述设计配合比中的骨料是以干燥状态为准计算出来的。而施工现场的砂、石常含有一定的水分,并且含水率随气候的变化经常改变,为保证混凝土质量,现场材料的实际称量应按工地砂、石的含水情况进行修正,修正后的配合比成施工配合比。若施工现场实测砂含水率为$a\%$,石子含水率为$b\%$,则将上述设计配合比换算为施工配合比:

$$m'_c = m_c \quad (4-17)$$
$$m'_s = m_s(1 + a\%) \quad (4-18)$$
$$m'_g = m_g(1 + b\%) \quad (4-19)$$
$$m'_w = m_w - a\% m_s - b\% m_g \quad (4-20)$$

式中:m'_c, m'_s, m'_g, m'_w——每立方米混凝土拌和物中,施工用的水泥、砂、石、水量,kg。

✏️ 普通混凝土配合比设计例题

例4-1 某结构用钢筋混凝土梁,混凝土的设计强度等级为C30,施工采用机械搅拌、机械振捣,坍落度为30~50 mm,根据施工单位近期同一品种混凝土资料,强度标准差为3.2 MPa。采用的材料如下:

水泥:普通硅酸盐水泥32.5级,密度3.1 g/cm³,实测强度36.8 MPa;

中砂:级配合格,表观密度2.65 g/cm³;

碎石:最大粒径40 mm,表观密度2.68 g/cm³;

水:自来水;

试设计混凝土初步配合比。

解:1.确定混凝土配制强度($f_{cu,0}$)

$$f_{cu,0} = f_{cu,k} + 1.645\sigma = 30 \text{ MPa} + 1.645 \times 3.2 \text{ MPa} = 35.26 \text{ MPa}$$

2.确定水灰比($\dfrac{W}{C}$)

碎石 $\alpha_a = 0.46$, $\alpha_b = 0.07$

$$\frac{W}{C} = \frac{\alpha_a \cdot f_{ce}}{f_{cu,0} + \alpha_a \cdot \alpha_b \cdot f_{ce}}$$

$$= \frac{0.46 \times 36.80 \text{ MPa}}{35.26 \text{ MPa} + 0.46 \times 0.07 \times 36.80 \text{ MPa}}$$

$$= \frac{16.93}{36.44} = 0.46$$

查表4-20,用于干燥环境的混凝土,最大水灰比为0.65,故取水灰比为0.46。

3. 确定单位用水量(m_{w0})

查表 4-23,取 $m_{w0} = 175$ kg。

4. 计算水泥用量(m_{c0})

$$m_{c0} = \frac{m_{w0}}{W/C} = \frac{175 \text{ kg}}{0.46} = 380 \text{ kg}$$

查表 4-20,最小水泥用量为 280 kg/m³,故取 $m_{c0} = 380$ kg。

5. 确定合理砂率值(β_s)

根据骨料及水灰比情况,查表 4-24,取 $\beta_s = 31\%$。

6. 计算细骨料用量(m_s)、粗骨料用量(m_g)

(1) 用质量法计算

$$m_{c0} + m_{s0} + m_{g0} + m_{w0} = m_{cp}$$

$$\beta_s = \frac{m_{s0}}{m_{g0} + m_{s0}} \times 100\%$$

取每立方米混凝土拌和物的质量 $m_{cp} = 2\,400$ kg,

$$\begin{cases} 380 \text{ kg} + m_{g0} + m_{s0} + 175 \text{ kg} = 2\,400 \text{ kg} \\ \dfrac{m_{s0}}{m_{s0} + m_{g0}} = 31\% \end{cases}$$

解得:$m_{s0} = 572$ kg,$m_{g0} = 1\,273$ kg。

(2) 用体积法计算

$$\begin{cases} \dfrac{m_{c0}}{\rho_c} + \dfrac{m_{g0}}{\rho_{g0}} + \dfrac{m_{s0}}{\rho_{s0}} + \dfrac{m_{w0}}{\rho_w} + 0.01\alpha = 1 \\ \beta_s = \dfrac{m_{s0}}{m_{g0} + m_{s0}} \times 100\% \end{cases}$$

$$\begin{cases} \dfrac{380}{3\,100} + \dfrac{m_{g0}}{2.680} + \dfrac{m_{s0}}{2.650} + \dfrac{175}{1\,000} + 0.01 \times 1 = 1 \\ \dfrac{m_{s0}}{m_{g0} + m_{s0}} = 31\% \end{cases}$$

取 $\alpha = 1$,解得:$m_{s0} = 573$ kg,$m_{g0} = 1\,276$ kg。

两种方法计算结果很接近。

7. 得出初步配合比

如果按质量法,则初步配合比为:

水泥:$m_{c0} = 380$ kg;砂:$m_{s0} = 572$ kg;石子:$m_{g0} = 1\,273$ kg;水:$m_{w0} = 175$ kg。

或者 $m_{c0} : m_{s0} : m_{g0} = 380 : 572 : 1\,273 = 1 : 1.51 : 3.35$;$W/C = 0.46$。

例 4-2 已知混凝土的设计配合比为 $m_c : m_s : m_g = 343 : 625 : 1\,250$,$W/C = 0.54$;测得施工现场砂含水率为 4%,石含水率为 2%,计算施工配合比。

解: 已知每立方米混凝土中:水泥用量 $m_c = 343$ kg,砂用量 $m_s = 625$ kg,石子用量 $m_g = 1\,250$ kg,水用量 $m_w = 343 \times 0.54 = 185$ kg,则施工配合比为:

$$m'_c = m_c = 343 \text{ kg}$$

$$m'_s = 625 \text{ kg} \times (1 + 4\%) = 650 \text{ kg}$$
$$m'_g = 1\ 250 \text{ kg} \times (1 + 2\%) = 1\ 275 \text{ kg}$$
$$m'_w = 185 \text{ kg} - 625 \text{ kg} \times 4\% - 1\ 250 \text{ kg} \times 2\% = 135 \text{ kg}$$

混凝土拌和物的制备与抽样

(一)试验目的

通过混凝土拌和物的制备试验,学会混凝土拌和物的制备与抽样,为检验混凝土配合比设计提供测试依据。

(二)一般规定

(1)混凝土工程施工中,取样进行混凝土试验时,其取样方法和原则应按现行《混凝土结构工程施工及验收规范》(GB 50204—2015)及《混凝土强度检验评定标准》(GB/T 50107—2010)的有关规定进行。

(2)对现浇混凝土或预制混凝土构件,按混凝土质量控制的抽样要求,每次测定应从同一盘或同一车运送的混凝土中取样,取后应尽快进行试验。拌和物从搅拌机卸出或经过运输后,应用人工略加翻拌,再行试验。

(3)在实验室拌制混凝土进行试验时,拌和用的原料应提前运入室内,并与施工实际用料相同。水泥如有结块现象,须用 0.9 mm 的筛将结块筛除,并仔细搅拌均匀装袋备用。拌和时,材料的温度应与室温[应保持(20±5)℃]相同。

(三)主要仪器设备

(1)搅拌机:容量 75~100 mL,转速 18~22 r/min。
(2)磅秤:称量 50 kg,感量 50 g。
(3)天平:称量 5 kg,感量 1 g 和称量 1 000 g,感量 1 g 各一台。
(4)量筒:200 mL、100 mL。
(5)拌和钢板:尺寸不一小于 1.5 m×2 m。
(6)铁铲、盛器、抹布等。

(四)试验准备

(1)当采用机械搅拌时,在搅拌前,应检查搅拌机是否运行正常,如采用人工搅拌,在搅拌前,应先将拌和钢板、铁铲洗刷干净并保持湿润。

(2)拌制混凝土的材料用量以质量计。按所定配合比备料,以全干状态为准,称量的精度:砂、石为±1%;水、水泥及混合材料为±5%。

(五)操作步骤

1.人工拌和

(1)在钢板和铁铲湿润的情况下,将称好的砂倒在钢板上,然后加入水泥,用铲自钢板的一端翻拌至另一端,然后再翻拌回来,如此重复,直至颜色混合均匀,再加上石子,翻拌(至少三次)混合均匀为止。

(2)将干混合料堆成堆,在中间扒开一个凹槽,将已称量好的水,倒入一半左右在凹槽中(勿使水流出),然后仔细翻拌,并徐徐加入剩余的水(外加剂一般跟随水一同加入),继续翻拌;每翻拌一次,用铲在混合料上切一切,总共至少来回翻拌六次,直到拌和均匀为止。

(3)拌和时力求动作敏捷,拌和时间从加水时算起,应大致符合下列规定:

拌和物体积为 30 L 以下时 4~5 min;

拌和物体积为 30~50 L 时 5~9 min;

拌和物体积为 51~75 L 时 9~12 min。

(4)拌好后,根据试验要求,立即做坍落度测定或试件成型。从开始加水时算起,全部操作须在 30 min 内完成。

2.机械搅拌

(1)在机械拌和混凝土时,应在拌和混凝土前预先以相同的配合比拌适量的混凝土进行挂浆,避免在正式拌和时造成水泥浆的损失而影响配合比,挂浆所多余的混凝土倒在拌和钢板上,使钢板也黏有一层砂浆。

(2)将称好的石子、砂、水泥按顺序倒入机内,开动搅拌机,先干拌均匀,然后将水徐徐加入,全部加料时间不超过 2 min,水全部加入后,继续拌和 2 min 后停机。

(3)将机内的拌和好的拌和物倒在拌和钢板上,并刮出黏在搅拌机上的拌和物,用人工翻拌 1~2 min,即可做坍落度测定或试件成型。从开始加水时算起,全部操作须在 30 min 内完成。

【技能训练】

1.对某工程所用混凝土进行配合比设计,其过程为:

(1)资料准备;

(2)计算初步配合比;

(3)试验室试验;

(4)确定基准配合比——混凝土工作性调整;

(5)确定试验室配合比——混凝土强度复核;

(6)确定现场施工配合比;

(7)混凝土施工质量评定。

2.对混凝土拌和物的制备与抽样尽心反复操作,提高技能熟练程度。

【任务评价】

教学评价表

班级：_____ 姓名：_____ 本任务得分_____

项目	要素	主要评价内容	等级及参考分值				得分
			优	良	中	差	
职业素养	工作纪律	课堂不迟到、早退，服从教师管理及组长指挥	5	4	3	2	
	安全操作	严格按照试验步骤进行操作，不野蛮操作、试验现场不打闹	5	4	3	2	
	环保意识	文明操作，爱护仪器、器材，保持工作台及试验室环境整洁，完成后主动清理现场	5	4	3	2	
	团队协作	小组协作、相互交流，组员、同学之间互相带动学习	5	4	3	2	
	小　计：	20 分	20	16	12	8	
技能考评	试验准备	明确所需试验设备、工具及器材，掌握设备及器材的使用方法	20	16	12	8	
	试验过程	掌握混凝土拌和物的制备方法，严格按规范要求的条款进行试验操作，反复操作，提高技能的熟练程度	20	16	12	8	
	完成质量	小组配合完成任务，学会混凝土拌和物的制备与抽样；不抄袭其他小组的成果	20	16	12	8	
	任务工单	按要求填写任务工单，工单书写工整；试验步骤清晰、计算结果正确，成果和结论真实	20	16	12	8	
	小　计：	80 分	80	64	48	32	
		合计	100	80	60	40	
教师、学生或小组结论性评价（描述性评语）							

【拓展练习】

一、判断题

1.在拌制混凝土中砂越细越好。（　　　）
2.混凝土拌和物水泥浆越多和易性就越好。（　　　）
3.混凝土强度试验,试件尺寸愈大,强度愈低。（　　　）
4.砂子的细度模数越大,则该砂的级配越好。（　　　）
5.级配好的骨料总的空隙率小,总表面积也小。（　　　）
6.在预拌厂预先拌好,运到施工现场进行浇筑的混凝土拌和物称为预拌混凝土。
（　　　）

二、填空题

1.在混凝土中,砂子和石子起_____作用,水泥浆在硬化前起_____作用,在硬化后起_____作用。
2.塑性混凝土拌和物的流动性指标是_____,单位是_____;干硬性混凝土拌和物的流动性指标是_____,单位是_____。
3.为保证混凝土耐久性,必须满足_____水灰比和_____水泥用量要求。
4.普通混凝土配合比设计分为_____、_____、_____。
5.混凝土强度等级采用符号_____与立方体_____表示。
6.混凝土拌和物坍落度不低于_____,用泵送施工的混凝土称为泵送混凝土。

三、计算题

1.某一试拌的混凝土混合料,设计水灰比为 0.5,拌制后的表观密度为 2 410 kg/m³,且采用 0.34 的砂率,现打算 1 m³ 混凝土混合料用水泥 290 kg,试求 1 m³ 混凝土混合料中的其他材料用量。
2.用 52.5 级普通硅酸盐水泥、碎石配制 C30 混凝土,若 1 m³ 混凝土的用水量为 180 kg,则水泥用量为多少?（已知 σ = 5.0 MPa, α_a = 0.48, α_b = 0.52,水泥强度等级值的富余系数为 1.13,环境条件为干燥环境,结构为素混凝土结构。）

四、简答题

1.其他混凝土的类别有哪些?
2.为什么掺引气剂可提高混凝土的抗渗性和抗冻性?

项目五 砂 浆

【学习目标】

知识目标

(1) 掌握砌筑砂浆组成材料及技术性质。
(2) 掌握砌筑砂浆的强度及配合比设计方法。
(3) 了解抹灰砂浆及防水砂浆的主要技术性质。

能力目标

(1) 能够选择原料、辅助原料具有检测砂浆技术性能的试验操作能力。
(2) 能够根据工程特点和环境,正确选用砂浆。
(3) 能够使用各种媒体查阅所需资料。
(4) 能够测定砂浆的和易性及砂浆的抗压强度。

素养目标

(1) 能按时到课,遵守课堂纪律,积极回答课堂问题,按时上交作业。
(2) 具备热爱建筑工作、具有创新意识和创新精神。
(3) 具备团队意识,能够与他人进行良好的合作与交流。

【教学场景】

多媒体教室、试验室。

【项目描述】

砂浆是由胶凝材料、细骨料和水,有时也加入掺加料混合而成,主要用于砌筑、抹面、灌缝、粘贴饰面材料等,在建筑工程中用量大,用途广。砂浆按用途可分为砌筑砂浆、抹面砂浆、防水砂浆等。

【课时分配】

序号	任务名称	课时分配(课时)
一	砌筑砂浆的材料及配合比计算	5
二	抹灰及防水砂浆的成分及比例	3
三	砂浆试验	4
合　计		12

任务一　砌筑砂浆的材料及配合比计算

【学习目标】

知识目标

(1)掌握砌筑砂浆的组成材料及技术要求。
(2)了解砌筑砂浆的技术性质。

能力目标

能够计算砌筑砂浆的配合比。

【任务描述】

能将砖、石、砌块黏结成砌体的砂浆称为砌筑砂浆。在建筑工程中用量最大,起黏结、垫层及传递应力的作用。砌筑砂浆按生产方式可分为现场拌制砂浆和预拌砌筑砂浆。新型墙体材料宜采用预拌砌筑砂浆。按胶凝材料不同,砌筑砂浆可分为水泥砂浆、石灰砂浆及混合砂浆。水泥砂浆适用于潮湿环境、水中,以及要求砂浆强度较高的工程。石灰是气硬性的胶凝材料,因此石灰砂浆强度低、耐水性差,只宜用于地上、强度要求不高的工程。水泥石灰混合砂浆的耐水性、强度介于水泥砂浆和石灰砂浆之间。

【相关知识】

砌筑砂浆的组成材料及技术要求

（一）水泥

砌筑砂浆宜采用通用硅酸盐水泥或砌筑水泥，且应符合相应标准的规定。水泥强度等级要求：M15及以下强度等级的砌筑砂浆宜采用32.5级的通用硅酸盐水泥或砌筑水泥；M15以上强度等级的砌筑砂浆宜选用42.5级普通硅酸盐水泥或硅酸盐水泥。

（二）掺加料

为了改善砂浆的和易性，可在砂浆中加入一些掺加料。常用的掺加料有石灰膏、黏土膏粉煤灰、粒化高炉矿渣粉、天然沸石粉、硅等无机塑化剂，或松香皂、微沫剂等有机塑化剂。石灰膏和黏土膏必须配制成稠度为(120±5)mm的膏状体；生石灰熟化成石灰膏时，应用孔径不大于3 mm×3 mm的网过滤，熟化时间不得小于7 d；磨细生石灰粉的熟化时间不得小于2 d。消石灰粉不得直接用于砌筑砂浆中。

（三）砂

砌筑砂浆用砂宜采用中砂，砂的含泥量不应超过5%，最大粒径不大于砂浆厚度的1/4（或2.5 mm）。毛石砌体宜选用粗砂，最大粒径应小于砂浆厚度的1/5~1/4。使用人工砂时石粉含量应符合现行国家标准《建筑用砂》(GB/T 14684—2001)中Ⅰ、Ⅱ类的要求。

砂进场（厂）时应具有质量证明文件。对进场（厂）砂子应按现行国家标准《建筑用砂》(GB/T 14684—2001)的规定按批进行复验，复验合格后方可使用。

（四）水

应符合建筑工程行业标准《混凝土拌和用水标准》(JGJ 63—2006)中规定，选用不含有害杂质的结晶水。

砌筑砂浆的技术性质

砌筑砂浆的技术性质包括新拌砂浆的和易性、硬化砂浆的强度和黏结力。

（一）新拌砂浆的和易性

新拌砂浆的和易性是指新拌砂浆在施工中易于操作又能保证工程质量的性质，包括流动性和保水性两方面。和易性好的砂浆在运输和操作时，不会出现分层、泌水现象，容易在粗糙的底面上铺成均匀的薄层，使灰缝饱满密实，能将砌筑材料很好地黏结成整体。

1.流动性

流动性又称为稠度,是指新拌砂浆在自重或外力作用下产生流动的性能,用沉入度表示,用砂浆稠度仪测定。沉入度指以标准试锥在砂浆内自由沉入 10 s 时沉入的深度。沉入度的大小根据砌体的种类、施工条件和气候条件,从表 5-1 中选择。

表 5-1 砌筑砂浆的稠度/mm

砌体种类	施工稠度
烧结普通砖砌体、粉煤灰砖砌体	70~90
混凝土砖砌体、普通混凝土小型空心砌块砌体、灰砂砖砌体	50~70
烧结多孔砖砌体、烧结空心砖砌体、轻骨料混凝土小型空心砌块砌体、蒸压加气混凝土砌块砌体	60~80
石砌体	30~50

2.保水性

保水性是指砂浆保持水分不易析出的性能,用分层度(或保水率)表示。将稠度合格(K_1)的砂浆在分层筒内静置 30 min 后,去掉上层 200 mm 的砂浆,将余下 100 min 的砂浆拌匀后测定稠度值(K_2),前后两次稠度值之差(K_1-K_2)即为分层度,用分层度测定仪测定。砂浆的分层度越大,保水性越差,可操作性变差。建筑工程行业标准《砌筑砂浆配合比设计规程》(JGJ/T 98—2010)规定:水泥砂浆的分层度不应大于 30 mm;水泥混合砂浆的分层度不应大于 20 mm。砌筑砂浆的保水率应符合表 5-2 的规定。

表 5-2 砌筑砂浆的保水率(JGJ/T 98—2010)

砂浆种类	保水率/%
水泥砂浆	≥80
水泥混合砂浆	≥84
8 预拌砌筑砂浆	≥88

(二)硬化砂浆的技术性质

1.强度

砂浆强度以边长为 70.7 mm 的立方体试件,标准条件下养护至 28 d,测得的抗压强度值确定。现场拌制水泥砂浆及预拌砂浆的强度等级划分为 M5,M7.5,M10,M15,M20,M25,M30;水泥混合砂浆的强度等级划分为 M5,M7.5,M10,M15。例如:M15 表示 28d 抗压强度值不低于 15 MPa。

影响砂浆的抗压强度的因素很多。其中最主要的影响因素是水泥。

(1)不吸水基层。用于黏结吸水性较小、密实的底面材料(如石材)的砂浆,其强度

取决于水泥强度和水灰比,用下式计算:
$$f_{m,o} = \alpha' f_{ce}(C/W - \beta') \tag{5-1}$$
式中:$f_{m,o}$——砂浆的 28 d 抗压强度,MPa。

f_{ce}——水泥 28 d 抗压强度实测值,MPa。

C/W——灰水比。

α',β'——基层为不吸水材料的经验系数。用普通硅酸盐水泥时,$\alpha' = 0.29$,$\beta' = 0.4$。

(2)吸水基层。用于黏结吸水性较大的底面材料(如砖、砌块)的砂浆,其强度取决于水泥强度和水泥用量,用下式计算:
$$f_{m,o} = f_{ce} \cdot Q_c \cdot \alpha/1\,000 + \beta \tag{5-2}$$
式中:f_{ce}——水泥 28 d 抗压强度实测值,MPa;

Q_c——1 m³ 砂浆中水泥的用量,kg;

α,β——砂浆的特征系数,其中 $\alpha = 3.03$,$\beta = -15.09$。

此外,砂的质量、混合材料的品种及质量、养护条件(温度和湿度)都会影响砂浆的强度和强度增长。

2.黏结力

砌筑砂浆必须具有足够黏结力,才能将砌筑材料黏结成一个整体。黏结力的大小会影响砌体的强度、耐久性、稳定性和抗震性能。砂浆的黏结力由其本身的抗压强度决定。一般来说,砂浆的抗压强度越大,黏结力越大;另外,砂浆的黏结力还与基础面的清洁程度、含水状态、表面状态、养护条件等有关。

砌筑砂浆的配合比设计

砂浆配合比用每立方米砂浆中各种材料的质量比或各种材料的用量来表示。

(一)初步配合比的确定

《砌筑砂浆配合比设计规程》(JGJ/T 98—2010)规定,水泥砂浆和水泥混合砂浆的初步配合比按不同方法确定。

1.水泥混合砂浆的初步配合比设计

(1)计算砂浆的试配强度 $f_{m,o}$:
$$f_{m,o} = f_2 + 0.645\sigma \tag{5-3}$$
式中:$f_{m,o}$——砂浆的试配强度,精确至 0.1 MPa;

f_2——砂浆的设计抗压强度平均值,精确至 0.1 MPa;

σ——砂浆现场强度标准差,精确至 0.1 MPa。

※当有统计资料时,砂浆现场强度标准差按下式计算:
$$\sigma = \sqrt{\frac{\sum_{i=1}^{n} f_{m,i}^2 - n\mu_{fm}^2}{n-1}} \tag{5-4}$$

式中：$f_{m,i}$——统计周期内，同一品种砂浆第 i 组试件的强度，MPa；

$n\mu_{fm}$——统计周期内，同一品种砂浆第 n 组试件的强度平均值，MPa；

n——统计周期内，同一品种砂浆试件的总组数，$n \geq 25$。

当不具有近期统计资料时，砂浆现场强度标准差可按表 5-3 选用。

表 5-3　砂浆强度标准差 σ/MPa（JGJ/T 98—2010）

施工水平＼强度	M5	M7.5	M10	M15	M20	M25	M30
优良	1.00	1.50	2.00	3.00	4.00	5.00	6.00
一般	1.25	1.88	2.50	3.75	5.00	6.25	7.50
较差	1.50	2.25	3.00	4.50	6.00	7.50	9.00

(2) 计算水泥用量 Q_c：

$$Q_c = \frac{1\,000(f_{m,0} - \beta)}{\alpha \cdot f_{ce}} \tag{5-5}$$

式中：Q_c——每立方米砂浆的水泥用量，精确至 1 kg；

$f_{m,0}$——砂浆的试配强度，精确至 0.1 MPa；

f_{ce}——水泥的实测强度值，精确至 0.1 MPa。

α,β——砂浆的特征系数，其中 $\alpha = 3.03$，$\beta = -15.09$，也可由当地的统计资料计算（$n \geq 30$）获得。

在无法取得水泥的实测强度值时，可按下式计算 f_{ce}：

$$f_{ce} = \gamma_c \cdot f_{ce,k} \tag{5-6}$$

式中：$f_{ce,k}$——水泥强度等级对应的强度值，MPa；

γ_c——水泥强度等级的富余系数，按实际统计资料确定，无统计资料时 γ_c 可取 1.0。

(3) 计算掺加料的用量 Q_d：

$$Q_d = Q_a - Q_c \tag{5-7}$$

式中：Q_d——每立方米砂浆中掺加料的用量，精确至 1 kg；

Q_c——每立方米砂浆中水泥的用量，精确至 1 kg；

Q_a——经验数据，每立方米砂浆中掺加料与水泥的总量，精确至 1 kg，宜为 350 kg。

(4) 确定用砂量 Q_s：

$$Q_s = \rho'_{0,s} V'_0 \tag{5-8}$$

式中：Q_s——每立方米砂浆的用砂量，精确至 1 kg；

$\rho'_{0,s}$——砂子干燥状态时的堆积密度（含水率小于 0.5%）值，kg/m³；

V'_0——每立方米砂浆所用砂的堆积体积，取 1 m³。

即每立方米砂浆中的砂子用量，按干燥状态（含水率小于 0.5%）的堆积密度值作为

计算值(kg)。

(5)选定用水量 Q_w。根据砂浆的稠度,用水量在 240~310 kg 间选用。

2.水泥砂浆初步配合比的设计

对于水泥砂浆,如果按照强度要求计算,得出水泥用量往往不能满足和易性要求,故《砌筑砂浆配合比设计规程》(JGJ/T 98—2010)规定,水泥砂浆配合比设计时,各材料用量按表 5-4 参考选用,试配强度按 $f_{m,o} = f_2 + 0.645\sigma$ 计算。

表 5-4　每立方米水泥砂浆材料用量(JGJ/T 98—2010)

强度等级	每立方米砂浆水泥用量/kg	每立方米砂浆砂子用量/kg	每立方米砂浆用水量/kg
M5	200~230		
M7.5	230~260		
M10	260~290	1 m³ 砂的堆积密度值	270~330
M15	290~330		
M20	340~400		
M25	360~410		
M30	430~480		

(二)配合比试配、调整和确定

(1)与工程实际使用的材料和搅拌方法相同;

(2)采用三个配合比,基准配合比及基准配合比中水泥用量分别增减 10%;

(3)各组配合比分别试拌,调整用水量及掺加料量,使和易性满足要求;

(4)分别制作强度试件,标准养护到 28 d,测定砂浆的抗压强度,选用符合设计强度要求且水泥用量最少的砂浆配合比;

(5)根据拌和物的密度校正材料的用量,保证每立方米砂浆中的用量准确。

(三)配合比设计实例

要求设计用于砌筑砖墙的水泥混合砂浆配合比。设计强度等级为 M 7.5,稠度为 70~90 mm。原材料的主要参数如下:

水泥:32.5 级矿渣水泥;干砂:中砂;堆积密度:1 450 kg/m³;石灰膏:稠度 120 mm;施工水平:一般。

设计步骤:

1.计算试配强度 $f_{m,o}$

查表 5-3 得出,$\sigma = 1.88$ MPa

$$f_{m,o} = 7.5 \text{ MPa} + 0.645 \times 1.88 \text{ MPa} = 8.7 \text{MPa}$$

2.计算水泥用量 Q

$$\alpha = 3.03, \beta = -15.09, f_{ce} = 32.5 \text{ MPa}$$

$$Q_c = 1\,000 \times (8.7 + 15.09)/(3.03 \times 32.5) = 242 \text{ kg}$$

3.计算石灰膏用量 Q_d

$$Q_d = Q_a - Q_c = 350 \text{ kg} - 242 \text{ kg} = 108 \text{ kg}$$

4.计算砂用量 Q_s

$$Q_s = 1\,450 \text{ kg}$$

5.选择用水量

根据砂浆稠度要求,选择用水量为 300 kg。

6.初步配合比

水泥:石灰膏:砂:水 = 242:108:1 450:300 = 1:0.45:5.99:1.24

通过试验,此配合比符合设计要求,不需调整。

任务二　抹灰及防水砂浆的成分及比例

【学习目标】

知识目标

(1)掌握抹灰砂浆的定义及作用。
(2)掌握防水砂浆的定义、作用及分类。

能力目标

(1)能够按照基层的类别、层次选用抹灰砂浆的种类、稠度和砂子的粒径。
(2)了解常用的防水砂浆类别,掌握组成成分及比例。

【任务描述】

通过本任务的学习,掌握防水砂浆及抹灰砂浆的定义、作用、分类及技术性质,能够根据工程的环境及特点合理的选用砂浆。

【相关知识】

抹灰砂浆

抹灰砂浆也称抹面砂浆,涂抹在建筑物表面,其作用是保护墙体不受风雨、潮气等侵蚀,提高墙体防潮、防风化、防腐蚀的能力,同时使墙体、地面等建筑部位平整、光滑、

清洁美观。

抹面砂浆的胶凝材料用量,一般比砌筑砂浆多,抹面砂浆的和易性要比砌筑砂浆好,黏结力更高。为了使表面平整,不容易脱落,一般分两层或三层施工。各层砂浆所用砂的技术要求以及砂浆稠度见表5-5。

表5-5 砂浆的材料及稠度选择表

抹面砂浆品种	沉入度/mm	砂粒径/mm
底层	100~120	2.5
中层	70~90	2.5
面层	70~80	1.2

底层砂浆的作用是增加抹灰层与基层的黏结力。砖墙底层抹灰多用混合砂浆,有防水防潮要求时采用水泥砂浆;板条或板条顶棚的底层抹灰多采用石灰砂浆或混合砂浆;混凝土墙体、柱、梁、板、顶棚的底层抹灰多采用混合砂浆。中层主要起找平作用,又称找平层,一般采用混合砂浆或石灰砂浆。面层起装饰作用,多用细砂配制的混合砂浆、麻刀石灰砂浆或纸筋石灰砂浆。在容易受碰撞的部位如窗台、窗口、踢脚板等采用水泥砂浆。

防水砂浆

防水砂浆是具有显著的防水、防潮性能的砂浆,又叫刚性防水层。适用于不受振动或埋置深度不大、具有一定刚度的防水工程;不适用于易受振动或发生不均匀沉降的部位。

防水砂浆一般依靠特定的施工工艺或在普通水泥砂浆中加入防水剂、膨胀剂、聚合物等配制而成。

常用的防水剂有氯化物金属盐类防水剂、水玻璃防水剂和金属皂类防水剂等。

(一)氯化物金属盐类防水剂

氯化物金属盐类防水剂主要由氯化钙、氯化铝和水按一定比例配成的有色液体,其配合比大致为氯化铝∶氯化钙∶水=1∶10∶11,掺加量一般为水泥质量的3%~5%。这种防水剂掺入水泥砂浆中,能在凝结硬化的过程中生成不透水的复盐,起促进结构密实的作用,从而提高砂浆的抗渗性能,一般可用于水池和其他地下建筑物。

(二)水玻璃防水剂

水玻璃防水剂主要成分为硅酸盐,常加入蓝矾、明矾、紫矾和红矾四种矾,故称为四矾水玻璃防水剂。这种防水剂加入水泥浆后形成许多胶体,堵塞了砂浆内部的毛细管道和孔隙,从而提高了砂浆的防水性能。红矾有剧毒,使用时应注意安全。

(三)金属皂类防水剂

金属皂类防水剂是由硬脂酸、氨水、氢氧化钾(或碳酸钠)和水按一定比例混合后加热皂化而成。这种防水剂主要也是起填充砂浆微细孔隙和毛细管道的作用,掺加量为水泥质量的3%。

任务三　砂浆试验

【学习目标】

知识目标

(1)掌握砂浆和易性的定义。
(2)掌握砂浆的强度等级。

能力目标

(1)能够测定达到砂浆要求稠度的用水量。
(2)能够测定砂浆拌和物在运输及停放时内部组分的稳定性。
(3)能够测定砂浆立方体的抗压强度值。

【任务描述】

掌握《建筑砂浆基本性能试验方法》(JGJ/T 70—2009)中砂浆稠度、砂浆分层度以及砂浆立方体抗压强度的测试方法。

【相关知识】

和易性试验

(一)拌和物取样和制备

1.取样

建筑砂浆试验用料应从同一盘砂浆或同一车砂浆中取样。取样量应不小于试验所需量的4倍。施工中取样进行砂浆试验时,其取样方法和原则应按相应的施工验收规范执行。一般在使用地点的砂浆槽、砂浆运送车或搅拌机出料口,至少从三个不同部位取样。现场取来的试样,试验前应人工搅拌均匀。从取样完毕到开始进行各项性能试验不宜超过 15 min。

2.试样制备

(1)主要用具。钢板(约 1.5 m×2 m,厚 3 mm),磅秤或台秤、拌铲、抹刀、量筒、盛器等,砂浆搅拌机。试样制备前润湿与砂浆接触的用具。

(2)试验材料。在试验室制备砂浆拌和物时,所用材料应提前 24 h 运入室内。拌和时试验室的温度应保持在(20±5)℃。需要模拟施工条件下所用的砂浆时,所用原材料的温度宜与施工现场保持一致。试验所用原材料应与现场使用材料一致。砂应通过公称粒径 5 mm 筛。试验室拌制砂浆时,材料用量应以质量计。称量精度:水泥、外加剂、掺加料等为±0.5%;砂为±1%。

(3)机械搅拌。在试验室搅拌砂浆时应采用机械搅拌,搅拌机应符合《试验用砂浆搅拌机》(JG/T 3033—1996)的规定。搅拌的用量宜为搅拌机容量的 30%~70%,搅拌时间不应少于 120 s。掺有掺加料和外加剂的砂浆,其搅拌时间不应小于 180 s。

(二)砂浆稠度试验

1.试验目的

掌握《建筑砂浆基本性能试验方法》(JGJ 70—2009)的测试方法,测得达到要求稠度的用水量或控制现场砂浆的稠度。

2.主要仪器

(1)砂浆稠度测定仪。如图 5-1 所示,由试锥、容器和支座三部分组成。

(2)钢制捣棒(φ10×350 mm,端部磨圆)、秒表等。

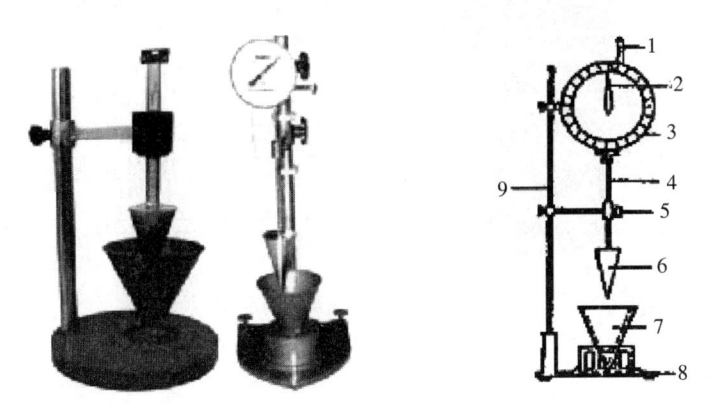

图 5-1 砂浆稠度测定仪
1—齿条测杆;2—摆针;3—刻度盘;4—滑杆;5—制动螺丝;
6—试锥;7—盛装容器;8—底座;9—支架

3.试验步骤

(1)用少量润滑油轻擦滑杆,再将滑杆上多余的油用吸油纸擦净,使滑杆能自由滑动;

(2)用湿布擦净盛浆容器和试锥表面,将砂浆拌和物一次装入容器,使砂浆表面低于容器口约 10 mm 左右。用捣棒自容器中心向边缘均匀地插捣 25 次,然后轻轻地将容器摇动或敲击 5~6 下,使砂浆表面平整,然后将容器置于稠度测定仪的底座上。

(3)拧松制动螺丝,向下移动滑杆,当试锥尖端与砂浆表面刚接触时,拧紧制动螺丝,使齿条测杆下端刚接触滑杆上端,读出刻度盘上的读数(精确至 1 mm)。

(4)拧松制动螺钉,同时开始计时,10 s 时立即拧紧螺丝,将齿条测杆下端接触滑杆上端,从刻度盘上读出下沉深度(精确至 1 mm),两次读数的差值即为砂浆的稠度值。

(5)盛装容器内的砂浆,只允许测定一次稠度,重复测定时,应重新取样测定。

4.结果评定

以两次测定结果的算术平均值(精确至 1 mm)作为砂浆稠度测定结果,两次之差不得大于 10 mm,否则重新取样测定。

(三)砂浆分层度试验

1.试验目的

掌握《建筑砂浆基本性能试验方法》(JGJ 70—2009)的测定方法,测定砂浆的分层度值,评定砂浆在运输存放过程中的保水性。

2.试验仪器

(1)砂浆分层度测定仪(图 5-2)内径为 150 mm,上节高度为 200 mm,下节带底净高为 100 mm,用金属板制成,上、下层连接处需加宽到 3~5 mm,并设有橡胶热圈。

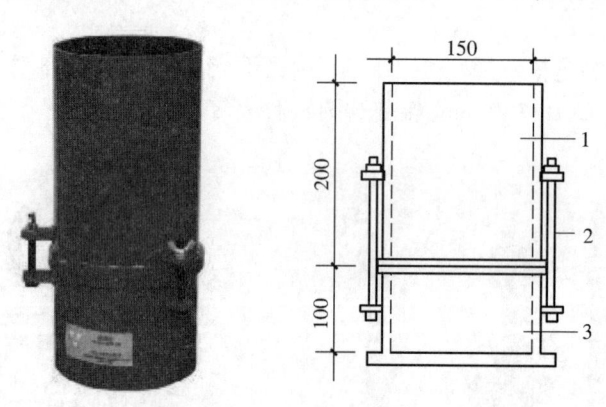

图 5-2 砂浆分层度测定仪

1—无底圆座;2—连接螺栓;3—有底圆座

(2)振动台:振幅(0.5±0.05)mm,频率(50±3)Hz。

(3)稠度仪、木槌等。

3.试验步骤

(1)首先将砂浆拌和物按稠度试验方法测定稠度。

(2)将砂浆拌和物一次装入分层度筒内,待装满后,用木槌在容器周围距离大致相等的四个不同部位轻轻敲击 1~2 次,如砂浆沉落到低于筒口,则应随时添加,然后刮去多余的砂浆并用刀抹平。

(3)静置 30 min 后,去掉上节 200 mm 的砂浆,将剩余的 100 mm 砂浆倒出放在拌和锅内拌 2 min,再按稠度试验方法测其稠度。前后测得的稠度之差即为该砂浆的分层度值(mm)。

4.评定结果

取两次测定的砂浆分层度值的算术平均值为砂浆的分层度值。两次之差不得超过 10 mm,否则重新试验。

砂浆的抗压强度试验

(一)试验目的

掌握《建筑砂浆基本性能试验方法》(JGJ 70—2009)的测试方法,测定砂浆的立方体抗压强度值,评定砂浆的强度等级。

(二)试验仪器

砂浆试模(70.7 mm×70.7 mm×70.7 mm),捣棒(Φ10×350 mm,端部磨圆),垫板,压力试验机(精度为 1%,试件破坏荷载应不小于压力机量程的 20%,且不大于全量程的 80%)。

(三)试验步骤

1.试件制作

采用立方体试件,每组试件 3 个。应用黄油等密封沉落涂抹试模的外接缝,试模内涂刷薄层机油或脱模剂,将拌制好的砂浆一次性装满砂浆试模,成型方法根据稠度而定。当稠度≥50 mm 时采用人工振捣成型,当稠度<50 mm 时采用振动台振实成型。

(1)人工振捣。用捣棒均匀地由边缘向中心按螺旋方式插捣 25 次,插捣过程中如砂浆沉落低于试模口,应随时添加砂浆,可用油灰刀插捣数次,并用手将试模一边抬高 5~10 mm 各振动 5 次,使砂浆高出试模顶面 6~8 mm。

(2)机械振动。将砂浆一次装满试模,放置到振动台上,振动时试模不得跳动,振动 5~10 s 或持续到表面出浆为止,不得过振。

(3)待表面水分稍干后,将高出试模部分的砂浆沿试模顶面刮去并抹平。

2.试件养护

试件制作后应在室温为(20±5)℃的环境下静置(24±2)h,当气温较低时,可适当延长时间,但不应超过两昼夜,然后对试件进行编号、拆模。试件拆模后应立即放入温度为(20±2)℃,相对湿度为 90%以上的标准养护室中养护。养护期间,试件彼此间隔不小于 10 mm,混合砂浆试件上面应覆盖,以防有水滴在试件上。

3.抗压强度试验步骤

(1)试件从养护地点取出后应及时进行试验。试验前将试件表面擦拭干净,测量尺寸,并检查其外观。并根据此计算机试件的承压面积,如实测尺寸之差不超过 1 mm,可按公称尺寸进行计算;

(2)将试件安放在试验机的下压板(或下垫板)上,试件的承压面应与成型时的顶面垂直,试件中心应与试验机下压板(或下垫板)中心对准。开动试验机,当上压板与试件接近时,调整球座,使接触面均衡受压。承压试验应连续而均匀地加荷,加荷速度应为每秒钟 0.25~1.5 kN(砂浆强度不大于 5 MPa 时,宜取下限;砂浆强度大于 5 MPa 时,宜取上限)。当试件接近破坏而开始迅速变形时,停止调整试验机油门,直至试件破坏,然后记录破坏荷载。

(四)结果计算与评定

砂浆立方体抗压强度按下式计算:

$$f_{m,cu} = \frac{F}{A} \qquad (5-9)$$

式中:$f_{m,cu}$——砂浆立方体抗压强度值,精确至 0.1 MPa;
  F——最大破坏荷载,N;
  A——受压面积,mm²。

砂浆立方体试件抗压强度应精确至 0.1 MPa。以三个试件测值的算术平均值的1.3倍作为该组试件的砂浆立方体试件抗压强度平均值(精确至 0.1 MPa)。当三个测值的最大值或最小值中如有一个与中间值的差值超过中间值的15%时,则把最大值及最小值一并舍除,取中间值作为该组试件的抗压强度值;如有两个测值与中间值的差值均超过中间值的15%时,则该组试件的试验结果无效。

【技能训练】

(1)掌握拌和物装入盛装容器以及敲击正确操作,熟练使用砂浆稠度仪及分层度仪,以及正确读数。

(2)掌握试块正确成型和养护办法,熟练使用压力试验机和试验数据的处理。

【任务评价】

教学评价表

班级:_____ 姓名:_____ 本任务得分_____

项目	要素	主要评价内容	优	良	中	差	得分
职业素养	工作纪律	课堂不迟到、早退,服从教师管理及组长指挥	5	4	3	2	
	安全操作	严格按照试验步骤进行操作,不野蛮操作、试验现场不打闹	5	4	3	2	

续表

项目	要素	主要评价内容	等级及参考分值 优	良	中	差	得分
职业素养	环保意识	文明操作,爱护仪器、器材,保持工作台及试验室环境整洁,完成后主动清理现场	5	4	3	2	
	团队协作	小组协作、相互交流,组员、同学之间互相带动学习	5	4	3	2	
	小 计：	20分	20	16	12	8	
技能考评	试验准备	明确所需试验设备、工具及器材,掌握设备及器材的使用方法	20	16	12	8	
	试验过程	掌握砂浆和易性和抗压强度试验方法,严格按规范要求的条款进行试验操作,反复操作,提高技能的熟练程度	20	16	12	8	
	完成质量	小组配合完成任务,测定砂浆达到要求稠度的用水量、测定砂浆的分层度值及立方体抗压强度值;不抄袭其他小组的成果	20	16	12	8	
	任务工单	按要求填写任务工单,工单书写工整;试验步骤清晰、计算结果正确,成果和结论真实	20	16	12	8	
	小 计：	80分	80	64	48	32	
		合计	100	80	60	40	
教师、学生或小组结论性评价（描述性评语）							

【拓展练习】

一、填空题

1.抹面砂浆主要技术要求包括_____、_____和_____。
2.砂浆的和易性包括_____和_____,分别用_____、_____表示。
3.砌筑开口多孔制品的砂浆,其强度取决于水泥强度和_____。

4.保水性好的砂浆,其分层度应为_____cm,分层度为零的抹面砂浆易发生_____现象。

二、判断题

1.砂浆的流动性是用分层度表示的。(　　)
2.砂浆的强度与初始水灰比有重要关系。(　　)
3.砂浆的沉入度越大,分层度越小,则表明砂浆的和易性越好。(　　)
4.配制砌筑砂浆宜选用中砂。(　　)
5.建筑砂浆的组成材料与混凝土一样,都是由胶凝材料、骨料和水组成的。(　　)

三、简答题

1.配制砂浆时,为什么除水泥外常常还要加入一定量的其他胶凝材料?
2.用于吸水基面和不吸水基面的两种砂浆,影响其强度的决定性因素各是什么?

项目六　砌墙砖和砌块

【学习目标】

知识目标

(1) 掌握烧结普通砖的规格尺寸及过火砖、欠火砖的定义,砖内石灰爆裂、泛霜等的产生原因及对质量的影响。
(2) 了解各种砌墙砖的应用。
(3) 了解烧结多孔砖的特点,了解墙用砌块。

能力目标

(1) 能够根据工程结构的特点正确选用砌墙砖和砌块。
(2) 能够完成砌墙砖的尺寸测量,并对其进行外观质量检查。
(3) 能够完成烧结普通砖的抗压强度试验。

素养目标

(1) 具备热爱建筑工作、具有创新意识和创新精神。
(2) 具备团队意识,能够与他人进行良好的合作与交流。

【教学场景】

多媒体教室、试验室。

【项目描述】

砌墙砖和砌块是现在一种广泛使用的墙体材料。通过学习了解砌墙砖和砌块的技术性能,掌握其强度等级和质量等级的划分,充分认识推广使用砌墙砖和砌块的重要意义。

【课时分配】

序　号	任务名称	课时分配(课时)
一	认识砌墙砖	4
二	认识砌块	2
三	砌墙砖试验	2
合　计		8

任务一　认识砌墙砖

【学习目标】

知识目标

(1)掌握砌墙砖的定义。
(2)掌握烧结普通砖的原料、质量等级及各项技术指标。
(3)掌握烧结空心砖的原料、质量等级及各项技术指标。

能力目标

(1)能够对烧结普通砖进行外观质量的检查。
(2)能够对烧结空心砖进行外观质量的检查。

【任务描述】

砌墙砖是以黏土、工业废料及其其他地方资源为主要原料,由不同工艺制成,在建筑中用来砌筑墙体的砖。按制作工艺又可分为烧结砖和非烧结砖;按砖的孔洞率、孔的尺寸大小和数量,又可分为普通砖、多孔砖、空心砖。

【相关知识】

烧结普通砖

烧结普通砖是以黏土、页岩、粉煤灰、煤矸石为主要原料,经焙烧制成的孔洞率小于

15%的砖。按主要原料分为黏土砖(N)、页岩砖(Y)、粉煤灰砖(F)和煤矸石砖(M)。

烧结普通砖有青砖和红砖两种;如图6-1所示。在成品中往往会出现不合格品——过火砖和欠火砖。过火砖颜色深,敲击时声音清脆,强度高,吸水率小,耐久性好,易出现弯曲变形;欠火砖颜色浅,敲击时声音暗哑,强度低,吸水率大,耐久性差。

图6-1 烧结普通砖

国家标准《烧结普通砖》(GB 5101—2003)规定,强度、抗风化性能和放射性物质合格的砖,根据尺寸偏差、外观质量、泛霜和石灰爆裂可分为优等品(A)、一等品(B)和合格品(C)三个质量等级,各项技术指标应满足下列要求:

(一)外观质量和尺寸偏差

1.规格及部位名称

烧结普通砖的外形为直角六面体,长240 mm,宽115 mm,厚为53 mm,其中240 mm×115 mm的面称为大面,240 mm×53 mm的面称为条面,115 mm×53 mm的面称为顶面,如图6-2所示。

2.外观质量和尺寸偏差

烧结普通砖的优等品必须颜色一致,外观质量和尺寸偏差应符合表6-1的要求。产品中不允许有欠火砖、酥砖和螺旋纹砖。

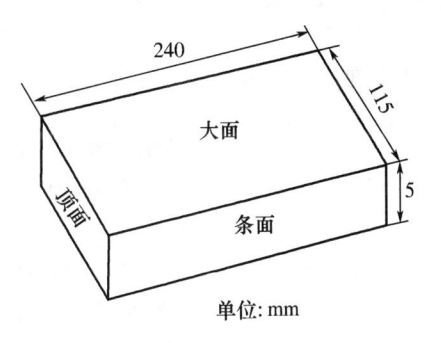

图6-2 砖的尺寸及各部分名称

(二)强度等级

烧结普通砖按抗压强度分为:MU30,MU25,MU20,MU15,MU10五个强度等级。各强度等级应符合表6-2所列数值。

烧结普通砖的产品标记按产品名称、类别、强度等级、质量等级和标准编号顺序编写。示例:烧结普通砖,强度等级MU15,一等品的黏土砖,其标记为:烧结普通砖 N MU15 B GB 5101。

(三)耐久性指标

当烧结砖的原料中含有有害杂质或烧结工艺不当时,可造成砖的质量缺陷而影响耐久性,主要的缺陷和耐久性指标有:

1. 泛霜

当生产原料中含有可溶性无机盐时,在烧结过程中就会隐含在烧结砖内部。砖吸水后再次干燥时这些可溶性盐会随水分向外迁移并渗到砖的表面,水分蒸发后便留下白色粉末、絮团或絮片状的盐,这种现象称为泛霜。泛霜不仅有损建筑物的外观,而且结晶膨胀还会引起砖的表面酥松,甚至剥落。

表 6-1 烧结普通砖的外观质量和尺寸偏差要求(GB 5101—2003)

项目		优等品 样本平均偏差	优等品 样本极差≤	一等品 样本平均偏差	一等品 样本极差≤	合格品 样本平均偏差	合格品 样本极差≤
1.尺寸偏差/mm	长度240	±2.0	6	±2.5	7	±3.0	8
	宽度115	±1.5	5	±2.0	6	±2.5	7
	高度53	±1.5	4	±1.6	5	±2.0	6
2.两条面高度差/mm		≤2		≤3		≤4	
3.弯曲/mm		≤2		≤3		≤4	
4.杂质凸出高度/mm		≤2		≤3		≤4	
5.缺棱掉角的三个破坏尺寸/mm 不得同时		>5		>20		>30	
6.裂纹长度/mm	(1)大面上宽度方向及其延伸至条面的长度	≤30		≤60		≤80	
	(2)大面上长度方向及其延伸至顶面长度或条、顶面上水平裂纹的长度	≤50		≤80		≤100	
7.完整面*		不得少于		二条面和二顶面		一条面和一顶面	——
8.颜色		基本一致		——		——	

注:为装饰面施加的色差、凹凸纹、拉毛、压花等不算作缺陷。

* 凡有下列缺陷之一者,不得称为完整面。

a.缺损在条面或顶面上造成的破坏面尺寸同时大于 10 mm×10 mm。

b.条面或者顶面上裂纹宽度大于 1 mm,其长度超过 30 mm。

c.压陷、黏底、焦花在条面或顶面上的凹陷或凸出超过 2 mm,区域尺寸同时大于 10 mm×10 mm。

表6-2 烧结普通砖强度等级(GB 5101—2003)

强度等级	抗压强度平均值 $\bar{f}$/MPa≥	变异系数 δ≤0.21 强度标准值 f_k≥	变异系数 δ>0.21 单块最小抗压强度值 f_{min}/MPa≥
MU30	30.0	22.0	25.0
MU25	25.0	18.0	22.0
MU20	20.0	14.0	16.0
MU15	15.0	10.0	12.0
MU10	10.0	6.5	7.5

2.石灰爆裂

生产烧结砖的原料中夹有石灰石等杂物,焙烧时被烧成生石灰块等物质。使用时,生石灰吸水熟化,体积显著膨胀,导致砖块裂缝甚至崩溃,这种现象称为石灰爆裂。石灰爆裂不仅造成砖的外观缺陷和强度降低,严重时还能使砌体的强度降低、破坏。

烧结砖的泛霜和石灰爆裂指标应符合表6-3的规定。

表6-3 烧结普通砖的泛霜和石灰爆裂的技术指标(GB 5101—2003)

项目	优等品	一等品	合格品
泛霜	无泛霜	不允许出现中等泛霜	不允许出现严重泛霜
石灰爆裂	不允许出现最大破坏尺寸大于2 mm的爆裂区域	1.最大破坏尺寸大于2 mm且小于等于10 mm的爆裂区域,每组砖样不得多于15处 2.不允许出现最大破坏尺寸大于10 mm的爆裂区域	1.最大破坏尺寸大于2 mm且小于等于15 mm的爆裂区域,每组砖样不得多于15处,其中大于10 mm的不得多于7处 2.不得出现最大破坏尺寸大于15 mm的爆裂区域

3.抗风化性能和抗冻性

抗风化性能是指在干湿变化、温度变化、冻融变化等物理因素作用下,长期不被破坏并保持原有性质的能力。

我国风化区的划分见表6-4。

表6-4 我国风化区的划分

严重风化区	非严重风化区
1 黑龙江省 2 吉林省 3 辽宁省 4 内蒙古自治区 5 新疆维吾尔自治区 6 宁夏回族自治区 7 甘肃省	8 青海省 9 陕西省 10 山西省 11 河北省 12 北京市 13 天津市	1 山东省 2 河南省 3 安徽省 4 江苏省 5 湖北省 6 江西省 7 浙江省	8 四川省 9 贵州省 10 湖南省 11 福建省 12 台湾省 13 广东省 14 广西壮族自治区	15 海南省 16 云南省 17 西藏自治区 18 上海市 19 重庆市 20 香港地区 21 澳门地区

严重风化区中的1~5地区的砖必须做冻融试验;其他地区的砖的吸水率和饱和系数指标若能达到表6-5的要求,可不再进行冻融试验。否则,必须进行冻融试验。冻融试验后,每块砖不允许出现裂缝、分层、掉皮、缺棱、掉角等现象,质量损失不得大于2%。

烧结砖虽然价格低廉,历史悠久。但黏土砖毁坏大量农田,并有自重大、能耗高、尺寸小、施工效率低、抗震性能差等缺点。因此,我国正大力推广一些新型墙体材料,如空心砖、工业废渣砖及砌块、轻质板材来代替实心黏土砖。

表6-5 烧结普通砖的抗风化性能(GB 5101-2003)

项目	严重风化区 5h沸煮吸水率/%≤ 平均值	严重风化区 5h沸煮吸水率/%≤ 单块最大值	严重风化区 饱和系数≤ 平均值	严重风化区 饱和系数≤ 单块最大值	非严重风化区 5h沸煮吸水率/%≤ 平均值	非严重风化区 5h沸煮吸水率/%≤ 单块最大值	非严重风化区 饱和系数≤ 平均值	非严重风化区 饱和系数≤ 单块最大值
黏土砖	18	20	0.85	0.87	19	20	0.88	0.90
粉煤灰砖*	21	23	0.85	0.87	23	25	0.88	0.90
页岩砖 煤矸石砖	16	18	0.74	0.77	18	20	0.78	0.80

注*:粉煤灰掺入量(体积比)小于30%时,按黏土砖规定判定。

烧结多孔砖

烧结多孔砖是以黏土、页岩、煤矸石、粉煤灰、淤泥(江河湖淤泥)及其他固体废弃物等为主要原料,经焙烧而成,孔洞率不大于35%,孔的尺寸小而数量多,主要用于承重部位。

烧结多孔砖按主要原料分为黏土砖(N)、页岩砖(Y)、煤矸石砖(M)、粉煤灰砖(F)、淤泥砖(U)、固体废弃物砖(G)。

砖的外形为直角六面体,其长度、宽度、高度尺寸应符合下列要求:290,240,190,180,140,115,90 mm,如图6-3所示。工程上常用的有190 mm×190 mm×90 mm 和240 mm×115 mm×90 mm 两种规格。

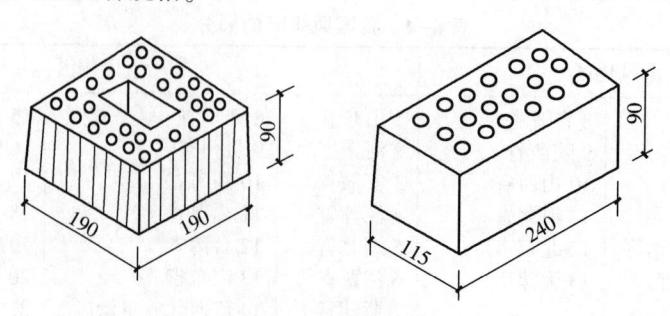

图6-3 烧结多孔砖

（一）外观质量和尺寸偏差

国家标准《烧结多孔砖和多孔砌块》(GB 13544—2011)规定,烧结多孔砖的尺寸偏差和外观质量应符合表6-6和表6-7的规定。

表6-6　烧结多孔砖的尺寸允许偏差(GB 13544—2011)

尺寸	样本平均偏差	样本极差≤
>400	±3.0	10.0
300~400	±2.5	9.0
200~300	±2.5	8.0
100~200	±2.0	7.0
<100	±1.5	6.0

表6-7　烧结多孔砖的外观质量(GB 13544—2011)

项　目			指　标
1.完整面		不得少于	一条面和一顶面
2.缺棱掉角的3个破坏尺寸		不得同时大于	30
3.裂纹长度	(1)大面(有孔面上)深入孔壁15 mm以上宽度方向及其延伸到条面的长度	不大于	80
	(2)大面(有孔面上)深入孔壁15 mm以上长度方向及其延伸到顶面的长度	不大于	100
	(3)条、顶面上的水平裂纹长度/mm	不大于	100
4.杂质在砖面上造成的凸出高度/mm		不大于	5

注：凡有以下缺陷之一者,不得称为完整面：
　　a.缺损在条面或顶面上造成的破坏尺寸同时大于 20 mm×30 mm；
　　b.条面或顶面上裂纹宽度大于 1 mm,其长度超过 70 mm；
　　c.压陷、焦花、黏底在条面或顶面上的凹陷或凸出超过 2 mm,区域最大投影尺寸同时大于 20 mm×30 mm。

（二）强度等级

烧结多孔砖根据抗压强度分为 MU30、MU25、MU20、MU15、MU10 五个强度等级。各个强度等级的抗压强度应符合表6-8的规定。

表 6-8　烧结多孔砖的强度等级（GB 13544-2011）

单位：MPa

强度等级	抗压强度平均值 $\bar{f}$ ≥	强度标准值 f_k ≥
MU30	30.0	22.0
MU25	25.0	18.0
MU20	20.0	14.0
MU15	15.0	10.0
MU10	10.0	6.5

（三）密度等级

烧结多孔砖的密度等级分为 1 000,1 100,1 200,1 300 四个等级,各密度等级应符合表 6-9 的规定。

表 6-9　烧结多孔砖的密度等级（GB 13544-2011）

单位：kg/m²

密度等级	3 块砖干燥表观密度平均值
1 000	900～1 000
1 100	1 000～1 100
1 200	1 100～1 200
1 300	1 200～1 300

（四）产品标记

砖的产品标记按产品名称、品种、规格、强度等级、密度等级和标准编号顺序编写。

标记示例：规格尺寸 290 mm×140 mm×90 mm、强度等级 MU25、密度 1 200 级的黏土烧结多孔砖,其标记为：烧结多孔砖 N 290×140×90 MU25 1200 GB 13544-2011。

（五）耐久性指标

1.泛霜

每块砖不允许出现严重泛霜。

2.石灰爆裂

(1)破坏尺寸大于 2 mm 且小于或等于 15 mm 的爆裂区域,每组砖不得多于 15 处。其中大于 10 mm 的不得多于 7 处。

(2)不允许出现破坏尺寸大于 15 mm 的爆裂区域。

3.抗风化性能

严重风化区中的 1～5 地区的砖和其他地区以淤泥、固体废弃物为主要原料生产的砖必须进行冻融试验；其他地区以黏土、粉煤灰、页岩、煤矸石为主要原料生产的砖的抗风化性能符合表6-10的规定时可不做冻融试验，否则，必须进行冻融试验。

表6-10 烧结多孔砖的抗风化性能（GB 13544—2011）

种类	严重风化区			非严重风化区		
	5 h沸煮吸水率/% ≤		饱和系数 ≤	5 h沸煮吸水率/% ≤		饱和系数 ≤
	平均值	单块最大值	平均值 单块最大值	平均值	单块最大值	平均值 单块最大值
黏土砖	21	23	0.85 0.87	23	25	0.88 0.90
粉煤灰砖	23	25		30	32	
页岩砖	16	18	0.74 0.77	18	20	0.78 0.80
煤矸石砖	19	21		21	23	

注：粉煤灰掺入量（质量比）小于30%时按黏土砖和砌块规定判定。

（六）烧结多孔砖的应用

烧结多孔砖可代替烧结普通砖，用于建筑物的承重载体。其中优等品可以用于墙体装饰和清水墙砌筑，一等品和合格品可用于混水墙，中等泛霜的砖不得用于潮湿部位。

烧结空心砖

烧结空心砖是指孔洞率大于或等于35%，孔的尺寸大而数量少的烧结砖。外形为直角六面体。孔洞采用矩形条孔或其他孔型，平行于大面和条面，如图6-4所示。烧结空心砖按主要原料分为黏土空心砖（N）、粉煤灰空心砖（F）、淤泥空心砖（U）、建筑渣土空心砖（Z）、其他固体废弃物空心砖（G）。

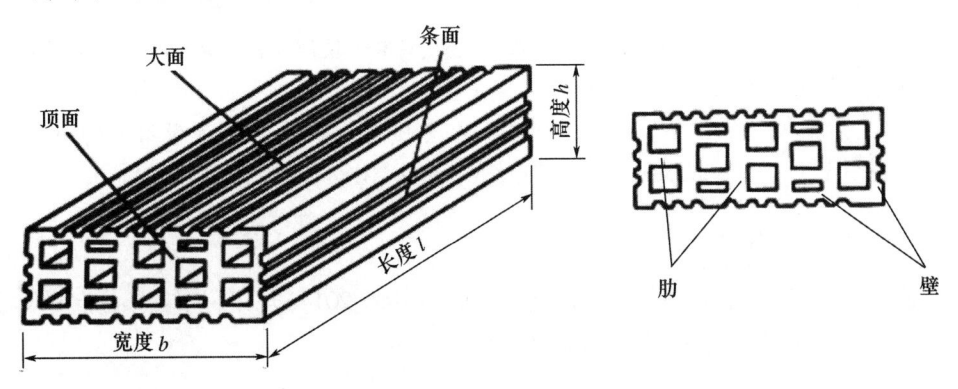

图6-4 烧结空心砖外形

空心砖的长度、宽度、高度尺寸应符合下列要求：
——长度规格尺寸(mm)：390,290,240,190,180(175),140；
——宽度规格尺寸(mm)：190,180(175),140,115；
——高度规格尺寸(mm)：180(175),140,115,90。
其他规格可由供需双方协商确定。

(一)密度等级

烧结空心砖根据其密度不同，分为800,900,1 000,1 100四个密度等级，各级别的密度等级对应的5块砖的密度平均值分别为小于800 kg/m³、801~900 kg/m³、901~1 000 kg/m³、1 001~1 100 kg/m³。

(二)强度等级

根据空心砖的抗压强度，可将其分为MU10.0,MU7.5,MU5.0,MU3.5四个强度等级，各等级强度要求应符合表6-11的规定。

表6-11 烧结空心砖的强度等级(GB/T 13545—2014)

强度等级	抗压强度/MPa		
	抗压强度平均值 $\bar{f} \geq$	变异系数 $\delta \leq 0.21$	变异系数 $\delta > 0.21$
		强度标准值 $f_k \geq$	单块最小抗压强度标准值 $f_{min} \geq$
MU 10.0	10.0	7.0	8.0
MU 7.5	7.5	5.0	5.8
MU 5.0	5.0	3.5	4.0
MU 3.5	3.5	2.5	2.8

(三)标记方法

烧结空心砖的产品标记按产品名称、类别、规格(长度×宽度×高度)、密度等级、强度等级和标准序号顺序编写。

示例：规格尺寸290 mm×190 mm×90 mm、密度等级800、强度等级MU 7.5的页岩空心砖，其标记为：烧结空心砖Y(290×190×90) 800 MU 7.5 GB 13545-2014。

(四)尺寸偏差和外观质量

国家标准《烧结空心砖和空心砌块》(GB 13545—2014)规定，烧结空心砖的尺寸偏差和外观质量应符合表6-12和表6-13的规定。

表 6-12　烧结空心砖允许尺寸偏差（GB 13545—2014）

单位：mm

尺寸	样本平均偏差	样本极差≤
>300	±3.0	7.0
>200~300	±2.5	6.0
100~200	±2.0	5.0
<100	±1.7	4.0

表 6-13　烧结空心砖外观质量（GB 13545—2014）

单位：mm

项　　目		指标
1.弯曲	不大于	4
2.缺棱掉角的三个破坏尺寸	不得同时大于	30
3.垂直度差	不大于	4
4.未贯穿裂纹长度		
(1)大面上宽度方向及其延伸到条面的长度	不大于	100
(2)大面上长度方向或条面上水平面方向的长度	不大于	120
5.贯穿裂纹长度		
(1)大面上宽度方向及其延伸到条面的长度	不大于	40
(2)壁、肋沿长度方向、宽度方向及其水平方向的长度	不大于	40
6.肋、壁内残缺长度	不大于	40
7.完整面*	不少于	一条面或一大面

* 凡有下列缺陷之一者,不能称为完整面：

　a.缺损在大面、条面上早晨的破坏面尺寸同时大于 20 mm×30 mm；

　b.大面、条面上裂纹宽度大于 1 mm,其长度超过 70 mm；

　c.压陷、黏底、焦花在大面、条面上的凹陷或凸出超过 2 mm,区域尺寸同时大于 20 mm×30 mm。

(五)泛霜

每块烧结空心砖不允许出现严重泛霜。

(六)石灰爆裂

(1)最大破坏尺寸大于 2 mm 且小于等于 15 mm 的爆裂区域,每组空心砖不得多于 15 处。其中大于 10 mm 的不得多于 5 处。

(2)不允许出现破坏尺寸大于 15 mm 的爆裂区域。

(七)抗风化性能

(1)风化区的划分见表 6-14。

(2)严重风化区中的 1,2,3,4,5 地区的空心砖应进行冻融试验,其他地区空心砖的抗风化性能应符合表6-14的规定时可不做冻融试验,否则应进行冻融试验。

表6-14 烧结空心砖的抗风化性能(GB 13545—2014)

种类	严重风化区				非严重风化区			
	5 h沸煮吸水率/%≤		饱和系数≤		5 h沸煮吸水率/%≤		饱和系数≤	
	平均值	单块最大值	平均值	单块最大值	平均值	单块最大值	平均值	单块最大值
黏土砖	21	23	0.85	0.87	23	25	0.88	0.90
粉煤灰砖	23	25			30	32		
页岩砖	16	18	0.74	0.77	18	20	0.78	0.80
煤矸石砖	19	21			21	23		

注:①粉煤灰掺入量(质量分数)小于30%时按黏土空心砖和空心砌块规定判定。
注:②淤泥、建筑渣土及其他固体废物掺入量(质量分数)小于30%时按相应产品类别规定判定。

烧结空心砖一般可用于砌筑填充墙和非承重墙。

多孔砖和空心砖与普通砖相比,可使建筑自重减轻1/3左右,节约黏土20%~30%,节省燃料10%~20%,造价可降低20%,施工效率可提高40%;并能改善砖的隔热和隔声性能,在相同的热工要求下,用空心砖砌筑的墙体厚度可减半砖左右。因此,推广使用多孔砖、空心砖代替普通砖是加快我国墙体材料改革的重要措施之一。

非烧结砖

不经焙烧而制成的砖均为非烧结砖。常见的品种有蒸压灰砂砖、蒸压(养)粉煤灰砖等。

(一)蒸压灰砂砖

蒸压灰砂砖是以石灰、砂(也可以掺入颜料和外加剂)为原料,经制坯、压制成型、蒸压养护而成的实心砖。根据颜色可分为彩色(Co)、本色(N)。

蒸压灰砂砖的外形、公称尺寸与烧结普通砖相同。国家标准《蒸压灰砂砖》(GB 11945—1999)根据其抗压强度和抗折强度划分为MU25,MU20,MU15,MU10四个强度等级,各强度等级值应符合表6-15的规定;根据其外观质量、尺寸偏差、强度和抗冻性分为优等品(A)、一等品(B)、合格品(C)三个质量等级。各等级的外观质量、尺寸偏差应符合表6-16的规定,抗冻性应符合表6-15的规定。彩色砖的颜色应基本一致,无明显色差。

表 6-15 蒸压灰砂砖的强度等级和抗冻性（GB 11945—1999）

强度等级	强度指标				抗冻性指标	
	抗压强度/MPa		抗折强度/MPa		5块冻后抗压强度平均值/MPa≥	单块砖干质量损失/%≤
	平均值≥	单块值≥	平均值≥	单块值≥		
MU25	25.0	20.0	5.0	4.0	20.0	2.0
MU20	20.0	16.0	4.0	3.2	16.0	
MU15	15.0	12.0	3.3	2.6	12.0	
MU10	10.0	8.0	2.5	2.0	8.0	

表 6-16 蒸压灰砂砖的尺寸偏差和外观（GB 11945—1999）

项 目			优等品	一等品	合格品
尺寸允许偏差/mm	长度 l		±2	±2	±2
	宽度 b		±2		
	高度 h		±1		
缺棱掉角	个数		1	1	2
	最大尺寸/mm	≤	10	15	20
	最小尺寸/mm	≤	5	10	10
对应高度差/mm		≤	1	2	3
裂纹	条数/条	≤	1	1	2
	大面上宽度方向及其延伸到条面的长度/mm	≤	20	50	70
	大面上长度方向及其延伸到顶面上的长度或条、顶面水平裂纹的长度/mm	≤	30	70	100

蒸压灰砂砖中 MU25，MU20，MU15 的砖可用于基础和其他建筑；MU10 的砖仅可用于防潮层以上的建筑。蒸压灰砂砖不得用于长期受热 200 ℃ 以上、受急冷急热和有酸性介质侵蚀的建筑部位，也不适用于有流水冲刷的部位。

(二)蒸压(养)粉煤灰砖

蒸压(养)粉煤灰砖是以粉煤灰、生石灰为主要原料，可掺加适量石膏等外加剂和其他集料，经蒸汽养护而制成的砖。砖的外形为直角六面体。砖的公称尺寸为：长度 240 mm、宽度 115 mm、高度 53 mm。其他规格尺寸由供需双方协商后确定。

建筑材料行业标准《蒸压粉煤灰砖》(JC 239—2014)中规定：按抗压强度和抗折强度划分为 MU30，MU25，MU20，MU15，MU10 五个等级。

蒸压养粉煤灰砖可用于工业及民用建筑的墙体和基础，但用于基础或易受冻融和干湿交替作用的部位，必须使用 MU15 及以上强度等级的砖，不得用于长期受热 200 ℃、受急冷急热和有酸性侵蚀的建筑部位。

任务二 认识砌块

【学习目标】

知识目标

(1)掌握砌块的定义、强度级别。
(2)掌握常用砌块的种类。

能力目标

能够掌握常用砌块的尺寸偏差和外观要求。

【任务描述】

砌块是指砌筑用的人造石材,多为直角六面体。砌块主规格尺寸中的长度、宽度和高度,至少有一项分别大于 365,240,115 mm,但高度不大于长度或宽度的 6 倍,长度不超过高度的 3 倍。

【相关知识】

砌块的分类

砌块的分类方法很多,按用途划分为承重砌块和非承重砌块;按有无空洞可划分为实心砌块(空心率小于 25%,代号:S)和空心砌块(空心率不小于 25%,代号:H);按产品规格可分为大型(主规格高度大于 980 mm)、中型(主规格高度为 380~980 mm)和小型(主规格高度为 115~380 mm)砌块;按材质又可分为混凝土砌块、硅酸盐砌块、轻骨料混凝土砌块等。

常用砌块

目前砌块的种类较多,本节主要对几种常用的砌块做简单的介绍。

（一）蒸压加气混凝土砌块

蒸压加气混凝土砌块是以钙质材料（水泥、石灰等）和硅质材料（矿渣和粉煤灰）加入铝粉作加气剂，经蒸压养护而成的多孔轻质块体材料，简称加气混凝土砌块。

国家标准《蒸压加气混凝土砌块》（GB 11968—2006）的规定，砌块长度为 600 mm；宽度为 200,240,250,300 mm。如图 6-5 所示。按抗压强度分为 A1.0,A2.0,A2.5,A3.5,A5.0,A7.5,A10.0 七个级别。按干表观密度划分 B03,B04,B05,B06,B07,B08 六个级别。按尺寸偏差、外观质量、干密度、抗压强度和抗冻性分为优等品（A）、合格品（B）。砌块的尺寸偏差和外观要求应符合表 6-17 的规定；各等级砌块的抗压强度应符合表 6-18 的规定；砌块的强度级别、体积密度、干燥收缩、抗冻性、导热系数应符合表 6-19 的规定。

图 6-5 蒸压加气混凝土砌块外形示意图

蒸压加气混凝土砌块常用品种有加气粉煤灰砌块和蒸压矿渣砂加气混凝土砌块。具有表观密度小，保温及耐火性好，易加工，抗震性好，施工方便等优点。使用于低层建筑的承重墙，多层和高层建筑的隔离墙、填充墙及工业建筑物的维护墙体和绝热材料。

表 6-17 加气混凝土砌块和尺寸偏差和外观要求（GB 11968—2006）

项目			优等品	合格品
尺寸允许偏差/mm	长度 l		±3	±4
	宽度 b		±1	±2
	高度 h		±1	±2
缺棱掉角	最小尺寸/mm	≤	0	30
	最大尺寸/mm	≤	0	70
	大于以上尺寸的缺棱掉角个数	≤	0	2
裂纹	贯穿一棱两面的裂纹长度不得大于裂纹所在面的裂纹方向尺寸总和的		0	1/3
	任一面上裂纹长度不得大于裂纹方向尺寸的		0	1/2
	大于以上尺寸的裂纹条数	≤	0	2
平面弯曲			不允许	
表面疏松、层裂、油污			不允许	
爆裂、黏膜和损坏深度/mm		≤	10	30

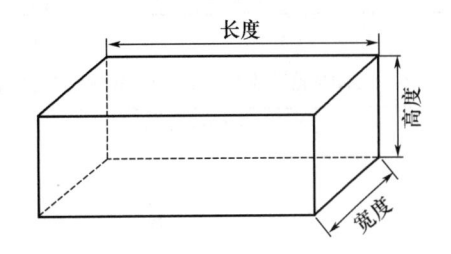

表6-18 加气混凝土砌块的各等级的抗压强度(GB 11968—2006)

强度级别			A 1.0	A 2.0	A 2.5	A 3.5	A 5.0	A 7.5	A 10.0
立方体抗压强度/MPa	平均值	≥	1.0	2.0	2.5	3.5	5.0	7.5	10.0
	单块最小值	≥	0.8	1.6	2.0	2.8	4.0	6.0	8.0

表6-19 加气混凝土砌块的强度级别、干表观密度、干燥收缩、抗冻性、导热系数(GB 11968—2006)

	干表观密度级别		B 03	B 04	B 05	B 06	B 07	B 08
强度级别	优等品		A 1.0	A 2.0	A 3.5	A 5.0	A 7.5	A 10.0
	合格品				A 2.5	A 3.5	A 5.0	A 7.5
干表观密度/(kg·m⁻³)	优等品	≤	300	400	500	600	700	800
	合格品	≤	325	425	525	625	725	825
干燥收缩	标准法	≤	0.50 mm/m					
	快测法	≤	0.80 mm/m					
抗冻性	质量损失	≤	5.0%					
	冻后强度/MPa 优等品	≥	0.8	1.6	2.8	4.0	6.0	8.0
	合格品				2.0	2.8	4.0	6.0
导热系数/(w·m⁻¹·k⁻¹)		≤	0.10	0.12	0.14	0.16	0.18	0.2

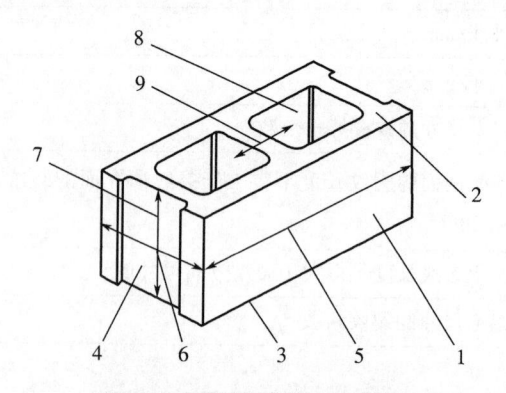

(二)混凝土小型空心砌块

混凝土小型空心砌块是以水泥、矿物掺合料、砂、石、水等为原料,经搅拌、振动成型、养护等工艺制成的小型砌块,如图6-6所示。

图6-6 混凝土小型空心砌块

1—条面;2—坐浆面(肋厚较小的面);3—铺浆面(肋较大的面);
4—顶面;5—长度;6—宽度;7—高度;8—壁;9—肋

国家标准《普通混凝土小型砌块》(GB/T 8239—2014)规定,砌块的外形宜为直角

六面体,常用块形的规格尺寸见表6-20。

表6-20 混凝土小型空心砌块规格尺寸

单位:mm

长度	宽度	高度
390	90,120,140,190,240,290	90,140,190

注:其他规格尺寸可由供需双方协商确定。采用薄灰缝砌筑的块型,相关尺寸可作相应调整。

尺寸偏差、外观质量应符合表6-21、表6-22中规定;空心率不小于25%。按抗压强度分为MU 3.5、MU 5.0、MU 7.5、MU 10.0、MU 15.0、MU 20.0六个级别,每个强度等级的抗压强度值应符合表6-23的规定。

表6-21 普通混凝土小型空心砌块的尺寸偏差(GB/T 8239—2014)

项目名称	技术指标
长度	±2
宽度	±2
高度	+3,-2

注:免浆砌块的尺寸允许偏差,应由企业根据块型特点自行给出,尺寸偏差不应影响垒砌和墙片校性能。

表6-22 普通混凝土小型空心砌块的外观质量(GB/T 8239—2014)

项 目 名 称		技术指标
弯曲/mm	≤	2 mm
缺棱掉角	个数 ≤	1个
	三个方向投影尺寸最大值/mm ≤	20 mm
裂纹延伸的投影尺寸累计/mm	≤	30 mm

表6-23 普通混凝土小型空心砌块的各等级的抗压强度(GB/T 8239—2014)

强度级别		MU 5.0	MU 7.5	MU 10	MU 15	MU 20	MU 25
砌块抗压强度/MPa	平均值 ≥	5.0	7.5	10.0	15.0	20.0	25.0
	单块最小值 ≥	4.0	6.0	8.0	12.0	16.0	20.0

采用轻骨料时称为轻骨料混凝土小型空心砌块,其性能应符合国家标准的规定。用于采暖地区的一般环境时,抗冻性应达到D15,干湿交替环境时,抗冻性应达到D25,冻融实验后,质量损失不大于2%,强度损失不大于25%。

(三)粉煤灰砌块

粉煤灰混凝土小型空心砌块是以粉煤灰、水泥、集料、水为主要组分(也可加入外加剂等)制成的混凝土小型空心砌块,代号为 FHB。其中粉煤灰用量不应低于原材料质量的 20%,也不高于原材料质量的 50%,水泥用量不应低于原材料质量的 10%。

建筑材料行业标准《粉煤灰混凝土小型空心砌块》(JC/T 862—2008)的规定,砌块的主规格尺寸为 390 mm×190 mm×190 mm,其他规格尺寸可由供需双方商定。按孔的排数分为:单排孔(1)、双排孔(2)和多排孔(D)三类。按砌块抗压强度等级分为 MU 3.5、MU 5、MU 7.5、MU 10、MU 15 和 MU 20 六个等级。按砌块密度等级分为:600,700,800,900,1 000,1 200 和 1 400 七个等级。粉煤灰砌块的尺寸偏差、外观质量和应符合表 6-24 的规定,强度等级应符合表 6-25 的规定。

粉煤灰小型空心砌块是一种新型材料,主要用于工业与民用建筑的墙体和基础。但不适用于有酸性侵蚀介质的、密封性要求高的、易受较大震动的建筑物,以及受高温受潮湿的承重墙。

表 6-24 粉煤灰混凝土砌块的尺寸偏差、外观质量(JC/T 862—2008)

项目名称		指标
尺寸允许偏差/mm	长度 l	±2
	宽度 b	±2
	高度 h	±2
最小壁厚,不小于/mm	用于承重墙体	30
	用于非承重墙体	20
肋厚,不小于/mm	用于承重墙体	25
	用于非承重墙体	15
缺棱掉角	个数/个	2
	3 个方向的投影最小值/mm,不大于/mm	20
裂缝延伸投影的累计尺寸/mm/mm		20
弯曲/mm,不大于/mm		2

表 6-25 粉煤灰混凝土砌块的强度等级(JC/T 862—2008)

强度等级	抗压强度/MPa	
	平均值不小于	单块最小值不小于
MU 3.5	3.5	2.8
MU 5	5.0	4.0
MU 7.5	7.5	6.0
MU 10	10.0	8.0
MU 15	15.0	12.0
MU 20	20.0	16.0

任务三　砌墙砖试验

【学习目标】

📝 知识目标

(1)掌握砌墙砖的取样方法。
(2)掌握结果评定的方法。

📝 能力目标

(1)能够进行砌墙砖的尺寸测量。
(2)能够对砌墙砖进行外观检查。
(3)能够测定烧结普通砖的抗压强度,用以评定砖的强度等级。

【任务描述】

通过本任务的学习,掌握《砌墙砖试验方法》(GB/T 2542—2012)中砌墙砖的取样及外观检查的方法,以及掌握测定普通砖的抗压强度的方法。

【相关知识】

📝 取样

本试验适用于烧结砖和非烧结砖。每3.5万~15万块为一批,不足3.5万块按一批计。见相应标准规定。

📝 尺寸测量

(一)量具

砖用卡尺,分度值0.5 mm,如图6-7所示。

(二)测量方法

在砖的两个大面中间处,分别测量两个长度尺寸和两个宽度尺寸;在两个条面的中间处分别测量两个高度尺寸,如图 6-8 所示。当被测处有破损或凸出时可在其旁边测量,应选择不利的一侧,精确至 0.5 mm。

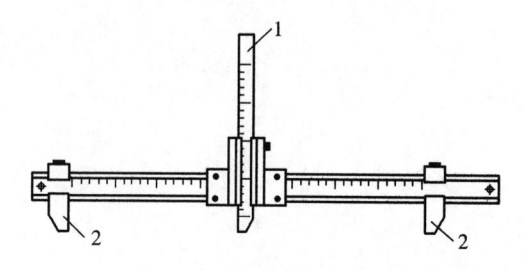

图 6-7　砖用卡尺
1—垂直尺;2—支脚

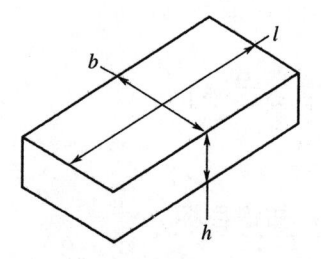

图 6-8　尺寸测量方法
l—长度;b—宽度;h—高度

(三)结果评定

每一方向尺寸以两个测量值的算术平均值表示。

外观质量检查

(一)试验目的

作为评定砖的产品质量等级的依据。

(二)仪器设备

(1)砖用卡尺(图 6-7):分度值为 0.5 mm。
(2)钢直尺:分度值不应大于 1 mm。

(三)试验步骤

1. 缺损测量

缺损掉角在砖上造成的破损程度以破损部分对长、宽、高三个棱边的投影尺寸来度量,称为破坏尺寸,其量法如图 6-9 所示。造成的破坏面是指缺损部分对条、顶面的投影面积,其量法如图 6-10 所示。

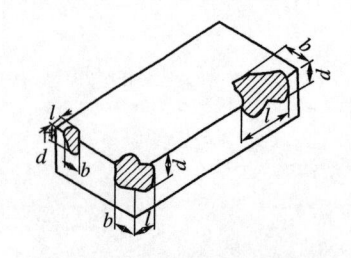

图 6-9　缺棱掉角破坏尺寸量法
l—长度方向的投影尺寸;b—宽度方向的投影尺寸;
d—高度方向的投影尺寸

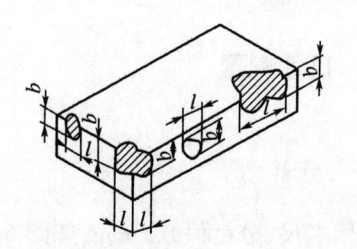

图 6-10　缺损在条顶面上造成破坏面量法
l—长度方向的投影尺寸;b—宽度方向的投影尺寸

2.裂纹测量

裂纹分为长度、宽度、水平方向三种，以被测方向的投影长度来表示，以毫米计，如果裂纹从一个面延伸到其他面上时，则累计其延伸的投影长度，如图6-11所示。多孔砖的孔洞与裂纹相通时，则将孔洞包括在裂纹内一并测量，裂纹应在三个方向上分别测量，以测得的最长裂纹作为测量结果，如图6-12所示。

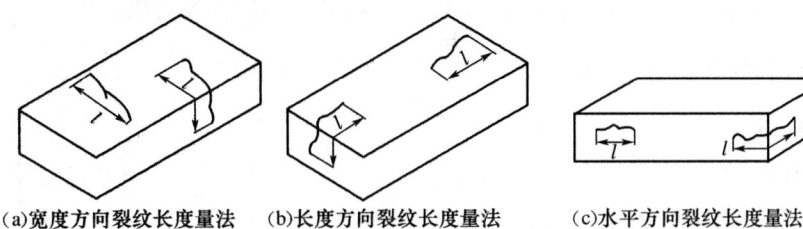

(a)宽度方向裂纹长度量法　　(b)长度方向裂纹长度量法　　(c)水平方向裂纹长度量法

图6-11　裂纹测量示意图

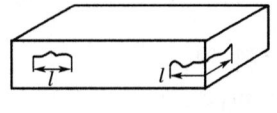

3.弯曲测量

分别在大面和条面上测量，测量时将砖用卡尺的两个支脚沿棱边两端放置，择其弯曲最大处将垂直尺推至砖面，如图6-13所示，但不应将因杂质或碰伤造成的凹处计算在内。以弯曲中测得最大值作为测量结果。

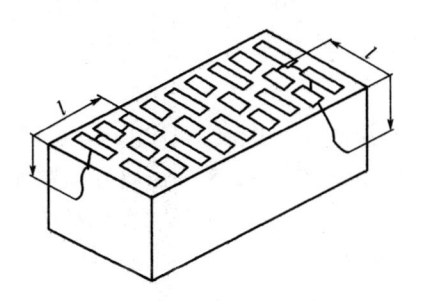

图6-12　多孔砖裂纹尺寸量法

　　　　　l—裂纹总长度

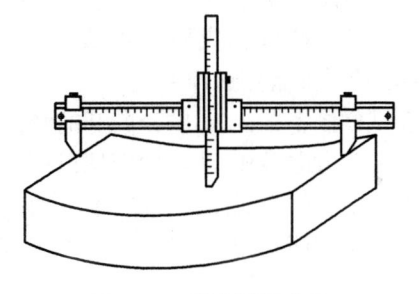

图6-13　弯曲测量方法

4.杂质凸出高度测量

杂质在砖面上造成的凸出高度，以杂质距砖面的最大距离表示。测量时，将砖用卡尺的两个支脚置于凸出的两边的砖面上以垂直尺测量，如图6-14所示。

5.色差

装饰面朝上随机分两排并列，在自然光下距离砖样2 m处目测。

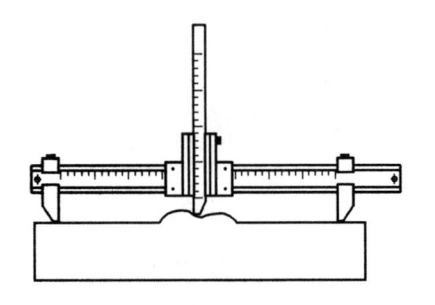

图6-14　杂质凸出高度测量方法

(三)结果处理

外观测量以毫米为单位，不足1 mm者以1 mm计。

抗压强度试验

(一)试验目的

测定砌墙砖的抗压强度标准值和平均值,用以评定砖的强度等级。

(二)试验仪器设备、试样

1.材料试验机

试验机的示值误差不大于±1%,其上、下压板至少应有一个球铰支座,预期最大破坏荷载应在量程的20%~80%之间。

2.强度等级抽样方案

烧结普通砖、烧结多孔砖和蒸压灰砂砖为5块,评定强度等级时试样数为10块,其他砖为10块(空心砖大面和条面抗压各5块)。非烧结砖也可用抗折强度试验后的试样作为抗压强度试样。

(三)试件制备

1.烧结普通砖

将试样切断或锯成两个半截砖,断开的半截砖长不得小于100 mm。如果不足100 mm,应另取备用试样补足。

在试样制备平台上,将已断开的半截砖放入室温的净水中浸10~20 min后取出,并以断口相反方向叠放,两者中间抹以厚度不超过5 mm的用32.5级普通硅酸盐水泥调制成稠度适宜的水泥净浆黏结,上下两面用厚度不超过3 mm的两种水泥浆抹平。制成的试件上下两面须相互平行,并垂直于侧面,如图6-15(a)所示。

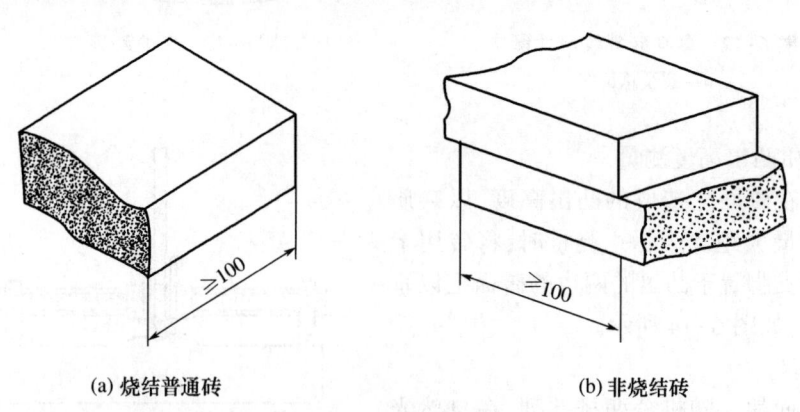

(a) 烧结普通砖　　　　　　　　(b) 非烧结砖

图6-15　砖抗压试件

2.烧结多孔砖、空心砖

试件制作采用坐浆法操作。即将玻璃板置于试件制备平台上,其上铺一张湿的垫纸,纸上铺一层厚度不超过5 mm的用32.5或42.5级普通硅酸盐水泥制成稠度适宜的

水泥净浆,再将在水中浸泡10~20 min的试样平稳地将受压面坐放在水泥浆上,在另一受压面上稍加压力,使整个水泥层与砖受压面相互黏结,砖的侧面应垂直于玻璃板。待水泥浆适当凝固后,连同玻璃板翻放在另一铺纸放浆的玻璃板上,再进行坐浆,用水平尺校正好玻璃板的水平。

3.非烧结砖

将同一块试块的两半截砖断口相反叠放,叠合部分不得小于100 mm,如图6-15(b)所示,即为抗压强度试件。如果不足100 mm时,则应剔除,另取备用试样补足。

(四)试验步骤

(1)测量每个试件连接面或受压面的长、宽尺寸各两个,分别取其平均值,精确至1 mm。

(2)将试件平放在加压板的中央,垂直于受压面加荷,应均匀平稳,不得发生冲击或振动。加荷速度以2~6 kN/s为宜,直至试件破坏为止,记录最大破坏荷载P。

(五)结果计算与评定

(1)每块试样的抗压强度R_P,按下式计算,精确至0.01 MPa。

$$R_P = \frac{P}{LB} \tag{6-1}$$

式中:R_P——抗压强度,MPa;

P——最大破坏荷载,N;

L——受压面(连接面)的长度,mm;

B——受压面(连接面)的宽度,mm。

(2)试验结果以试样抗压强度的算术平均值和标准值或单块最小值表示,精确至0.1 MPa。

【技能训练】

(1)对砌墙砖的尺寸测量及外观检查方法进行反复操作,提高技能熟练程度。

(2)对砌墙砖的抗压强度测定进行反复操作,提高技能熟练程度。

【任务评价】

教学评价表

班级：_____　姓名：_____　本任务得分_____

项目	要素	主要评价内容	等级及参考分值				得分
			优	良	中	差	
职业素养	工作纪律	课堂不迟到、早退，服从教师管理及组长指挥	5	4	3	2	

项目	要素	主要评价内容	等级及参考分值				得分
			优	良	中	差	
职业素养	安全操作	严格按照试验步骤进行操作，不野蛮操作、试验现场不打闹	5	4	3	2	
	环保意识	文明操作，爱护仪器、器材，保持工作台及试验室环境整洁，完成后主动清理现场	5	4	3	2	
	团队协作	小组协作、相互交流，组员、同学之间互相带动学习	5	4	3	2	
	小　计：	20分	20	16	12	8	
技能考评	试验准备	明确所需试验设备、工具及器材，掌握设备及器材的使用方法	20	16	12	8	
	试验过程	掌握砌墙砖尺寸测量及外观质量检查的方法，掌握测定烧结普通砖抗压强度的步骤，严格按规范要求的条款进行试验操作，反复操作，提高技能的熟练程度	20	16	12	8	
	完成质量	小组配合完成任务，评定砖的产品质量，测定烧结普通砖的抗压强度值；不抄袭其他小组的成果	20	16	12	8	
	任务工单	按要求填写任务工单，工单书写工整；试验步骤清晰、计算结果正确，成果和结论真实	20	16	12	8	
	小　计：	80分	80	64	48	32	
		合计	100	80	60	40	
教师、学生或小组结论性评价（描述性评语）							

【拓展练习】

一、判断题

1.红砖在氧化气氛中烧得,青砖在还原气氛中烧得。（　　）
2.烧结普通砖的质量等级是采用 10 块砖的强度试验评定的。（　　）
3.用标准砖砌筑 1 m³ 砌体需要 521 块砖。
4.烧结多孔砖和烧结空心砖都具有自重较小、绝热性能较好的优点,故它们均适合用来砌筑建筑物的内、外墙体。（　　）

二、选择题

1.下面(　　)不是蒸压加气混凝土砌块的特点。
　A.轻质　　　　B.保温隔热　　　　C.加工性能好　　　D.韧性好
2.烧结普通砖的质量等级评价依据不包括(　　)。
　A.尺寸偏差　　B.砖的外观质量　　C.泛霜　　　　　　D.自重
3.烧结多孔砖的强度等级是按(　　)确定的。
　A.抗压强度　　B.抗折强度　　　　C.A+B　　　　　　D.A+抗折荷载
4.某工程砌砖墙 5.0 m³,理论上需用烧结普通砖(　　)块。
　A.5 000　　　　B.2 500　　　　　 C.2 560　　　　　　D.2 650

三、简答题

1.为何要限制使用烧结黏土砖,发展新型墙体材料?
2.焙烧温度对砖质量有何影响？如何鉴别欠火砖和过火砖?

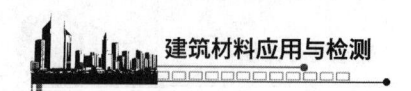

项目七　建筑钢材

【学习目标】

知识目标

(1)掌握建筑钢材的主要力学性能和工艺性能。
(2)掌握建筑钢材的分类、标准及应用。
(3)了解化学成分对钢材性质的影响。
(4)了解钢材冷加工强化和时效对钢材性能的影响。

能力目标

(1)能够进行钢材的检测与评定。
(2)能够选用建筑钢材。
(3)能够完成钢筋拉力及冷弯的试验操作。

素养目标

(1)能按时到课,遵守课堂纪律,积极回答课堂问题,按时上交作业。
(2)热爱建筑工作、具有创新意识和创新精神。
(3)具备团队意识,能够与他人进行良好的合作与交流。

【教学场景】

多媒体教室、试验室。

【项目描述】

通过本项目的学习掌握建筑钢材的冶炼、分类及技术性能;了解建筑钢材的冷加工及时效;了解钢材的化学成分及其对性能的影响;熟悉建筑钢材的标准及使用。建筑钢

材的腐蚀和钢材防锈。使用现行检测规范,完成对进场钢材的分类存放、外观质量检测、现场取样及试验的委托。

会对进场钢材分类存放;能通过阅读现行检测标准表述常用钢材的质量标准;能对进场钢材外观质量检查及合格判定;能对常用钢材取样,会填写取样记录表,会对样品正确存放;根据真实的工作任务,会填写试验委托单。

能熟练说出钢材的分类、钢材的表示方法;能根据现行检测标准表述常用钢材的质量标准;能清楚表述进场钢材的检验步骤;能熟练说出钢材的外观质量检查要点;能清楚表述钢材的现场取样方法。

查阅相关检测标准,使用相关的试验仪器,通过学生小组的分工协作,按试验步骤进行操作试验完成钢筋拉伸性能与弯曲性能检测任务,并填写相应的试验记录。

【课时分配】

序号	任务名称	课时分配(课时)
一	钢材的分类及化学成分影响	2
二	建筑钢材的主要技术性能	4
三	钢材的冷加工、时效及应用	2
四	建筑钢材的标准与选用	2
五	钢材的腐蚀与防止	2
六	钢筋试验	4
	合　　计	16

任务一　钢材的分类及化学成分影响

【学习目标】

知识目标

(1)了解钢材的分类方式。
(2)掌握钢材的化学成分对钢材性能的影响。

能力目标

能够区分钢材的化学成分对钢材性能的不同影响。

【任务描述】

钢材是以铁为主要元素,含碳量一般在2%以下,并含有其他元素的材料。含碳量超过2%,称为生铁;含碳量小于0.08%,称为工业纯铁。

钢材是在严格的技术条件下生产的材料,它有以下优点:材质均匀,性能可靠,强度高,具有一定的塑性和韧性,具有承受冲击和振动荷载的能力,可焊接、铆接或螺栓连接,便于装配;其缺点是易腐蚀,维修费用大。目前在中、大型建筑结构中,只有钢结构和钢筋混凝土结构能相互竞争,所以钢材已成为最重要的建筑结构材料。

【相关知识】

钢材的分类

(一)按化学成分分类

1.碳素钢

碳素钢的主要成分是铁,其次是碳,此外还有少量的硅、锰、磷、硫、氧、氮等微量元素。碳素钢根据含碳量的高低,又分为低碳钢(含碳量小于0.25%)、中碳钢(含碳量0.25%~0.6%)、高碳钢(含碳量大于0.6%)。

2.合金钢

合金钢在碳素钢的基础上加入一种或多种改善钢材性能的合金元素,如硅、锰、钒、钛等。合金钢根据合金元素的总含量,又分为低合金钢(合金元素总量小于5%)、中合金钢(合金元素总量5%~10%)、高合金钢(合金元素总量大于10%)。

(二)按冶炼时脱氧程度不同分类

钢在冶炼过程中,不可避免地产生部分氧化铁并残留在钢水中,降低了钢的质量,因此在铸锭过程中要进行脱氧处理。脱氧的方法不同,钢材的性能就有所差异,因此钢材又分为沸腾钢、镇静钢和特殊镇静钢。

1.沸腾钢

一般用弱脱氧剂锰、铁进行脱氧,脱氧不完全,钢液冷却凝固时有大量CO气体外逸,引起钢液沸腾,故称为沸腾钢。沸腾钢内部的气泡和杂质较多,化学成分和力学性能不均匀,因此,沸腾钢质量较差,但成本低,可用于一般的建筑结构。

2.镇静钢

一般用硅脱氧,脱氧完全,钢液浇注后平静地冷却凝固,基本无CO气泡产生。镇静钢均匀密实,机械性能好,品质好,但成本高。镇静钢可用于承受冲击荷载的重要结构。

3.特殊镇静钢

比镇静钢脱氧程度更充分彻底的钢,故称为特殊镇静钢,特殊镇静钢的质量最好,

适用于特别重要的结构工程。

(三)按品质(杂质含量)分类

根据钢材中硫、磷等有害杂质含量的不同,可分为普通优质钢和高级优质钢。

(四)按用途分类

钢材按用途不同可分为结构钢(主要用于工程构件及机械零件)、工具钢(主要用于各种刀具、量具及磨具)、特殊钢(具有特殊物理、化学或机械性能,如不锈钢、耐热钢、耐磨钢等,一般为合金钢)。

建筑上常用的是普通碳素钢中的低碳钢和普通合金钢中的低合金钢。

钢的化学成分对钢材性能的影响

钢材中除铁、碳外,由于原料、燃料、冶炼过程等因素使钢材中存在大量的其他元素,如硅、氧、硫、磷、氮等,合金钢是为了改性而有意加入一些元素,如锰、硅、钒、钛等,这些元素的存在,对钢的性能都要产生一定的影响。

(一)碳

碳是决定钢材性质的主要元素。随着含碳量的增加,钢材的强度和硬度相应提高,而塑性和韧性相应降低。当含碳量超过1%时,钢材的极限强度开始下降,此外,含碳量过高还会增加钢的冷脆性和时效敏感性,降低抗大气腐蚀性和可焊性。

(二)硅

硅是我国钢材中的主加合金元素,它的主要作用是提高钢材的强度,而对钢的塑性及韧性影响不大,特别是当含量较低(小于1%)时,对塑性和韧性基本上无影响。

(三)锰

锰是我国低合金钢的主加合金元素,含量在1%~2%范围内。锰可提高钢的强度和硬度,还可以起到去硫脱氧作用,从而改善钢的热加工性质。但锰含量较高时,将显著降低钢的可焊性。

(四)磷

磷与碳相似,能使钢的屈服点和抗拉强度提高,塑性和韧性下降,显著增加钢的冷脆性。磷的偏析较严重,焊接时焊缝容易产生冷裂纹,所以磷是降低钢材可焊性的元素之一,但磷可使钢的耐磨性和耐腐蚀性提高。

(五)硫

硫在钢中以 FeS 形式存在。FeS 是一种低熔点化合物,当钢材在红热状态下进行加工和焊接时,FeS 已熔化,使钢的内部产生裂纹,这种在高温下产生裂纹的特性称为热脆性。热脆性大大降低了钢的热加工性和可焊性。此外,硫偏析较严重,会降低冲击韧性、疲劳强度和抗腐蚀性,因此在碳钢中,硫也要严格限制其含量。

（六）氮

氮对钢材性能的影响与磷相似,随着氮含量的增加,可使钢材的强度提高,塑性特别是韧性显著降低,可焊性变差,冷脆性加剧。氮在铝、铌、钒等元素的配合下可以减少其不利影响,改善钢材性能,可作为低合金钢的合金元素使用。

（七）氧

氧是钢中的有害元素。随着氧含量的增加,钢材的强度有所提高,但塑性特别是韧性显著降低,可焊性变差。氧的存在会造成钢材的热脆性。

任务二　建筑钢材的主要技术性能

【学习目标】

知识目标

(1)掌握钢材的拉伸性能。
(2)了解钢材的冷弯性能。
(3)了解钢材的冲击韧性。

能力目标

能够根据钢筋的变形曲线区分不同的变形阶段。

【任务描述】

通过本任务的学习,掌握钢材的拉伸性能、冷弯性能、冲击韧性及可焊性能等主要技术性能。

【相关知识】

拉伸性能

钢材的强度可分为拉伸强度、压缩强度、弯曲强度和剪切强度等几种。通常以拉伸强度作为最基本的强度值。

拉伸强度由拉伸试验测出,拉伸试样的形状及尺寸如图 7-1 所示。低碳钢(软钢)是广泛使用的一种材料,它在拉伸试验中表现的力和变形关系比较典型,下面着重介绍。

在试件两端施加一缓慢增加的拉伸荷载,观察加荷过程中产生的弹性变形和塑性变形,直至试件被拉断为止。

低碳钢在外力作用下的变形一般分为四个阶段:弹性阶段、屈服阶段、强化阶段和颈缩阶段,如图 7-2a 所示。

高碳钢(硬钢)与中碳钢的拉伸曲线形状与低碳钢不同,屈服现象不明显,因此这类钢材的屈服强度常用残余伸长应力 $\sigma_{0.2}$ 表示,如图 7-2(b) 所示。

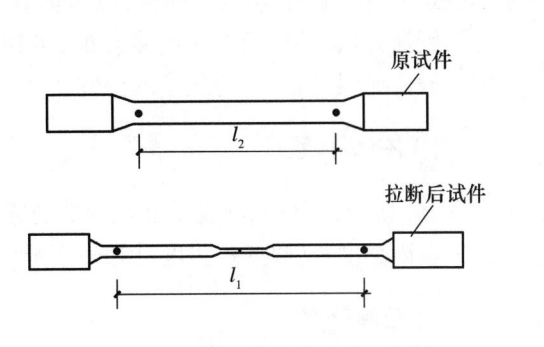

图 7-1 低碳钢的拉伸试件示意图

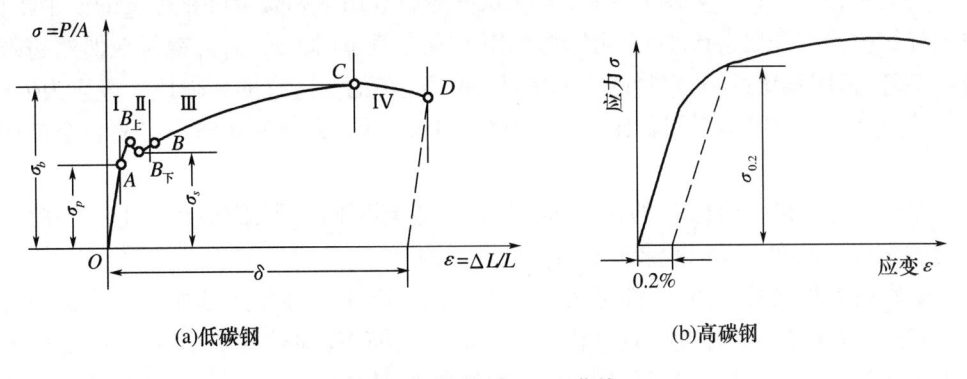

图 7-2 拉伸时 $\sigma - \varepsilon$ 曲线
(a)低碳钢 (b)高碳钢

(一)弹性阶段

从图 7-2(a) 中可看出,荷载较小,应力与应变成正比,OA 是一条直线,此阶段产生的变形是弹性变形,A 点的应力叫作弹性极限(σ_P),在弹性极限范围内应力 σ 和应变 ε 的比值,称为弹性模量,用符号 E 表示,单位:MPa。

$$E = \sigma/\varepsilon = \tan\alpha \tag{7-1}$$

例如 Q235 钢的弹性模量 $E = 0.21 \times 10^6$ MPa,25MnSi 钢的弹性模量 $E = 0.21 \times 10^6$ MPa。弹性模量是衡量材料产生变形难易程度的指标,E 越大,使其产生一定量弹性变形的应力值也越大。

(二)屈服阶段

在 AB 范围内,应力与应变不再成正比关系,钢材在静荷载作用下发生了弹性变形和塑性变形。当应力达到 $B_\text{上}$ 点时,即使应力不再增加,塑性变形仍明显增长,钢材出现了"屈服"现象。图中$B_下$点对应的应力值σ_s被规定为屈服点(或称屈服强度)。钢材受力达到屈服点以后,变形即迅速发展,尽管尚未破坏,但已不能满足使用要求。故设计中一般以屈服点σ_s作为强度取值的依据。

(三)强化阶段

在BC阶段,钢材又恢复了抵抗变形的能力,故称强化阶段。其中C点对应的应力值称为极限强度,又叫抗拉强度,用σ_b表示。

(四)颈缩阶段

过C点后,钢材抵抗变形的能力明显降低,在受拉试件的某处,迅速发生较大的塑性变形,出现"颈缩"现象(如图7-1a),直至D点断裂。

根据拉伸图可以求出材料的强度与塑性指标。

屈服强度和抗拉强度是衡量钢材强度的两个重要指标,也是设计中的重要依据。在工程中,希望钢材不仅具有高的σ_s,并且应具有一定的"屈强比"(即屈服强度与抗拉强度的比值,用σ_s/σ_b表示)。屈强比是反映钢材利用率和安全可靠程度的一个指标。在同样抗拉强度下屈强比小,说明钢材利用的应力值小(即σ_s小),钢材在偶然超载时不会破坏,但屈强比过小,钢材的利用率低,是不经济的。适宜的屈强比一般应为0.60~0.75,如Q235碳素结构钢屈强比一般为0.58~0.63,低合金钢为0.65~0.75,合金结构钢为0.85左右。

中碳钢与高碳钢(硬钢)的拉伸曲线形状与低碳钢不同,屈服强度不明显,因此这类钢材的屈服强度常用规定残余伸长应力$\sigma_{0.2}$。

钢材的塑性指标有两个,都是表示外力作用下产生塑性变形的能力。一是伸长率(即标距的伸长与原始标距的百分比),二是断面收缩率(即试件拉断后,颈缩处横截面积的最大缩减量与原始横截面积的百分比)。伸长率用δ表示,断面收缩率用ψ表示:

$$\delta = \frac{L_1 - L_0}{L_0} \times 100\% \qquad (7-2)$$

$$\psi = \frac{A_0 - A_n}{A_0} \times 100\% \qquad (7-3)$$

式中:L_0——试件标距原始长度,mm;

L_1——试件拉断后标距长度,mm;

A_0——试件原始截面积,mm^2;

A_n——试件拉断时断口截面积,mm^2。

塑性指标中,伸长率δ的大小与试件尺寸有关,常用的试件计算长度规定为其直径的5倍或10倍,伸长率分别用δ_5或δ_{10}表示。通常以伸长率δ的大小来表示区别塑性的好坏。δ越大表示塑性越好。$\delta>2\%\sim5\%$的称为塑性材料,如铜、铁等;$\delta<2\%\sim5\%$的称为脆性材料,如铸铁等。低碳钢的塑性指标平均值$\delta \approx 15\% \sim 30\%$,断面收缩率$\psi \approx 60\%$。

对于一般非承重结构或由构造决定的构件,只要保证钢材的抗拉强度和伸长率即

能满足要求;对于承重结构则必须具有抗拉强度、伸长率、屈服强度三项指标合格的保证。

冷弯性能

冷弯性能是指钢材在常温下承受弯曲变形的能力。冷弯是通过检验试件经规定的弯曲强度后,弯曲处拱面及两侧面有无裂纹、起层、鳞落和断裂等情况进行评定的,一般用弯曲角度 α 以及弯曲压头直径 D 与钢材的厚度(或直径) d 的比值来表示,如图 7-3 所示,弯曲角度越大,D 与 d 的比值越小,表示冷弯性能越好。

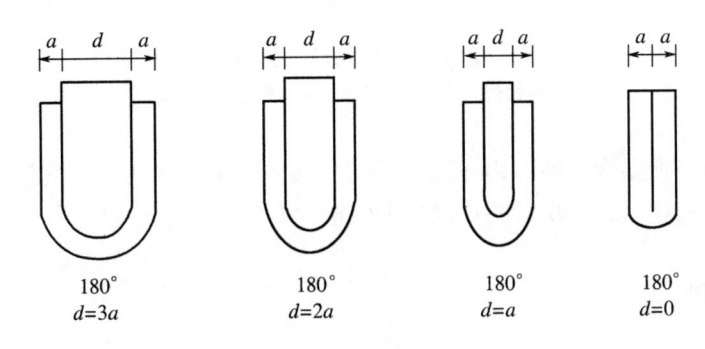

图 7-3　钢材冷弯

冷弯也是检验钢材塑性的一种方法,并与伸长率存在有机的联系,伸长率大的钢材,其冷弯性能必然好,但冷弯检验对钢材塑性的评定比拉伸试验更严格、更敏感。冷弯有助于暴露钢材的某些缺陷,如气孔、杂质和裂纹等,在焊接时,局部脆性及接头缺陷都可通过冷弯而发现,所以也可以用冷弯的方法来检验钢的焊接质量。对于重要结构和弯曲成型的钢材,冷弯必须合格。

冲击韧性

冲击韧性是指钢材抵抗冲击荷载而不破坏的能力。规范规定是以刻槽的标准试件,在冲击试验的摆锤冲击下,以破坏后缺口处单位面积上所消耗的功来表示,符号 α_K,单位 J,如图 7-4 所示。α_K 越大,冲断试件消耗的能量或者说钢材断裂前吸收的能量越多,说明钢材的韧性越好。

钢材的冲击韧性与钢材的化学成分、冶炼与加工有关。一般来说,钢中的磷 P、硫 S 含量,夹杂物质以及焊接中形成的微裂纹等都会降低冲击韧性。

此外,钢材的冲击韧性还受温度和时间的影响。常温下,随温度的降低,冲击韧性降低的很小,此时破坏的钢件断口呈韧性断裂状;当温度降低至某一温度范围时,α_K 突然发生明显下降,钢材开始呈脆性断裂,这种性质称为冷脆性,发生冷脆性时的温度(范围)称为脆性临界温度(范围)。低于这一温度时,降低趋势又缓和,但此时 α_K 值很小。在北方严寒地区选用钢材时,必须对钢材的冷脆性进行评定,此时选用的钢材脆性临界

图 7-4 冲击韧性试验图

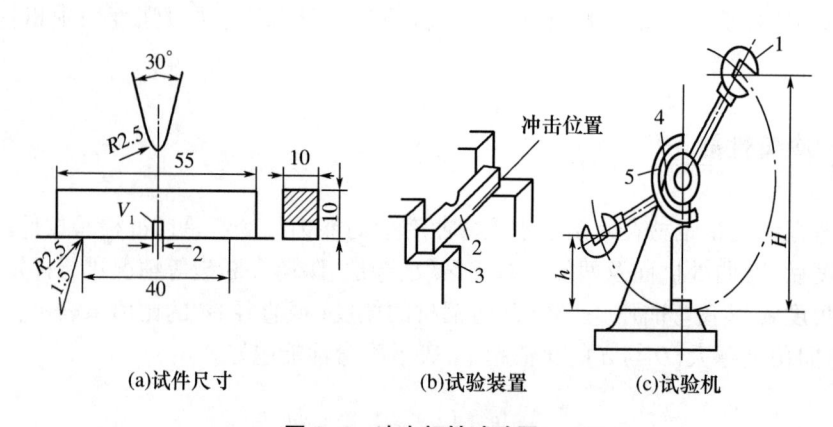

(a)试件尺寸　(b)试验装置　(c)试验机

1—摆锤;2—试件;3—试验台;4—刻度盘;5—指针

温度应比环境最低温度低些。由于脆性临界温度的测定工作复杂,规范中通常是根据气温条件规定-20 ℃或-40 ℃的负温冲击值指标。

可焊性

焊接是使钢材组成结构的主要形式。焊接的质量取决于焊接工艺、焊接材料及钢的可焊性能。

可焊性是指在一定的焊接工艺条件下,在焊缝及附近过热区是否产生裂缝及硬脆倾向,焊接后的力学性能,特别是强度是否与原钢材相近的性能。

钢的可焊性主要受化学成分及其含量的影响,当含碳量超过 0.3%、硫和杂质含量高及合金元素含量较高时,钢材的可焊性能降低。

一般焊接结构用钢应选用含碳量较低的氧气转炉或平炉的镇静钢,对于高碳钢及合金钢,为了改善焊接后的硬脆性,焊接时一般要采用焊前预热及焊后热处理等措施。

任务三　钢材的冷加工、时效及应用

【学习目标】

知识目标

(1)掌握冷加工强化的定义。
(2)掌握时效的定义。

项目七 建筑钢材

> ✏️ 能力目标

能够掌握钢材时效性的应用方法。

【任务描述】

钢材在常温下进行的加工称为冷加工。建筑钢材常见的冷加工方式有冷拉、冷拔、冷轧、冷扭、刻痕等。

【相关知识】

钢材在常温下超过弹性范围后,产生塑性变形,强度和硬度提高,塑性和韧性下降的现象称为冷加工强化。

如图7-5所示,钢材的应力-应变曲线为 $OBKCD$,若钢材被拉伸至 K 点时,放松拉力,则钢材将恢复至 O' 点,此时重新受拉后,其应力应变曲线将为 $O'K_1C_1D_1$,新的屈服点将比原屈服点提高,但伸长率降低。在一定范围内,冷加工变形程度越大,屈服强度提高越多,塑性和韧性降低越多。

钢材经冷加工后随时间的延长,强度、硬度提高,塑性、韧性下降的现象称为时效。钢材在

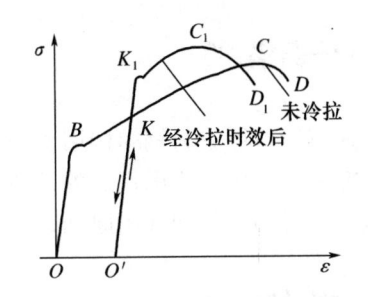

图7-5 钢筋冷拉曲线

自然条件下的时效时非常缓慢的,若经过冷加工或使用中经常受到振动、冲击荷载作用时,时效将迅速发展。钢材经冷加工后在常温下搁置15~20 d 或加热至100~200 ℃保持2 h 左右,钢材的屈服强度、抗拉强度及硬度都进一步提高,而塑性、韧性继续降低直至完成时效过程,前者称为自然时效,后者称为人工时效。如图7-5所示,经冷加工和时效后,其应力-应变曲线为 $O'K_1C_1D_1$,此时屈服强度(K_1)和抗拉强度(C_1)比时效前进一步提高。一般强度较低地钢材采用自然时效,而强度较高的钢材采用人工时效。

因时效导致钢材性能改变的程度称为时效敏感性。时效敏感性大的钢材,经时效后,其韧性、塑性改变较大。因此,承受振动、冲击荷载作用的重要结构(如吊车梁、桥梁等),应选用时效敏感性小的钢材。建筑用钢筋,常利用冷加工、时效作用来提高其强度,增加钢材的品种规格,节约钢材。

任务四　建筑钢材的标准与选用

【学习目标】

知识目标

掌握碳素结构钢和低合金高强度结构钢的国家标准。

能力目标

能够根据不同的工程以及不同型材的性能和选用原则来选择合适的钢种及型材。

【任务描述】

建筑钢材可分为钢结构用型钢和钢筋混凝土结构用钢筋两大类。各种型钢和钢筋的性能主要取决于所用钢品种及加工方式。本任务将分别说明建筑工程中常用的钢种及常用型材的性能和选用原则。

【相关知识】

建筑钢材的主要钢种

目前国内建筑工程所用钢材主要是碳素结构钢和低合金高强度结构钢。

(一)碳素结构钢

国家标准《碳素结构钢》(GB/T 700—2006)规定,钢的牌号由代表屈服强度的字母、屈服强度数值、质量等级符号、脱氧方法等四部分按顺序组成。其中"Q"代表屈服点;屈服强度数值共分 195,215,235 和 275 MPa 四种;质量等级根据硫、磷等杂质含量由多到少分为四级分别以 A,B,C,D 符号表示;脱氧方法以 F 表示沸腾钢、Z 和 TZ 表示镇静钢和特殊镇静钢;Z 和 TZ 在钢的牌号中予以省略。

例如:Q235—A.F 表示屈服点为 235 MPa 的 A 级沸腾钢。

各牌号钢的化学成分应符合表 7-1 的规定。各牌号钢的力学性能、工艺性能应符合表 7-2 和表 7-3 的规定。

表 7-1 碳素结构钢的化学成分（GB/T 700—2006）

牌号	统一数字代号[a]	等级	厚度（或直径）/mm	脱氧方法	C	Si	Mn	P	S
Q195	U11952	—	—	F,Z	0.12	0.30	0.50	0.035	0.040
Q215	U12152	A	—	F,Z	0.15	0.35	1.20	0.045	0.050
Q215	U12155	B	—	F,Z	0.15	0.35	1.20	0.045	0.045
Q235	U12352	A		F,Z	0.22	0.35	1.40	0.045	0.050
Q235	U12355	B		F,Z	0.20[b]	0.35	1.40	0.045	0.045
Q235	U12358	C		Z	0.17	0.35	1.40	0.040	0.040
Q235	U12359	D		TZ		0.35	1.40	0.035	0.035
Q275	U12752	A	—	F,Z	0.24	0.35	1.50	0.045	0.050
Q275	U12755	B	≤40	Z	0.21	0.35	1.50	0.045	0.045
Q275	U12755	B	>40	Z	0.22	0.35	1.50	0.045	0.045
Q275	U12758	C	—	Z	0.20	0.35	1.50	0.040	0.040
Q275	U12759	D	—	TZ		0.35	1.50	0.035	0.035

注：a.表中为镇静钢、特殊镇静钢牌号的统一数字，沸腾钢牌号的统一数字代号如下：

　　Q195——U11950；

　　Q215AF——U12150，Q215BF——U12153；

　　Q235AF——U12350，Q235BF——U12353；

　　Q275AF——U12750。

b.经需方同意，Q235B 的碳含量可不大于 0.22%。

表 7-2 碳素结构钢的力学性能（GB/T 700—2006）

牌号	等级	屈服强度[a]/(N·mm⁻²) 不小于 ≤16	>16~40	>40~60	>60~100	>100~150	>150~200	抗拉强度/(N·mm⁻²)	断后伸长率/% 不小于 ≤40	>40~60	>60~100	>100~150	>150~200	冲击试验(V型缺口) 温度/℃	冲击吸收功(纵向)/J 不小于
Q195	—	195	185	—	—	—	—	315~430	33	—	—	—	—	—	—
Q215	A	215	205	195	185	175	165	335~450	31	30	29	27	26	—	—
Q215	B	215	205	195	185	175	165	335~450	31	30	29	27	26	+20	27
Q235	A	235	225	215	215	195	185	370~500	26	25	24	22	21	—	—
Q235	B	235	225	215	215	195	185	370~500	26	25	24	22	21	+20	27[c]
Q235	C	235	225	215	215	195	185	370~500	26	25	24	22	21	0	27[c]
Q235	D	235	225	215	215	195	185	370~500	26	25	24	22	21	-20	27[c]

续表

牌号	等级	屈服强度[a]/(N·mm⁻²) 不小于						抗拉强度/(N·mm⁻²)	断后伸长率/% 不小于						冲击试验(V型缺口)	
		厚度(或直径)/mm							厚度(或直径)/mm						温度/℃	冲击吸收功(纵向)/J 不小于
		≤16	>16~40	>40~60	>60~100	>100~150	>150~200		≤40	>40~60	>60~100	>100~150	>150~200		
Q275	A	275	265	255	245	225	215	410~540	22	21	20	18	17	—	—
	B													+20	27
	C													0	
	D													-20	

注:a.Q195 的屈服强度值仅供参考,不作交货条件。

b.厚度大于 100 mm 的钢材,抗拉强度下限允许降低 20 N/mm²。宽带钢(包括剪切钢板)抗拉强度上限不作交货条件。

c.厚度小于 25 mm 的 Q235B 级钢材,如供方能保证冲击吸收功值合格,经需方同意,可不做检验。

表 7-3 碳素结构钢的工艺性能(GB/T 700—2006)

牌号	试样方向	冷弯试验(180°,$B=2d^a$)	
		钢材厚度(或直径)[b]/mm	
		≤60	>60~100
		弯曲压头直径 D	
Q195	纵	0	—
	横	0.5 d	—
Q215	纵	0.5 d	1.5 d
	横	d	2 d
Q235	纵	d	2 d
	横	1.5 d	2.5 d
Q275	纵	1.5 d	2.5 d
	横	2 d	3 d

注:a.B 为试样宽度,d 为试样厚度(直径)。

b.钢材厚度(或直径)大于 100 mm 时,弯曲试验由双方协商确定。

碳素结构钢分为四个牌号,每个牌号又分为不同的质量等级。一般来讲,牌号数值越大,含碳量越高,其强度、硬度也就越高,但塑性、韧性降低。建筑中主要应用的是碳素钢 Q235,即用 Q235 轧成的各种型材、钢板、管材和钢筋。

(二) 低合金高强度结构钢

国家标准《低合金高强度结构钢》(GB/T 1591—2008)规定,其牌号的表示方法由屈服强度字母、屈服强度数值、质量等级三个部分组成。其中"Q"代表屈服强度;屈服强度数值共分 345,390,420,460,500,550,620 和 690MPa 八种;质量等级分 A,B,C,D,E 五级。

例如:Q390—B 表示屈服强度为 390MPa 的 B 级低合金钢。

低合金高强度结构钢的化学成分和力学性能应符合表 7-4、表 7-5 的规定。

低合金钢和碳素钢相比,不但具有较高的强度,同时具有良好的塑性、冲击韧性、可焊性及耐低温、耐腐蚀性等,因此它是综合性能较为理想的建筑钢材,尤其是大跨度、大柱网、承受动荷载和冲击荷载的结构更为适用。

表 7-4　低合金高强度结构钢的化学成分（GB/T 1591—2008）

牌号	质量等级	化学成分[a,b]（质量分数）/%													
		C	Si	Mn	P	S	Nb	V	Ti	Cr	Ni	Cu	N	Mo	B	Als
										不大于						不小于
Q345	A	≤0.20	≤0.50	≤0.17	0.035	0.035										—
	B	≤0.20			0.035	0.035										—
	C				0.030	0.030	0.07	0.15	0.20	0.30	0.50	0.30	0.012	0.10	—	0.15
	D	≤0.18			0.030	0.025										—
	E				0.025	0.020										0.15
Q390	A	≤0.20	≤0.50	≤0.17	0.035	0.035										—
	B				0.035	0.035										—
	C				0.030	0.030	0.07	0.20	0.20	0.30	0.50	0.30	0.015	0.10	—	0.15
	D				0.030	0.025										—
	E				0.025	0.020										0.15
Q420	A	≤0.20	≤0.50	≤0.17	0.035	0.035										—
	B				0.035	0.035										—
	C				0.030	0.030	0.07	0.20	0.20	0.30	0.80	0.30	0.015	0.20	—	0.15
	D				0.030	0.025										—
	E				0.025	0.020										0.15
Q460	C	≤0.20	≤0.60	≤0.18	0.030	0.030	0.11	0.20	0.20	0.30	0.80	0.55	0.015	0.20	0.004	0.15
	D				0.030	0.025										
	E				0.025	0.020										0.15

项目七　建筑钢材

续表

化学成分[a,b]（质量分数）/%

牌号	质量等级	C	Si	Mn	P	S	Nb	V	Ti	Cr	Ni	Cu	N	Mo	B	Als
					不大于											不小于
Q500	C	≤0.18	≤0.60	≤2.00	0.030	0.030	0.11	0.12	0.20	0.60	0.80	0.55	0.015	0.20	0.004	0.15
	D				0.030	0.025										
	E				0.025	0.020										
Q550	C	≤0.18	≤0.60	≤2.00	0.030	0.030	0.11	0.12	0.20	0.80	0.80	0.80	0.015	0.30	0.004	0.15
	D				0.030	0.025										
	E				0.025	0.020										
Q620	C	≤0.18	≤0.60	≤2.00	0.030	0.030	0.11	0.12	0.20	1.00	0.80	0.80	0.015	0.30	0.004	0.15
	D				0.030	0.025										
	E				0.025	0.020										
Q690	C	≤0.18	≤0.60	≤2.00	0.030	0.030	0.11	0.12	0.20	1.00	0.80	0.80	0.015	0.30	0.004	0.15
	D				0.030	0.025										
	E				0.025	0.020										

a. 型材及棒材P,S含量可提高0.005%,其中A级钢上限可为0.045%。
b. 当细化晶粒元素组合加入时,20(Nb+V+Ti)≤0.22%,20(Mo+Cr)≤0.030%。

项目七　建筑钢材

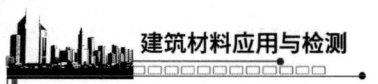

表 7-5 低合金高强度结构钢拉伸性能（GB/T 1591—2008）

拉伸试验[a,b,c]

牌号	质量等级	以下公称厚度（直径,边长）下屈服强度（R_{eL}）/MPa									以下公称厚度（直径,边长）下屈服强度（R_m）/MPa					断后伸长率（A）/% 公称厚度（直径,边长）				
		≤16 mm	>16 ~ 40 mm	>40 ~ 63 mm	>63 ~ 80 mm	>80 ~ 100 mm	>100 ~ 150 mm	>150 ~ 200 mm	>200 ~ 250 mm	>250 ~ 400 mm	≤40 mm	>40 ~ 63 mm	>63 ~ 80 mm	>80 ~ 100 mm	>100 ~ 150 mm	>150 ~ 250 mm	>250 ~ 400 mm	≤40 mm	>40 ~ 63 mm	>63 ~ 100 mm	>100 ~ 150 mm	>150 ~ 250 mm	>250 ~ 400 mm
Q345	A	≥345	≥335	≥325	≥315	≥305	≥285	≥275	≥265	—	470 ~ 630	470 ~ 630	470 ~ 630	470 ~ 630	450 ~ 600	450 ~ 600	—	≥20	≥19	≥19	≥18	≥17	—
	B																						
	C									≥265							450 ~ 600	≥21	≥20	≥20	≥19	≥18	≥17
	D																						
	E																						
Q390	A	≥390	≥370	≥350	≥330	≥310	—	—	—	—	490 ~ 650	490 ~ 650	490 ~ 650	490 ~ 650	470 ~ 620	—	—	≥20	≥19	≥19	≥18	—	—
	B																						
	C																						
	D																						
	E																						
Q420	A	≥420	≥400	≥380	≥360	≥340	—	—	—	—	520 ~ 680	520 ~ 680	520 ~ 680	520 ~ 680	500 ~ 650	—	—	≥19	≥18	≥18	≥17	—	—
	B																						
	C																						
	D																						
	E																						

项目七　建筑钢材

续表

牌号	质量等级	拉伸试验[a,b,c]																			
		以下公称厚度（直径、边长）下屈服强度（R_{eL}）/MPa									抗拉强度（R_m）/MPa						断后伸长率（A）/%				
		≤16 mm	>16~40 mm	>40~63 mm	>63~80 mm	>80~100 mm	>100~150 mm	>150~200 mm	>200~250 mm	>250~400 mm	≤40 mm	>40~63 mm	>63~80 mm	>80~100 mm	>100~150 mm	>250~400 mm	≤40 mm	>40~63 mm	>63~100 mm	>100~150 mm	>250~400 mm
Q460	C	≥460	≥440	≥420	≥400	≥400	≥380	—	—	—	550~720	550~720	550~720	530~700	—	—	≥17	≥16	≥16	—	—
	D																				
	E																				
Q500	C	≥500	≥480	≥470	≥450	≥440	—	—	—	—	610~770	600~760	590~750	540~730	—	—	≥17	≥17	≥17	—	—
	D																				
	E																				
Q550	C	≥550	≥530	≥520	≥500	≥490	—	—	—	—	670~830	620~810	600~790	590~780	—	—	≥16	≥16	≥16	—	—
	D																				
	E																				
Q620	C	≥620	≥600	≥590	≥570	—	—	—	—	—	710~880	690~880	670~860	—	—	—	≥15	≥15	≥15	—	—
	D																				
	E																				
Q690	C	≥690	≥670	≥640	—	—	—	—	—	—	770~840	7500~920	730~900	—	—	—	≥14	≥14	≥14	—	—
	D																				
	E																				

a. 当屈服不明显时，可测量 $R_{p0.2}$ 代替下屈服强度。
b. 宽度不小于 600 mm 扁平材，拉伸试验取横向试验；宽度小于 600 mm 的扁平材、型材及棒材取纵向试验，断后伸长率最小相应提高 1%（绝对值）。
c. 厚度 >250~400 mm 的数值适用于扁平材。

项目七　建筑钢材

常用建筑钢材

（一）热轧钢筋

热轧钢筋主要有用低碳钢轧制的光圆钢筋和用合金钢轧制的带肋钢筋两类。

1. 热轧钢筋的标准与性能

国家标准《钢筋混凝土用钢 第一部分：热轧光圆钢筋》（GB 1499.1—2008）规定，热轧光圆钢筋牌号用 HPB 和屈服强度的特征值表示，它的牌号 HPB300。其力学性能、工艺性能应符合表 7-6 的规定。

表 7-6 热轧光圆钢筋力学性能、工艺性能（GB1499.1—2008）

牌号	公称直径/mm	屈服强度/MPa	抗拉强度/MPa	断后伸长率/%	最大力总伸长率/%	冷弯试验 180° d—弯芯直径 a—钢筋公称直径
		不小于				
HPB 235	6~22	235	370	25.0	10.0	$d=a$
HPB 300		300	420			

国家标准《钢筋混凝土用钢 第 2 部分：热轧带肋钢筋》（GB 1499.2—2007）规定，热轧带肋钢筋分为两种：普通热轧带肋钢筋和细晶粒热轧钢筋。

普通热轧带肋钢筋的牌号用 HRB 和钢材的屈服强度特征值表示，牌号分别为 HRB 335，HRB 400，HRB 500。其中 H 表示热轧，R 表示带肋，B 表示钢筋，后面的数字表示屈服强度特征值。

细晶粒热轧带肋钢筋的牌号用 HRBF 和钢材的屈服强度特征值表示，牌号分别为 HRBF 335，HRBF 400，HRBF 500。其中 H 表示热轧，R 表示带肋，B 表示钢筋，F 表示细晶粒，后面的数字表示屈服强度特征值。

热轧带肋钢筋的力学性能、工艺性能应符合表 7-7 的规定。

表 7-7 热轧带肋钢筋力学性能、工艺性能（GB 1499.2—2007）

牌号	公称直径/mm	屈服强度/MPa	抗拉强度/MPa	断后伸长率/%	最大力总伸长率/%	冷弯 D—弯曲压头直径 d—钢筋公称直径
		不小于				
HRB 335 HRBF 335	6~25 28~40 >40~50	335	455	17	7.5	180° $D=3d$ 180° $D=4d$ 180° $D=5d$

续表

牌 号	公称直径/mm	屈服强度/MPa	抗拉强度/MPa	断后伸长率/%	最大力总伸长率/%	冷弯 D—弯曲压头直径 d—钢筋公称直径
		不小于				
HRB 400 HRBF 400	6~25 28~40 >40~50	400	540	16	7.5	180° D = 4 d 180° D = 5 d 180° D = 6 d
HRB 500 HRBF 500	6~25 28~40 >40~50	500	630	15		180° D = 6 d 180° D = 7 d 180° D = 8 d

(二) 应用

热轧光圆钢筋属于低碳钢,具有塑性好、伸长率高、便于弯折成形、容易焊接等特点。可用作构件和结构的构造钢筋,中、小型钢筋混凝土结构的主要受力钢筋,钢、木结构的拉杆等。盘条钢筋还可作为冷拔低碳钢丝的原料。

普通热轧带肋钢筋是用中碳低合金镇静钢轧制,在钢中加入一定含量的微合金元素(NB,V,Ti),通过沉淀强化、细化晶粒的方式提高钢筋的力学工艺性能。其强度较高,塑性较好,焊接性能比较理想。钢筋表面轧有通长的纵筋(也可不带纵筋)和均匀分布的横肋,从而可加强钢筋与混凝土间的黏结。适用于大、中型普通钢筋混凝土结构工程的受力钢筋,还可作为预应力混凝土用热处理钢筋的原料。

细晶粒热轧带肋钢筋的生产工艺是在热轧过程当中进行控制轧制温度和冷却速度,得到细晶粒组织,其 C,Si,Mn,S,P 五大元素的化学成分以及力学性能与普通热轧带肋钢筋完全相同,因为减少微合金元素的用量,可节约资源,降低生产成本,为在我国推广 400,500 级高强度钢筋开辟了新的途径。

(二) 冷轧带肋钢筋

冷轧带肋钢筋是用低碳钢热轧圆盘条经冷轧后,在其表面带有沿长度方向均匀分布的二面或三面横肋的钢筋。

国家规定《冷轧带肋钢筋》(GB 13788—2008)规定:冷轧带肋钢筋代号由 CRB 和钢筋的抗拉强度最小值构成。C,R,B 分别为冷轧(Cold rolled)、带肋(Ribbed)、钢筋(Bar)三个词的英文首位字母。冷轧带肋钢筋分为 CRB 550,CRB 650,CRB 800,CRB 970 四个牌号。CRB 550 为普通钢筋混凝土用钢筋,其他牌号为预应力混凝土用钢筋。CRB 550 钢筋的公称直径范围为 4~12 mm,CRB650 及以上牌号钢筋的公称直径为 4,5,6 mm。

钢筋的力学性能、工艺性能应符合表 7-8、表 7-9 的规定。

表 7-8　冷轧带肋钢筋的力学性能和工艺性能（GB 13788—2008）

牌　号	屈服强度 $R_{P0.2}$/MPa 不小于	抗拉强度 R_m/MPa 不小于	伸长率/% 不小于 $A_{11.3}$	伸长率/% 不小于 A_{100}	弯曲试验 180°	反复弯曲次数	应力松弛 初始应力应相当于公称抗拉强度的70% 1 000 h 松弛率/% 不大于
CRB55	500	550	8.0	—	$D=3d$	—	—
CRB650	585	650	—	4.0	—	3	8
CRB800	720	800	—	4.0	—	3	8
CRB970	875	970	—	4.0	—	3	8

注：表中 D 为弯心直径，d 为钢筋公称直径。

表 7-9　反复弯曲试验的弯曲半径（GB 13788—2008）

单位：mm

钢筋公称直径/mm	4	5	6
弯曲半径/mm	10	15	15

冷轧带肋钢筋克服了冷拉、冷拔钢筋握裹力低的缺点，同时具有和冷拉、冷拔相近的强度。

（三）热处理钢筋

热处理钢筋是将热轧钢筋的带肋钢筋（中碳低合金钢）经淬火和高温回火调质处理而成的。其特点是塑性降低不大，但强度提高很多综合性能比较理想。特别适用于预应力混凝土构件的配筋，但对应力腐蚀及缺陷敏感性强，使用时应防止腐蚀及刻痕等。热处理钢筋的力学性能应符合表 7-10 的规定。

表 7-10　热处理钢筋的力学性能

公称直径/mm	牌　号	屈服强度/MPa ≥	抗拉强度/MPa ≥	伸长率/% ≥
6	40Si$_2$Mn			
8.2	48Si$_2$Mn	1 325	1 470	6
10	45Si$_2$Cr			

（四）冷拔低碳钢丝

冷拔低碳钢丝是将低碳钢热轧圆盘条通过截面小于钢筋截面的钨合金拔丝而制

成。冷拔钢丝不仅受拉,同时还受到挤压作用,如图 7-6 所示。经受一次或多次的拔制而得的钢丝,其屈服强度可提高 40%~60%,而塑性显著降低。建筑材料行业标准《混凝土制品用冷拔低碳钢丝》(JC/T 540—2006)规定,冷拔低碳钢丝按强度分为甲级和乙级。甲级钢丝普通用作预应力钢筋;乙级钢丝主要用作焊接骨架、焊接网、箍筋和构造钢筋。冷拔低碳钢筋的力学性能应符合表 7-11 的规定。

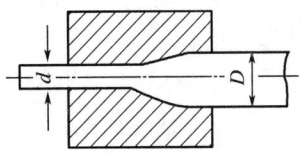

图 7-6 冷拔示意图

表 7-11 冷拔低碳钢丝的力学性能(JC/T 540—2006)

钢丝级别	公称直径/mm	抗拉强度/MPa 不小于	断后伸长率/% 不小于	180°反复弯曲(次数)不小于
甲级	5	650	3.0	4
		600		
	4	700	2.5	
		650		
乙级	3,4,5,6	550	2.0	

注:甲级冷拔低碳钢丝作预应力筋用时,如经机械调直则抗拉强度标准值应降低 50 MPa。

(五)预应力混凝土用钢丝及钢绞线

预应力混凝土用优质碳素结构钢丝及钢绞线经冷加工、再回火、冷轧或绞捻等加工而成的专用产品,也称为优质碳素钢丝及钢绞线。

国家标准《预应力混凝土用钢丝》(GB/T 5223—2014)规定,预应力混凝土用钢丝按加工状态分为消除应力钢丝和冷拉钢丝两种,按外形可分为光圆、螺旋肋和刻痕三种。钢丝直径为 4~12 mm 多种规格,抗拉强度为 1 470~1 770 MPa。

国家标准《预应力混凝土用钢绞线》(GB/T 5224—2014)规定,钢绞线按结构可分为 8 类:用 2 根钢丝捻制的钢绞线(1×2);用 3 根钢丝捻制的钢绞线(1×3);用 3 根刻痕钢丝捻制的钢绞线(1×3Ⅰ);用 7 根钢丝捻制的标准型钢绞线(1×7);用 6 根刻痕钢丝和一根光圆中心钢丝捻制的钢绞线(1×7Ⅰ);用 7 根钢丝捻制又经模拔的钢绞线(1×7)C;用 19 根钢丝捻制的 1+9+9 西鲁式钢绞线(1×19S);用 19 根钢丝捻制的 1+6+6/6 瓦林吞式钢绞线(1×19W)。钢绞线直径为 5~28.6 mm,抗拉强度为 1 470~1 860 MPa。

钢丝和钢绞线均具有强度高、塑性好,使用时不需要接头等优点,尤其适用于需要曲线配筋的预应力混凝土结构、大跨度或重荷载的屋架等。

(六)型钢

1.热轧型钢

常用的热轧型钢有角钢(等边和不等边)、工字钢、槽钢、T型钢、H型钢、Z型钢等。热轧型钢的标记方式为:在一组符号中需标出型钢名称、横断面主要尺寸、型钢标准号及钢号与钢种标准。例如,用碳素结构钢 Q235-A 轧制的,尺寸为 160 mm×160 mm×16 mm 的等边角钢,应标示为:

$$热轧等边角钢 \frac{160 \times 160 \times 16 \text{GB } 9787—88}{\text{Q235-A} \quad \text{GB } 700—2006}$$

钢结构的钢种和钢号,主要根据结构与构件的重要性、荷载性质、连接方法、工作条件等因素予以选择。对于承受动荷载的结构、焊接的结构及结构中的关键构件,应选用质量较好的钢材。

我国建筑用热轧型钢主要采用碳素结构钢 Q235-A,强度适中,塑性和可焊性较好,而且冶炼容易,成本低廉,适合建筑工程使用。在钢结构设计规范中推荐使用的低合金钢,主要有两种:Q345 级 Q390。可用于大跨度、承受动荷载的钢结构。

2.冷弯薄壁型钢

通常是用 2~6 mm 薄钢板冷弯或模压而成,有角钢、槽钢等开口薄壁型钢及方形、矩形等空心薄壁型钢。可用于轻型钢结构。

3.钢板和压型钢板

用光面轧辊轧制而成的扁平钢材,以平板状态供货的称钢板,以卷状供货的称钢带。按轧制温度不同,又可分为热轧和冷轧两种。建筑用钢板及钢带的钢种主要是碳素结构钢,一些重型结构、大跨度桥梁、高压容器等也采用低合金钢板。

按厚度来分,热轧钢板分为厚板(厚度大于 4 mm)和薄板(厚度为 0.35~4 mm)两种;冷轧钢板只有薄板(厚度为 0.2~4 mm)一种。厚度可用于焊接结构;薄板可用作屋面或墙面等围护结构,或作为涂层钢板的原料,如制作压型钢板等。钢板可用来弯曲制成型钢。薄钢板经冷压或冷轧成波形、双曲形、V 形等形状,称为压型钢板。制作压型钢板的板材采用有机涂层薄钢板(或称彩色钢板)、镀锌薄钢板、防腐薄钢板或其他薄钢板。

压型钢板具有单位质量轻、强度高、抗震性能好、施工快、外形美观等特点,主要用于围护结构、楼板、屋面等。

4.钢管

钢管按制造方法分无缝钢管和焊接钢管。无缝钢管主要作输送水、蒸汽和煤气的管道以及建筑构件、机械零件和高压管道等。焊接钢管用于输送水、煤气及采暖系统的管道,也可用作建筑构件,如扶手、栏杆、施工脚手架等。按表面处理情况分镀锌和不镀锌两种。按管壁厚度可分为普通钢管和加厚钢管。

项目七 建筑钢材

任务五　钢材的腐蚀与防止

【学习目标】

知识目标

掌握化学腐蚀和电化学腐蚀的定义及腐蚀过程。

能力目标

能够掌握防止钢材腐蚀的措施。

【任务描述】

钢材表面与周围介质发生化学反应引起破坏的现象称作腐蚀。钢材腐蚀的现象普遍存在,如在大气中生锈,特别是当环境中有各种侵蚀性介质或湿度较大时,情况就更为严重。腐蚀不仅使钢材有效截面积均匀减小,还会产生局部锈坑,引起应力集中。腐蚀会显著降低钢的强度、塑性韧性等力学性能。

【相关知识】

钢材的腐蚀

根据钢材与环境介质的作用原理。钢筋的腐蚀如图 7-7 所示,可分为化学腐蚀和电化学腐蚀。

图 7-7　钢筋的腐蚀

197

（一）化学腐蚀

化学腐蚀指钢材与周围的介质（如氧气、二氧化碳、二氧化硫和水等）直接发生化学作用，生产疏松的氧化物而引起的腐蚀。在干燥环境中化学腐蚀的速度缓慢，但在温度高和湿度较大时腐蚀速度大大加快。

（二）电化学腐蚀

钢材由不同的晶体组织构成，并含有杂质，由于这些成分的电极电位不同，当有电解质溶液（如水）存在时，就会在钢材表面形成许多微小的局部原电池。整个电化学腐蚀过程如下：

阳极区：$Fe = Fe^{2+} + 2e$

阴极区：$2H_2O + 2e + 1/2O_2 = 2OH^- + H_2O$

溶液区：$Fe^{2+} + 2OH^- = Fe(OH)_2$

$Fe(OH)_2 + O_2 + 2H_2O = 4Fe(OH)_3 \downarrow$

水是弱电解质溶液，而溶有 CO_2 的水则成为有效的电解质溶液，从而加速电化学腐蚀的过程。钢材在大气中的腐蚀，实际上是化学腐蚀和电化学腐蚀共同作用所致。但以电化学腐蚀为主。

防止钢材腐蚀的措施

防止钢材腐蚀的主要措施包括以下内容。

（一）保护层法

利用保护层可使钢材与周围介质隔离，从而防止锈蚀。钢结构防止锈蚀的方法通常是表面刷防锈漆；薄壁钢材可采用热浸镀锌后加塑料涂层。对于一些行业（如电气、冶金、石油、化工等）的高温设备钢结构，可采用硅氧化合结构的耐高温防腐涂料。

（二）电化学保护法

对于一些不能和不易覆盖保护层的地方（如轮船外壳、地下管道、桥梁建筑等），可采用电化学保护法，即在钢铁结构上按一块比钢铁更为活泼的金属（如锌、镁）作为牺牲阳极来保护钢结构。

（三）制成合金钢

在钢中加入合金元素铬、镍、钛、铜等，制成不锈钢，提高其耐腐蚀能力。

另外，埋于混凝土中的钢筋在碱性的环境下会形成一层保护膜，可以防止锈蚀，但是混凝土外加剂中的氯离子会破坏保护膜，促进钢材的锈蚀。因此，在混凝土中应控制氯盐外加剂的使用，控制混凝土的水灰比和水泥用量，提高混凝土的密实性，还可以采用掺加防锈剂的方法防止钢筋的锈蚀。

任务六 钢筋试验

【学习目标】

知识目标

(1)了解光圆钢筋的采样。
(2)掌握试验数据的处理方法,以及样品质量等级的判定方法。

能力目标

能够测定钢筋拉伸及冷弯等力学指标。

【任务描述】

钢筋进场使用前,必须按规定代表数量和取样方法取样,并进行力学性能试验。检验各项指标是否符合设计及规范要求,然后决定是否使用。

【相关知识】

钢筋的验收及取样方法

(1)钢筋应有出厂质量证明书或试验报告单,每捆(盘)钢筋均应有标牌,进场钢筋应按炉罐(批)号及直径分批验收。验收内容包括查对标牌、外观检查,并按有关规定抽取试样作机械性能试验,包括拉力试验和冷弯试验两个项目,如两个项目中有一个不合格,该批钢筋即为不合格。

(2)钢材应成批验收,每批由同一牌号、同一炉号、同一质量等级、同一品种、同一尺寸、同一牌号的钢材组成。每批质量不大于60 t,如炉罐号不同时,应按《钢筋混凝土用钢 第2部分:热轧带肋钢筋》(GB 1499.2—2007)的规定验收。

(3)钢筋在使用中如有脆断、焊接性能不良或机械性能显著不正常时,应进行化学成分分析。

(4)取样时自每批钢筋中任意抽取两根,于每根距端部50 cm处各取一套试样(两根试样),在每套试样中取一根做拉力试验,另一根做冷弯试验。在拉力试验的两根试件中,如其中一根试件的屈服强度、抗拉强度和伸长率三个指标中,有一个指标达不到钢筋标准中规定的数值,应取双倍(4根)钢筋,重做试验。如仍有一根试件的指标标准要求,拉力试验也作为不合格。在冷弯试验中,如有一根试件不符合标准要求,应同样抽取双倍钢筋,重做试验。如仍有一根试件不符合标准要求,冷弯试验项目即为不合格。

(5)试验应在(20±10)℃的温度下进行,如试验温度超出这一范围,应于试验记录和报告中注明。

拉伸试验

(一)试验目的

掌握《金属材料拉伸试验第一部分:室温试验方法》(GB/T228.1—2010)的测试方法,测定低碳钢的屈服强度、抗拉强度和伸长率,注意观察拉力与变形之间的关系,为确定和检验钢材的力学及工艺性能提供依据。

(二)主要仪器设备

(1)万能试验机如图7-8。

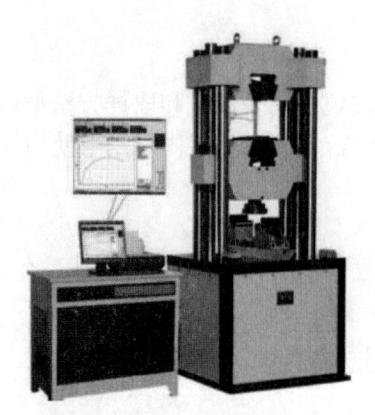

图7-8 液压式万能试验机

(2)钢板尺、游标卡尺(图7-9)、千分尺、两脚扎规。

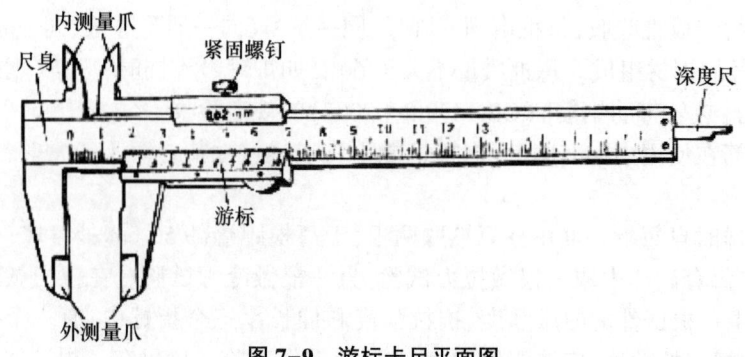

图7-9 游标卡尺平面图

(三)试验条件、试样

1.试验室温度
钢筋拉伸试验室温度:10~30 ℃。

2.试样
依钢筋试验取样方法截取的试样。

(四)操作步骤

1.试件制作
钢筋试件一般不经过车削加工,如图7-10。如受试验机量程限制,直径为22~24 mm的钢筋可制成车削加工试件,其尺寸见表7-12。

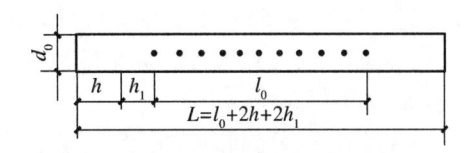

图7-10 钢筋拉伸试件

表7-12 钢筋车削加工试件尺寸(GB/T 228.1—2010)

一般尺寸/mm				长试件 $l_0=10\ d$/mm			短试件 $l_0=5\ d$/mm	
d	D	h	h_1	l_0	l	L	l_0	l
25	35	不作规定	25	250	275	$L=l+2h+2h_1$	125	150
20	30		20	200	220		100	120
15	22		15	150	165		75	90
10	15		10	100	110		50	60

短试件 $L=l+2h+2h_1$

2.试件原始尺寸的测定

(1)测量标距长度 l_0,精确至0.1 mm。

(2)圆形试件横断面直径应在标距的两端及中间处两个相互垂直的方向上各测一次,取其算术平均值,选用三处测得的横截面积中最小值,横截面积按下式计算:

$$A_0 = \frac{1}{4}\pi d_0^2$$

式中:A_0——试件的横截面积,mm²;

d_0——圆形试件原始横断面积直径,mm。

(3)等横截面不经机加工的试件,可采用质量法测定其平均原始横截面积,按下式计算:

$$A_0 = \frac{m}{\rho \cdot L} \times 100$$

式中:m——试件的质量,g;

ρ——钢筋的密度,g/cm³;

L——试件的长度,cm。

3.屈服强度和抗拉强度的测定

(1)开机后,启动万能试验机控制软件,设定相应参数;

(2)将钢筋试件固定在试验机夹头内,开始拉伸试验;

(3)由电脑控制完成试验,并获得相应数据。

4.伸长率测定

(1)将已拉断试件两段在断裂处对齐,尽量使其轴线位于一条直线上。如拉断处由于各种原因形成缝隙,则此缝隙应计入试件拉断后的标距部分长度内。

(2)如拉断处到邻近的标距端点的距离大于$1/3 l_0$时,可用卡尺直接量出已被拉长的标距长度l_1。

(3)如拉断处到邻近的标距端点的距离小于或等于$1/3 l_0$时,可按下述移位法确定l_1:在长段上,从拉断处 O 点取基本等于短段格数,得 B 点,接着取等于长段所余格数(偶数,图7-11a)之半,得 C 点;或者取所余格数(奇数,图7-11b)减1与加1之半,得C与C_1点。移位后的l_1,分别为$AO+OB+2BC$或者$AO+OB+BC+BC_1$。

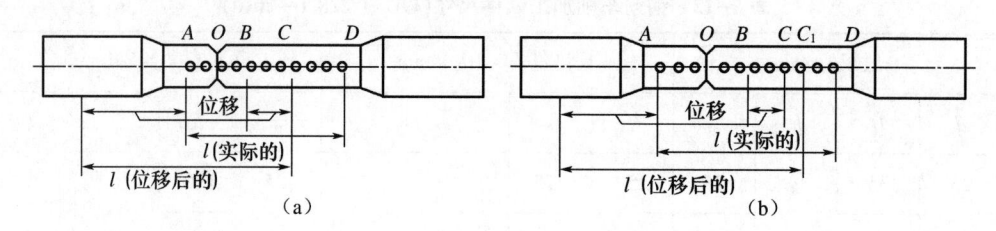

图7-11 用移位法计算标距

如果直接量测所求得的伸长率能达到技术条件的规定值,则可不采用移位法。

(4)伸长率按下式计算(精确至1%):

$$\sigma = \frac{l_1 - l_0}{l_0} \times 100\%$$

式中:σ——分别表示$l_0 = 10d$或$l_0 = 5d$时的伸长率;

l_0——原标距长度10 d(5 d),mm;

l_1——拉长后的标距长度,试件拉断后直接量出或按位移法确定。

(5)如试件在标距端点上或标距处断裂,则试验结果无效,应重做试验。

(五)注意事项

(1)试验应在(10~35)℃的温度下进行,如试验温度超出这一范围,应在试验记录和报告中注明。

(2)对试件进行拉伸试验时,要严格按规定的设定加荷速度进行。

(3)试验完成后应保存数据。

冷弯试验

(一)试验目的

掌握《金属材料弯曲试验方法》(GB/T 232—2010)和钢筋质量的评定方法,检定钢筋承受规定弯曲程度的变形性能,并显示缺陷。

(二)主要仪器设备

配有下列弯曲装置之一的压力机或试验机:
(1)虎钳式弯曲装置;
(2)支棍式弯曲装置;
(3)不同直径的弯曲压头。

(三)操作步骤

1.试样

钢筋冷弯试件不得进行车削加工,试样长度应根据试样直径和所用的试验设备确定。

2.半导向弯曲

试样一端固定,绕弯曲压头直径进行弯曲,如图7-12(a)所示。试样弯曲到规定的弯曲角度。

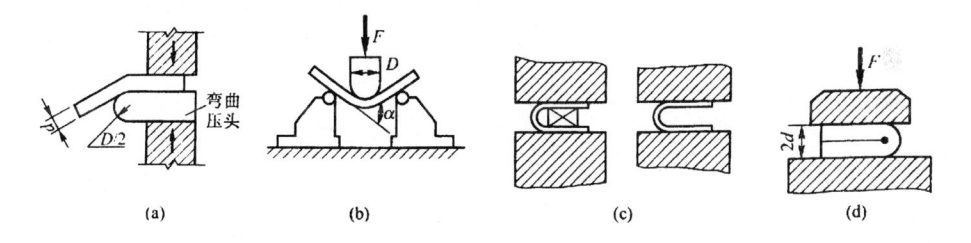

图 7-12 弯曲试验示意图

3.导向弯曲

(1)试样放于两支辊上,试样轴线与弯曲压头轴线垂直,弯曲压头在两个支辊之间的中点处对试样连续施加力使其弯曲,施加压力,直至达到规定的角度[图7-12(b)]。

(2)试样在两个支辊上按一定弯曲压头直径弯曲至两臂平行时,首先弯曲到图7-12(b)所示的状态,然后放置在试验机平板之间继续施加压力,压至试样两臂平行。试验时可以加或不加与弯曲压头直径相同尺寸的垫块[图7-12(c)]。

当试样需要弯曲至两臂接触时,首先将试样弯曲到图7-12所示的状态,然后放置在两平板之间继续施加压力,直至两臂接触[图7-12(d)]。

(3)试验时应当缓慢地施加弯曲力以使材料能够自由地进行塑性变形。当出现争议时,试验速率应为(1±2)mm/s。两支辊间距离为$(D+d)±0.5\ d$,并且在试验过程中不允许有变化。

(4)试验应在(10~35)℃的室温范围内进行。对温度要求严格的试验,试验温度应为(23±5)℃。

(四)结果评定

弯曲后,按有关标准规定检查试样弯曲外表面,进行结果评定。若无裂纹、裂缝或裂断,则评定试样合格。

【技能训练】

(1)学会钢筋的试样采样方法;
(2)学会熟练操作钢筋拉伸试验仪器、设备,如万能试验机、游标卡尺等;
(3)学会测定钢筋屈服强度和抗拉强度;
(4)学会计算钢筋屈服点、抗拉强度、伸长率等指标;
(5)学会评定钢筋强度等级;
(6)学会钢筋冷弯试验的试样采样方法及试件制作;
(7)根据钢筋冷弯性能数据,学会判断钢筋性能等级。

【任务评价】

教学评价表

班级：_____ 姓名：_____ 本任务得分_____

项目	要素	主要评价内容	等级及参考分值 优	良	中	差	得分
职业素养	工作纪律	课堂不迟到、早退，服从教师管理及组长指挥	5	4	3	2	
	安全操作	严格按照试验步骤进行操作，不野蛮操作、试验现场不打闹	5	4	3	2	
	环保意识	文明操作，爱护仪器、器材，保持工作台及试验室环境整洁，完成后主动清理现场	5	4	3	2	
	团队协作	小组协作、相互交流，组员、同学之间互相带动学习	5	4	3	2	
	小　计：	20分	20	16	12	8	

项目	要素	主要评价内容	等级及参考分值 优	良	中	差	得分
技能考评	试验准备	明确所需试验设备、工具及器材，掌握设备及器材的使用方法	20	16	12	8	
	试验过程	掌握钢筋验收及取样的方法，掌握钢筋拉力及冷弯试验的方法与步骤，严格按规范要求的条款进行试验操作，反复操作，提高技能的熟练程度	20	16	12	8	
	完成质量	小组配合完成任务，测定低碳钢的屈服强度、抗拉强度和伸长率；不抄袭其他小组的成果	20	16	12	8	
	任务工单	按要求填写任务工单，工单书写工整；试验步骤清晰、计算结果正确，成果和结论真实	20	16	12	8	
	小　计：	80分	80	64	48	32	
		合计	100	80	60	40	

教师、学生或小组结论性评价（描述性评语）	

【拓展练习】

一、选择题

1. 伸长率越大代表钢材的（　　）越好。
   A. 塑性变形能力　　B. 耐久性　　C. 耐火性　　D. 弹性
2. 冷弯试验能反映试件弯曲处的（　　），能揭示钢材是否存在内部组织不均匀、内应力和夹杂物等缺陷。
   A. 塑性变形　　B. 韧性　　C. 耐久性　　D. 弹性
3. 钢材随含碳量的增加，强度和硬度相应（　　），而塑性和韧性相应（　　）。
   A. 提高　提高　　　　　　　　B. 提高　降低
   C. 降低　降低　　　　　　　　D. 降低　提高
4. 硅是钢的主要合金元素，主要是为（　　）而加入的。
   A. 提高塑性　　B. 提高韧性　　C. 脱氧去硫　　D. 改善冷脆性
5. 钢筋进行冷拉处理是为了提高（　　）。
   A. 屈服强度　　B. 韧性　　C. 加工性能　　D. 塑性
6. Q235—A·F 表示（　　）。
   A. 抗拉强度为 235 MPa 的 A 级镇静钢
   B. 屈服点为 235 MPa 的 B 级镇静钢
   C. 抗拉强度为 235 MPa 的 A 级沸腾钢
   D. 屈服点为 235 MPa 的 A 级沸腾钢
7. 在高碳钢拉伸性能试验过程中，其（　　）阶段不明显。
   A. 弹性　　B. 屈服　　C. 强化　　D. 颈缩
8. （　　）是钢材最主要的锈蚀形式。
   A. 化学锈蚀　　B. 电化学锈蚀　　C. 水化反应　　D. 氧化反应
9. 普通碳素钢随着钢中含碳量的增加，则（　　）。
   A. 强度提高　　B. 硬度提高　　C. 塑性降低　　D. 韧性提高

二、填空题

1. 钢材经冷加工后，随着时间的延续，钢材的强度逐渐提高，而塑性和韧性相应降低的现象称为_____。
2. 低碳钢在受拉过程中经历 4 个阶段，依次为_____阶段、_____阶段、_____阶段、_____阶段。
3. 建筑钢材按化学成分分为_____、_____。
4. 动荷载下不宜采用质量等级为_____的钢材。

三、简答题

1.工程中常对钢筋进行冷拉、冷拔或时效处理的主要目的是什么?

2.某厂钢结构层架使用中碳钢,采用一般的焊条直接焊接,使用一段时间后层架坍落,请分析事故的可能原因。

3.简述硫、磷、锰对钢材性能的影响。

4.东北某厂需焊接一支承室外排风机的钢架。请对下列钢材选用,并简述理由。

(1)Q235—A.F,价格较便宜;

(2)Q235—C 价格高于第一种钢筋。

四、计算题

从新进货的一批钢筋中抽样,并截取 2 根钢筋做拉伸试验,测如下结果:屈服下限荷载分别为 42.4 kN,41.5 kN;抗拉极限荷载分别为 62.0 kN,61.6 kN,钢筋公称直径 12 mm,标距为 60 mm,拉断时长度分别为 66 mm,67 mm。计算该钢筋的屈服强度,抗拉强度及伸长率。

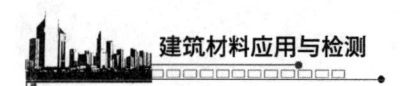

项目八 防水材料

【学习目标】

知识目标

(1)掌握建筑石油沥青的主要性能特点及选用。
(2)掌握防水卷材的品种、性能及应用。
(3)了解几种常用的防水涂料。
(4)了解工程常用的密封材料。

能力目标

(1)能够根据工程的要求进行石油沥青的掺配。
(2)能够根据环境的特点选择合适的防水涂料。

素养目标

(1)具有热爱科学、实事求是的精神。
(2)诚实守信,认真负责。
(3)在工作中保持积极向上的职业精神和学习态度。
(4)与其他成员交往,思想沟通,团结协作。
(5)执行行业标准和法规。

【教学场景】

多媒体教室、试验室。

【项目描述】

防水材料是指能防止雨水、雪水、地下水等对建筑物和各种构筑物的渗透、渗漏和

侵蚀的材料。本项目主要介绍柔性防水材料,按主要成分可分为沥青防水材料、高聚物改性沥青防水材料及合成高分子防水材料三大类。通过本项目的学习,培养学生应用建筑工程防水材料知识开展防水材料检测的能力,为学生从事材料员工作打下良好的基础。

【课时分配】

序号	任务名称	课时分配(课时)
一	沥青及应用	3
二	防水卷材及应用	2
三	防水涂料及应用	2
四	建筑密封材料及应用	2
五	沥青试验	3
合　　计		12

任务一　沥青及应用

【学习目标】

✎ 知识目标

(1)了解建筑石油沥青的主要性能特点及选用。
(2)了解几种常见的改性沥青。
(3)掌握沥青的改性和沥青的掺配原理。

✎ 能力目标

能够区分煤沥青与石油沥青。

【任务描述】

沥青是一种有机胶凝材料,具有防潮、防水、防腐的性能,广泛用作交通、水利及工业与民用建筑工程中的防潮、防腐、防水材料。常温下呈黑色或褐色的固体、半固体或黏稠液体。

【相关知识】

沥青材料可分为地沥青和焦油沥青两大类。地沥青包括天然沥青和石油沥青；焦油沥青包括煤沥青、木沥青、泥炭沥青、页岩沥青。工程中使用最多的是石油沥青和煤沥青，石油沥青的防水性能好于煤沥青，但煤沥青的防腐、黏结性能较好。

✎ 石油沥青

石油沥青是石油经蒸馏提炼出各种轻质油品（汽油、煤油等）及润滑油以后的残留物，经再加工得到的褐色或黑褐色的黏稠状液体或固体状物质，略有松香味，能溶于多种有机溶剂，如三氯甲烷、四氯化碳等。

（一）石油沥青的分类

按原油的成分分为石蜡基沥青、沥青基沥青和混合基沥青。按石油加工方法不同分为残留沥青、蒸馏沥青、氧化沥青、裂解沥青和调和沥青。按用途划分为道路石油沥青、建筑石油沥青和普通石油沥青。

（二）石油沥青的组分

石油沥青的成分非常复杂，在研究其组成时，将化学成分相近和物理性质相似的部分划分为若干组，即组分。各组分的含量会直接影响石油沥青的性质。一般分为油分、树脂、地沥青质三大组分，此外，还有一定的石蜡固体。各组分的主要特性及作用见表8-1。油分和树脂可以互溶，树脂可以浸润地沥青质。以地沥青质为核心，周围吸附部分树脂和油分，构成胶团，无数胶团均匀分布在油分中，形成胶体结构。

表8-1 石油沥青的组分及其主要特性

组分		状态	颜色	密度/$(g \cdot cm^{-3})$	含量/%	作用
油分		黏性液体	淡黄色至红褐色	小于1	40~60	使石油沥青具有流动性
树脂	酸性	黏稠液体	红褐色至黑褐色	略大于1	15~30	使石油沥青与矿物的黏附性提高
	中性					使石油沥青具有黏附性和塑性
地沥青质		粉末颗粒	深褐色至黑褐色	大于1	10~30	能提高石油沥青的黏性和耐热性；含量提高，使塑性降低

石油沥青的状态随温度不同也会改变。温度升高，固体石油沥青中的易熔成分逐渐变为液体，使石油沥青流动性提高；当温度降低时，它又恢复为原来的状态。石油沥

青中各组分不稳定,会因环境中的阳光、空气、水等因素作用而变化,油分、树脂减少,地沥青质增多,这一过程称为"老化"。这时,石油沥青的塑性降低,脆性增加,变硬,出现脆裂,失去防水、防腐蚀效果。如老化的沥青路面如图 8-1 所示。

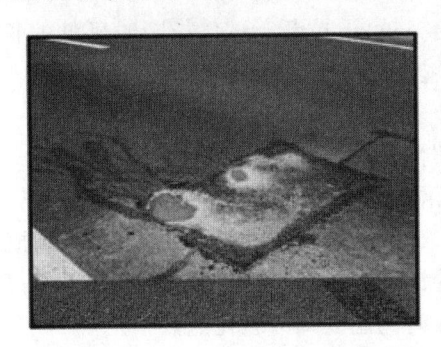

图 8-1 老化的沥青路面

(三)石油沥青的技术性质

1. 黏滞性

黏滞性是指石油沥青在外力作用下抵抗发生变形的能力,又称黏性。半固体和固体石油沥青的黏滞性用针入度表示;液体石油沥青的黏滞性用黏滞度表示。黏滞度和针入度是划分石油沥青牌号的主要指标。

黏滞度是液体石油沥青在一定温度下经规定直径的孔,漏下 50 mL 所需的秒数。其测定示意图如图 8-2 所示。黏滞度常以符号 C_{td} 表示。其中 d 是孔径(mm),t 为实验时石油沥青的温度(℃),黏滞度大时,表示沥青的黏性大。

针入度是指在温度为 25 ℃ 的条件下,以 100 g 的标准针,经 5 s 沉入石油沥青中的深度,0.1 mm 为 1 度。其测定示意图如图 8-3 所示。针入度大,则流动性大,黏性小。针入度大致在 5~200 度之间。

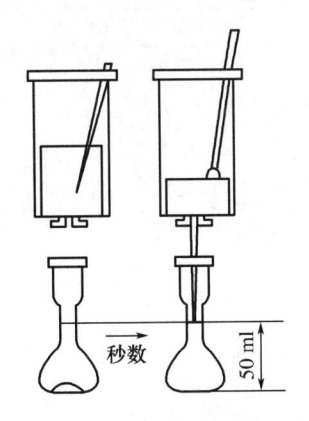

图 8-2 黏滞度测定示意图　　图 8-3 针入度测定示意图

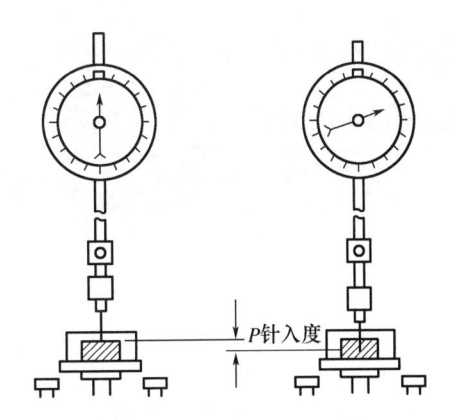

2.塑性

塑性表示石油沥青开裂后的自愈能力及受机械力作用后的变形而不破坏的能力。石油沥青的塑性用延伸度表示,简称延度。其测定方法是将标准"8"字试样(图8-4),在一定温度(25 ℃)和一定拉伸速度(50 mm/min)下拉断。试件拉断时延伸的长度,用厘米(cm)表示,即为延度。延度越大,塑性越好。

3.温度敏感性

温度敏感性是指石油沥青的黏滞性和塑性随温度升降而变化的性能。

温度敏感性用软化点来表示,即石油沥青由固态变为具有一定流动性的膏体时的温度。软化点通常用"环球法"测定,如图8-5所示。就是将熬制脱水后的石油沥青试样,装入规定尺寸的铜环中,上置规定尺寸的钢球,放在水或甘油中,以5 ℃/min的升温速度,加热至石油沥青软化,下垂达25.4 mm时的温度即为软化点。

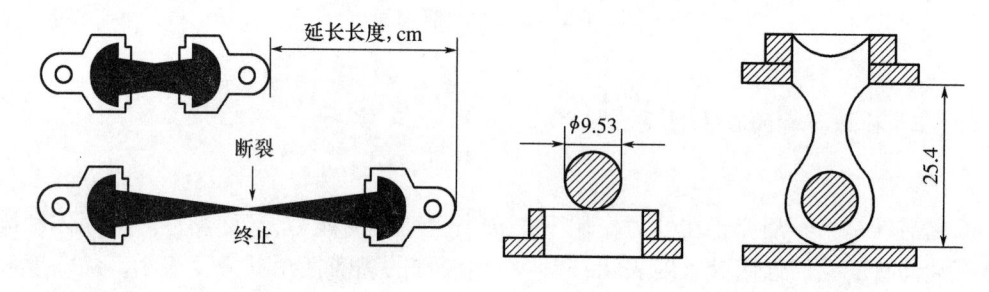

图8-4 "8"字延度试件示意图

图8-5 软化点测定示意图

石油沥青的软化点大致在50~100 ℃之间。软化点高,石油沥青的耐热性好,但软化点过高,又不易加工和施工;软化点低的石油沥青,夏季高温时易产生流淌而变形。夏季高温沥青易软化,路面易产生车辙、波浪;冬季低温时易脆裂,在车辆重复作用下易产生开裂。如图8-6所示。

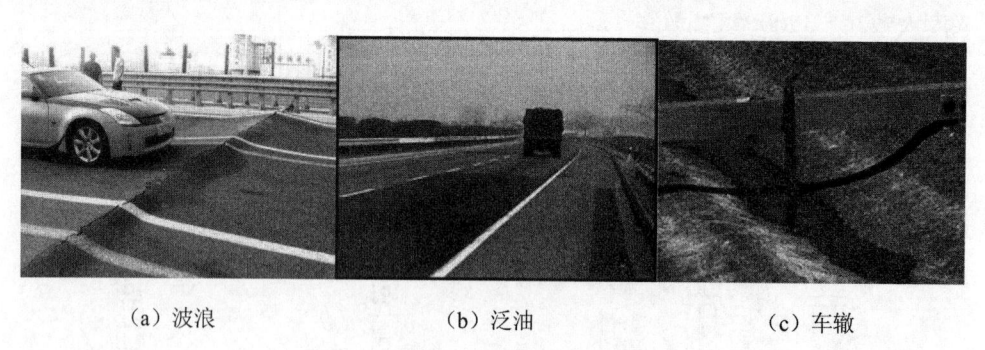

(a)波浪　　　　　　　(b)泛油　　　　　　　(c)车辙

图8-6 沥青温度稳定性差的表现

除上述黏滞性、塑性、温度敏感性外,还有大气稳定性、闪电、燃点、溶解度等,都对石油沥青的使用有影响。大气稳定性好的石油沥青耐久性就好,耐用时间就长。闪电和燃点直接影响石油沥青熬制温度的确定。

(四)石油沥青的技术要求和应用

石油沥青的主要技术要求以针入度、相应的软化点和延伸度等来表示,见表8-2及表8-3。

表8-2 建筑石油沥青技术要求(GB/T 494—2010)

项　目		质量指标			试验方法
		10号	30号	40号	
针入度(25 ℃,100 g,5 s)/(1/0.1 mm)		10~25	26~35	36~50	GB/T 4509
针入度(46 ℃,100 g,5 s)/(1/0.1 mm)		报告①	报告①	报告①	
针入度(0 ℃,200 g,5 s)/(1/0.1 mm)	不小于	3	6	6	
延度(25 ℃,5 cm/min)/cm	不小于	1.5	2.5	3.5	GB/T 4508
软化点(环球法)/(℃)	不低于	95	75	60	GB/T 4507
溶解度(三氯乙烯)/%	不小于	99.0			GB/T 11148
蒸发后质量变化(163 ℃,5 h)/%	不大于	1			GB/T 11964
蒸发后25 ℃针入度比②/%	不小于	65			GB/T 4509
闪点(开口杯法)/(℃)	不低于	260			GB/T 267

注:①报告应为实测值。
②测定蒸发损失后样品的25 ℃针入度与原25 ℃针入度之比乘以100后,所得的百分比,称为蒸发后针入度比。

表8-3 道路石油沥青技术要求(SH/T 0522—2010)

项　目		质量指标					试验方法
		200号	180号	140号	100号	60号	
针入度(25 ℃,100 g,5 s)/(1/0.1 mm)		200~300	150~200	110~150	80~110	50~80	GB/T 4509
延度①(25 ℃)/cm	不小于	20	100	100	90	70	GB/T 4508
软化点/(℃)		30~48	35~48	38~51	42~55	45~58	GB/T 4507
溶解度/%	不小于	99.0					GB/T 11148
闪点(开口)/(℃)	不低于	180	200	230			GB/T 267
密度(25 ℃)/(g·cm^{-3})		报告					GB/T 8928
蜡含量/%	不大于	4.5					SH/T 0425
薄膜烘箱试验(163 ℃,5 h)							
质量变化/%	不大于	1.3	1.3	1.3	1.2	1.0	GB/T 5304
针入度比/%	不小于	报告					GB/T 4509
延度(25 ℃)/cm		报告					GB/T 4508

注:①如25 ℃延度达不到,15 ℃达到时,也认为是合格的,指标要求与25 ℃延度一致。

在施工现场,应掌握石油沥青质量、牌号的鉴别方法,见表 8-4,以便正确使用。道路石油沥青黏性差,塑性好,容易浸透和乳化,但弹性、耐热性和温度稳定性较差,主要用来拌制各种沥青混凝土或沥青砂浆,修筑路面和各种防渗、防护工程。还可用来配置填缝材料、黏结剂和防水材料。建筑石油沥青具有良好的防水性、耐热性及温度稳定性,但黏度大,延伸变形性能较差,主要用于房屋和各种防水工程,并用来制造防水卷材,配制沥青胶和沥青涂料。普通石油沥青性能较差,一般较少单独使用,可以作为建筑石油沥青的掺配材料。

表 8-4　石油沥青的质量和牌号鉴别

项　目		鉴别方法
形态	固态	敲碎,检查其断口,色黑而发亮的质好;暗淡的质差
	半固态	即膏体状,取少许,拉成细丝,丝愈长,愈好
	液态	黏性强,有光泽,没有沉淀和杂质的较好;也可用一小木条插入液体中,轻轻搅动几下,提起,丝愈长,愈好
牌号	200~100	质软
	60	用铁锤敲,不碎,只出现凹坑而变形
	30	用铁锤敲,成为较大的碎块
	10	用铁锤敲,成为较小的碎块,表面色黑有光

(五)石油沥青的掺配

当单独使用一种牌号的石油沥青不能满足工程的耐热性要求时,用两种或三种石油沥青进行掺配。掺配量用下式计算:

$$较软石油沥青掺量/\% = \frac{较硬石油沥青的软化点 - 掺配要求的石油沥青的软化点}{较硬石油沥青的软化点 - 较软石油沥青的软化点} \times 100\%$$

$$较硬石油沥青的掺量/\% = 100 - 较软石油沥青的掺量$$

经过试配,测定掺配后石油沥青的软化点,最终掺量以试配结果(掺量-软化点曲线)来确定满足要求软化点的配比。如用三种石油沥青进行掺配,可先计算两种的掺量,然后再与第三种石油沥青进行掺配。

煤沥青

煤沥青是炼焦或生产煤气的副产品,烟煤干馏时所挥发的物质冷凝得到的黑色黏稠物质,称为煤焦油,煤焦油再经分馏提取各种油品后的残渣即为煤沥青。煤沥青与石油沥青的主要区别见表 8-5。煤沥青中含有酚,有毒,防腐蚀性好,适用于地下防水层或作防腐蚀材料。

表 8-5　石油沥青与煤沥青的主要区别

性　　　质	石油沥青	煤沥青
密度/(g·cm^{-3})	近于 1.0	1.25~1.28
锤击	韧性较好	韧性差,较脆
颜色	灰亮褐色	浓黑色
溶解	易溶于汽油、煤油中,呈棕黑色	难溶于汽油、煤油中,呈黄绿色
温度敏感性	较好	较差
燃烧	烟少,无色,有松香味,无毒	烟多,黄色,臭味大,有毒
防水性	好	较差(含酚,能溶于水)
大气稳定性	较好	较差
抗腐蚀性	差	较好

改性沥青

对沥青进行氧化、乳化、催化或者掺入橡胶、树脂等物质,使得沥青的性质发生不同程度的改善,得到的产品称为改性沥青。

(一)橡胶改性沥青

掺入橡胶(天然橡胶、丁基橡胶、氯丁橡胶、丁苯橡胶、再生橡胶)的沥青,使沥青具有一定橡胶特性,改善其气密性、低温柔性、耐化学腐蚀性、耐光、耐气候性、耐燃烧性,可用于制作卷材、片材、密封材料或涂料。

(二)树脂改性沥青

用树脂改性沥青,可以提高沥青的耐寒性、耐热性、黏结性和不透水性,常用品种有聚乙烯、聚丙烯、酚醛树脂等改性沥青。

(三)橡胶树脂改性沥青

在沥青中同时加入橡胶和树脂,可使沥青同时具备橡胶和树脂的特性,性能更加优良。主要产品有片材、卷材、密封材料、防水涂料。

(四)矿物填充料改性沥青

矿物填充料改性沥青是指为了提高沥青的黏结力和耐热性,减小沥青的温度敏感性,加入一定数量矿物填充料(滑石粉、石灰粉、云母粉、硅藻土)的沥青。

任务二　防水卷材及应用

【学习目标】

知识目标

(1)了解沥青防水卷材、高聚物改性沥青卷材常用品种的性能及应用。
(2)了解合成高分子防水卷材的常见品种。

能力目标

会贮存、运输和保管几种沥青防水卷材及高聚物改性沥青防水卷材。

【任务描述】

防水卷材是一种可卷曲的片状制品,按组成材料分为沥青防水卷材,高聚物改性沥青卷材、合成高分子卷材三大类。

【相关知识】

沥青防水卷材

沥青防水卷材是在基胎(原纸或纤维织物等)浸涂沥青后,在表面撒布粉状或片状隔离材料制成的一种防水卷材。

(一)沥青防水卷材常用品种的性能及应用

1.石油沥青纸胎防水卷材

石油沥青纸胎防水卷材包括石油沥青纸胎油毡和石油沥青纸胎油纸。

石油沥青纸胎油毡(简称纸胎油毡)是采用低软化点石油沥青浸渍原纸,用高软化点沥青涂盖油纸的两面,再撒隔离材料而制成的一种纸胎油毡。如图 8-7 所示。

国家标准《石油沥青纸胎油毡、油纸》(GB 326—2007)规定:石油沥青纸胎油毡幅宽为 1 000 mm,按

图 8-7　石油沥青纸胎防水卷材

隔离材料分为粉毡、片毡,每卷油毡的总面积为(20±0.3)m²。

石油沥青纸胎油毡按卷重和物理性能可分为Ⅰ型、Ⅱ型、Ⅲ型,各型号的卷重分别不小于17.5,22.5,28.5 kg,石油沥青纸胎油毡的物理性能见表8-6。由于沥青材料的温度敏感性大、低温柔性差、易老化,因而使用年限较短,其中Ⅰ型、Ⅱ型适用于辅助防水、保护隔离层、临时性建筑防水、防潮及包装等。Ⅲ型油毡适用于屋面工程的多层防水。

石油沥青纸胎油纸是采用低软化点石油沥青浸渍原纸,制成的一种无涂盖层的纸胎防水卷材。双卷包装,总面积为(40±0.6)m²,主要用于建筑防潮和包装。

表8-6 石油沥青纸胎油毡的物理性能(GB 326—2007)

项 目			指 标		
			Ⅰ型	Ⅱ型	Ⅲ型
单位面积浸涂材料总量/(g·cm⁻²)		≥	600	750	1 000
不透水性	压力/MPa	≥	0.02	0.02	0.10
	保持时间/min	≥	30	30	30
吸水率/%		≤	3.0	3.0	3.0
耐热度			(85±2)℃,2 h涂盖层无滑动、流淌和集中性气泡		
拉力(纵向)/(N/50 mm)		≥	240	270	340
柔度			(18±2)℃,绕Φ20 mm棒或弯板无裂纹		

2.石油沥青玻璃布油毡(简称玻璃布油毡)

石油沥青玻璃布油毡采用玻璃布为胎基,具有拉力大及耐霉菌性好的特点,适用于要求强度高级耐霉菌性好的防水工程,柔韧性也比纸胎油毡好,易于在复杂部位粘贴和密封。主要用于铺设地下防水、防潮层、金属管道的防腐保护层。建筑材料行业标准《石油沥青玻璃布油毡》(JC/T 84—1996)规定,玻璃布油毡幅宽为1 000 mm,按物理性能可分为一等品和合格品两个等级,每卷油毡的总面积为(20±0.3)m²,卷重应不小于15 kg。

3.石油沥青玻璃纤维油毡(简称玻纤维油毡)

石油沥青玻璃纤维油毡是采用玻璃纤维薄毡为胎基,浸涂石油沥青,表面撒矿物粉料或覆盖聚乙烯薄膜等隔离材料,制成的一种防水卷材。具有柔性好(在0~10℃弯曲无裂纹)、耐化学微生物腐蚀、寿命长等特点。国家标准《石油沥青玻璃纤维胎防水卷材》(GB/T 14686—2008)的规定,玻纤胎油毡幅宽为1 000 mm,按单位面积质量分为15号、25号。按上表面材料分为PE膜、砂面,也可按生产厂要求采用其他类型的上表面处理。按力学性能分为Ⅰ,Ⅱ型。

4.铝箔面油毡

铝箔面油毡是用玻纤胎为胎基,浸涂氧化沥青,表面用压纹铝箔贴面,底面撒细颗粒矿物料或覆盖聚乙烯膜(PE)制成的防水卷材。具有反射热和紫外线的功能及美观效果,能降低屋面及室内温度,阻隔蒸汽渗透,用于多层防水的面层和隔气层。建筑材料行业标准《铝箔面油毡》(JC/T 504—2007)规定,铝箔面油毡幅宽为1 000 mm,按物理性能可分为优等品、一等品和合格品三个等级,每卷油毡的总面积为(10±1) m²,卷重为30 kg和40 kg两种。

(二)沥青防水卷材的贮存、运输和保管

不同规格、标号、品种、等级的产品不得混放;卷材应保管在规定温度下,粉毡和玻璃布油毡不高于45 ℃,片毡不高于50 ℃。纸胎油毡和玻纤胎油毡需立放,高度不超过两层,所有搭接边的一端必须朝上面;玻璃布油毡可以同一方向平放堆置成三角形,最高码放1层,并应远离火源、通风、干燥的室内,防止日晒、雨淋和受潮。用轮船和铁路运输时,卷材必须立放,高度不得超过两层;短途运输可平放,不宜超过4层,不得倾斜或横压,必要时加盖苫布。人工搬运要轻拿轻放,避免出现不必要的损伤。产品质量保证期为一年。

高聚物改性沥青卷材

高聚物改性沥青卷材是以合成高分子聚合物改性沥青为涂盖层,纤维织物或纤维毡为基胎,粉状、粒状、片状或薄膜材料为防黏隔离层制成的防水卷材,具有高温不流淌、低温不脆裂、拉伸温度高、延伸率较大等优异性能。

(一)高聚物改性沥青卷材常用品种的性能及应用

高聚物改性沥青卷材常用品种有弹性体改性沥青防水卷材、塑性体改性沥青防水卷材等。高聚物改性沥青有SBS,APP,PVC和再生胶改性沥青等。

1.弹性体(SBS)改性沥青防水卷材

弹性体(SBS)改性沥青防水卷材是以SBS热塑性弹性体做改性剂,以聚酯毡或玻纤毡为胎基,两面覆盖聚乙烯膜、细砂、粉料或矿物粒(片)料等隔离材料制成的防水卷材,简称SBS卷材,属弹性体卷材,如图8-8所示。

国家标准《弹性体改性沥青防水卷材》(GB 18242—2008)规定,SBS卷材按胎基分为:聚酯毡(PY)、玻纤毡(G)、玻纤增强聚酯毡(PYG);按上面隔离材料分为聚乙烯膜

图8-8 弹性体(SBS)改性沥青防水卷材

(PE)、细砂(S)。卷材公称宽度1 000 mm,聚酯毡卷材公称厚度为3,4,5 mm,玻纤毡卷材公称厚度为3.4 mm,玻纤增强聚酯胎卷材公称厚度为5 mm,每卷卷材公称面积为7.5,10,15 m²。按材料性能可分为Ⅰ型、Ⅱ型,其性能见表8-7。

表 8-7　弹性体(SBS)改性沥青防水卷材性能(GB 18242—2008)

序号	项目		指标 I		指标 II		
			PY	G	PY	G	PYG
1	可溶物含量/(g·m^{-2})≥	3 mm	2 100				—
		4 mm	2 900				—
		5 mm	3 500				
		试验现象	—	胎基不燃	—	胎基不燃	—
2	耐热性	℃	90		105		
		≤mm	2				
		试验现象	无流淌、滴落				
3	低温柔性/℃		−20		−25		
			无裂缝				
4	不透水性 30 min		0.3 MPa	0.2 MPa	0.3 MPa		
5	拉力/(N/50 mm)	最高峰拉力	500	350	800	500	900
		次高峰拉力	—	—	—	—	800
		试验现象	拉伸过程中,试件中部无沥青涂盖层开裂或与胎基分离现象				
6	延伸率/% 不小于	最大峰时延伸率	30	—	40	—	—
		第二峰时延伸率	—	—	—	—	15
7	浸水后质量增加/%≤	PE,S	1.0				
		M	2.0				
8	热老化	拉力保持率/%	90				
		延伸保持率/%	80				
		低温柔性/℃	−15		−20		
			无裂缝				
		尺寸变化率/%	0.7	—	0.7	—	0.3
		质量损失/%	1.0				
9	渗油性	张数	2				
10	接缝剥离强度/(N·mm^{-1})		1.5				
11	钉杆撕裂强度[a]/N ≥		—				300
12	矿物粒料黏附性[b]/g ≤		2.0				

续表

序号	项目		指标				
			I		II		
			PY	G	PY	G	PYG
13	卷材下表面沥青涂盖层厚度 c/mm		1.0				
14	人工气候加速老化	外观	无滑动、流淌、滴落				
		拉力保持率/%≥	80				
		低温柔性/℃	−15		−20		
			无裂缝				

a.仅适用于单层机械固定施工方式卷材。
b.仅适用于矿物粒料表面的卷材。
c.仅适用于热熔施工的卷材。

弹性体(SBS)改性沥青防水卷材机械性能好,耐水性、耐腐蚀性能也很好,弹性和低温性能有明显改善。主要适用于工业与民用建筑的屋面和地下防水工程,更适合北方寒冷地区建筑物的防水。玻纤增强聚酯毡防水卷材可用于机械固定单层防水,但需通过抗风荷载试验;玻纤毡卷材适用于多层防水中的底层防水。外露使用采用上表面隔离材料为细砂的防水卷材。

2.塑性体(APP)改性沥青防水卷材

塑性体(APP)改性沥青防水卷材是以聚酯毡或玻纤毡为胎基,无规聚丙烯(APP)或聚烯烃类聚合物作改性剂,两面覆隔离材料所制成的防水卷材,简称APP卷材。卷材的品种、规格、外观要求同SBS卷材;其性能应符合国家标准《塑性体改性沥青防水卷材》(GB 18243—2008)的规定,见表8-8。

表8-8 塑性体(APP)改性沥青防水卷材性能(GB 18243—2008)

序号	项目		指标				
			I		II		
			PY	G	PY	G	PYG
1	可溶物含量/(g·m⁻²)≥	3 mm	2 100				—
		4 mm	2 900				—
		5 mm	3 500				
		试验现象	—	胎基不燃	—	胎基不燃	
2	耐热性	温度/℃	110		130		
		不大于	2 mm				
		试验现象	无流淌、滴落				

续表

序号	项目		指标 I		指标 II		
			PY	G	PY	G	PYG
3	低温柔性/℃		−7		−15		
			无裂缝				
4	不透水性(30 min)		0.3 MPa	0.2 MPa	0.3 MPa		
5	拉力/(N/50 mm)	最高峰拉力	500	350	800	500	900
		次高峰拉力	—	—	—	—	800
		试验现象	拉伸过程中,试件中部无沥青涂盖层开裂或胎基分离现象				
6	延伸率/% 不小于	最大峰时延伸率	25	—	40	—	
		第二峰时延伸率	—	—	—	—	15
7	浸水后质量增加	PE、S	1.0				
		M	2.0				
8	热老化	拉力保持率/%	90				
		延伸保持率/%	80				
		低温柔性/℃	−2		−10		
			无裂缝				
		尺寸变化率/%	0.7	—	0.7	—	0.3
		质量损失/%	1.0				
9	接缝剥离强度/(N·mm^{-1})		1.0				
10	钉杆撕裂强度[a]/N ≥		—		300		
11	矿物粒料黏附性[b]/g ≤		2.0				
12	卷材下表面沥青涂盖层厚度[c]/mm		1.0				
13	人工气候加速老化	外观	无滑动、流淌、滴落				
		拉力保持率/% ≥	80				
		低温柔性/℃	−2		−10		
			无裂缝				

a.仅适用于单层机械固定施工方式卷材。
b.仅适用于矿物粒料表面的卷材。
c.仅适用于热熔施工的卷材。

塑性体(APP)改性沥青防水卷材与弹性体(SBS)改性沥青防水卷材相比,耐低温性稍低,耐热度更好,而且有良好的耐紫外线老化性能,除适用于一般屋面和地下防水工程外,更适用于高温炎热或有紫外线辐照地区的建筑物的防水。

3.冷自毡橡胶改性沥青卷材

冷自毡橡胶改性沥青卷材是用 SBS 和 SBR 等弹性体及沥青材料为基料,并掺入增塑增黏材料和填充材料,采用聚乙烯膜或铝箔为表面材料或无表面覆盖层,底表面或上、下表面覆涂硅隔离、防黏材料制成的可自行粘贴的防水卷材。

建筑材料行业标准《自黏橡胶沥青卷材》(JC 840—1999)规定,自黏橡胶改性沥青卷材每卷面积有 20,10.5 m² 三种;宽度有 920 和 1 000 两种,厚度有 1.2,1.5,2.0 mm 三种。按表面材料可分为聚乙烯膜、铝箔、无膜三种。具有良好的柔韧性、延展性,适应基层变形能力强,施工时不需涂胶黏剂。采用聚乙烯膜为表面材料,适用于非外露的屋面防水;采用铝箔为覆盖材料,适用于外露的防水工程。

(二)高聚物改性沥青防水卷材的贮存、运输和保管

不用品种、等级、标号、规格的产品应有明显的标记,不得混放;卷材应存放在远离火源、通风、干燥的室内,防止日晒、雨淋和受潮;卷材必须立放,高度不超过两层,不得倾斜或横压,运输时平放不宜超过 4 层;应避免与化学介质及有机溶剂等有害物质接触。

合成高分子防水卷材

合成高分子防水卷材是以合成橡胶、合成树脂或两者的共混体为基础,加入适量的助剂和填充料等,经过特定工序所制成的防水卷材。具有强度高、延伸率大、弹性高、高低温特性好、防水性能优异等特点,而且彻底改变了沥青基防水卷材施工条件差、污染环境等缺点,是值得大力推广的新型高档防水卷材。多用于要求有良好防水性能的屋面、地下防水工程。

合成高分子防水卷材种类很多,最具代表性的有以下几种:

(一)三元乙丙橡胶(EPDM)防水卷材

三元乙丙橡胶卷材是以三元乙丙橡胶为主要原料,掺入适量的丁基橡胶、硫化剂、软化剂、补强剂等,经混炼、拉片、过滤、压延或挤出成型、硫化等工序加工而成的。三元乙丙橡胶卷材有硫化剂(JL)和非硫化剂(JF)两类。规格中厚度有 1.0,1.2,1.5,1.8,2.0 mm;宽度有 1.0,1.1,1.2 m;长度为 20 m。

三元乙丙橡胶卷材是耐老化性能最好的一种卷材,使用寿命可达 30 年以上。它具有防水性好、质量轻(1.2~2.0 kg/m²)、耐候性好、耐臭氧性好、弹性和抗拉强度好(大于 7.5 MPa)、抗裂性强(延伸率在 450%以上)、耐酸碱腐蚀等特点,广泛应用于工业和民用建筑的屋面工程,适合于外露防水层的单层或多层防水,如易受振动、易变形的建筑防水工程,有刚性防水层或倒置式屋面及地下室、桥梁、隧道防水,并可以冷施工,目前在国内属高档防水材料。三元乙丙橡胶防水卷材的主要物理性能见表 8-9。

项目八 防水材料

表 8-9 三元乙丙橡胶防水卷材的主要物理性能

项　目		性能指标
断裂拉伸强度/MPa	≥	7.5
拉断伸长率/%	≥	450
断裂强度/(KN·m^{-1})	≥	25
不透水性(30 min 无渗漏)		0.3MPa
低温弯折/(℃)	≤	−40
加热伸缩量/mm		延伸<2,收缩<4
热老化保持率 (80 ℃×168 h)≥	断裂拉伸强度	80%
	扯断伸长率	70%

(二)聚氯乙烯(PVC)防水卷材

聚氯乙烯(PVC)防水卷材是以聚氯乙烯树脂为主要原料,并加入一定量的改性剂、增强剂等助剂和填充料,经混炼、造粒、挤出压延、冷却、分卷包装等工序制成的柔性防水卷材。国家标准《聚氯乙烯防水卷材》(GB 12952—2011)规定,聚氯乙烯防水卷材按产品的组成分为均质卷材(代号 H)、带纤维背衬卷材(代号 L)、织物内增强卷材(代号 P)、玻璃纤维内增强卷材(代号 G)、玻璃纤维内增强带纤维背衬卷材(代号 GL)。卷材长度规格为 15,20,25 m。厚度规格为:1.2,1.5,1.8,2.0 mm。

聚氯乙烯防水卷材特点是价格便宜,抗拉强度和断裂伸长率较高,对基层伸缩、开裂、变形的适应性强;低温柔韧性好,可在较低的温度下施工和应用;卷材的搭接除了可用黏接剂外,还可以用热空气焊接的方法,接缝处严密。

与三元乙丙橡胶防水卷材相比,除在一般工程中使用外,聚氯乙烯防水卷材更适用于刚性层下的防水层及旧建筑混凝土构件屋面的修缮工程,以及有一定耐腐蚀要求的室内地面工程的防水工程、防渗工程等。聚氯乙烯防水卷材的主要物理性能见表 8-10。

表 8-10 聚氯乙烯防水卷材的主要物理性能(GB 12952—2011)

序号	项　目			指　标				
				H	L	P	G	GL
1	中间胎基上面树脂层厚度/mm		≥	—			0.40	
2	拉伸性能	最大拉力/(N·cm^{-1})	≥	—	120	250	—	120
		拉伸强度/MPa	≥	10.0	—	—	10.0	—
		最大拉力时伸长率/%	≥	—	—	15	—	—
		断裂伸长率/%	≥	200	150	—	200	100
3	热处理尺寸变化率/%		≤	2.0	1.0	0.5	0.1	0.1

续表

序号	项目			指标				
				H	L	P	G	GL
4	低温弯折性			\-25 ℃无裂纹				
5	不透水性			0.3 MPa,2 h不渗水				
6	抗冲击性能			0.5 kg·m,不渗水				
7	抗静态荷载[a]			—	—	20 kg 不渗水		
8	接缝剥离强度/(N·mm^{-1})		≥	4.0 或卷材破坏			3.0	
9	直角撕裂强度/(N·mm^{-1})		≥	50	—		50	—
10	梯形撕裂强度/N		≥	—	150	250	—	220
11	吸水率(70 ℃,168 h)/%	浸水后	≤	4.0				
		晾置后	≥	\-0.40				
12	热老化(80 ℃)	时间/h		672				
		外观		无气泡、裂纹、分层、黏结和孔洞				
		最大拉力保持率/%	≥	—	85	85	—	85
		拉伸强度保持率/%	≥	85	—	—	85	—
		最大拉力时伸长率保持率/%	≥	—	—	80	—	—
		断裂伸长率保持率/%	≥	80	80	—	80	80
		低温弯折性		\-20 ℃无裂纹				
13	耐化学性	外观		无气泡、裂纹、分层、黏结和孔洞				
		最大拉力保持率/%	≥	—	85	85	—	85
		拉伸强度保持率/%	≥	85	—	—	85	—
		最大拉力时伸长率保持率/%	≥	—	—	80	—	—
		断裂伸长率保持率/%	≥	80	80	—	80	80
		低温弯折性		\-20 ℃无裂纹				
14	人工气候加速老化	时间/h		1 500[b]				
		外观		无气泡、裂纹、分层、黏结和孔洞				
		最大拉力保持率/%	≥	—	85	85	—	85
		拉伸强度保持率/%	≥	85	—	—	85	—
		最大拉力时伸长率保持率/%	≥	—	—	80	—	—
		断裂伸长率保持率/%	≥	80	80	—	80	80
		低温弯折性		\-20 ℃无裂纹				

a. 抗静态荷载仅对用于压辅屋面的卷材要求。
b. 单层卷材屋面使用产品的人工气候加速老化时间为 2 500 h。

(三)氯化聚乙烯-橡胶共混防水卷材

氯化聚乙烯-橡胶共混防水卷材是以氯化聚乙烯树脂和适量的丁苯橡胶为主要原料,加入多种化学助剂,经密炼、过滤、挤出成型和硫化等工序加工制成的防水卷材。卷材长度规格为 20 m,厚度规格为 1.2,1.5,2.0 mm,幅宽为 1 000,1 100,1 200 mm 三种。

氯化聚乙烯-橡胶共混防水卷材兼有橡胶和塑料的特点,具有优异的高弹性、高延伸性和良好的低温柔性,对地基沉降、混凝土收缩的适应性强。此类防水卷材的性能接近于三元乙丙橡胶(EPDM)防水卷材,但由于原料丰富,其价格低于前者,适用于寒冷地区或变形较大的建筑防水工程。氯化聚乙烯-橡胶共混防水卷材的主要物理性能见表8—11。

表 8-11　氯化聚乙烯-橡胶共混防水卷材的主要物理性能(JC/T 684—1997)

项　　目		性能指标
拉伸强度/MPa	≥	7.0
断裂伸长率/%	≥	400
直角撕裂强度/(KN·m^{-1})	≥	24.5
不透水性(压力 0.3 MPa,30 min)		不透水
热老化保持率/%(80±2)℃,168 h　≥	断裂伸长率	80
	拉伸强度	70
脆性温度/℃	≤	-40
加热收缩率/%	<	1.2

任务三　防水涂料及应用

【学习目标】

知识目标

(1)了解几种常见的沥青基防水涂料。
(2)了解几种常见的高聚物改性沥青基防水涂料。
(3)了解常用防水涂料的性能及用途。

能力目标

(1)会贮存和保管防水涂料。

(2)会使用各种防水涂料。

【任务描述】

防水涂料是以沥青、合成高分子等为主体,在常温下呈无定型流态或半固态,经涂布在建筑或构筑物表面能形成坚韧的防水膜材料的总称。

【相关知识】

根据组分不同,防水涂料可分为单组分和双组分防水涂料。单组分防水涂料使用方便,靠溶剂或水分的挥发固化成膜。双组分防水涂料在施工时按一定比例将甲、乙两个组分混合、搅拌、涂布,两组分自然发生化学反应,固化成膜。

按涂料的类型可将涂料分为溶剂型、水乳型和反应型三类。

按涂料成膜物质的主要成分可分为沥青基防水涂料、高聚物改性防水涂料和合成高分子防水涂料三类。

沥青基防水涂料

沥青基防水涂料主要成膜物质是沥青,有溶剂型和水乳型两种。

(一)溶剂型石油沥青防水涂料

将石油沥青直接溶于汽油等有机溶剂中,制成沥青溶液,即是溶剂型石油沥青防水涂料。由于该涂料涂刷后涂膜很薄,不宜单独作为防水涂料使用,可作油毡等施工时的基层处理剂。

(二)水乳型石油沥青防水涂料

将石油沥青分散于水中,成为稳定的水分散体,即为水乳型石油沥青防水涂料。根据沥青颗粒大小,又可分为乳胶型和悬浮体。

1.水性石棉沥青防水涂料

将石棉和水组成悬浮液,再将熔化的石油沥青加入其中,强烈搅拌,即成为水性石棉沥青防水涂料。

石棉纤维具有改性作用,使涂料在储存稳定性、耐水性、耐烈性、耐候性等方面较一般乳化沥青好,可形成较厚的涂膜,可单独作防水涂料使用。施工时采用冷施工,只要基层不积水,及时潮湿,也可施工。与溶剂型相比,水性石棉沥青防水涂料无毒无味,操作方便、安全,成本较低,可满足一般防水要求。

2.石油乳化沥青防水涂料

以石油沥青为基料、石灰膏为分散体、石棉绒为填料,搅拌而成。生产工艺简单,施工时现配现用。

这种沥青浆膏成本较低,石灰膏在沥青中形成蜂窝状骨架,耐热性较好,涂膜较厚,

在 5~30 ℃施工，但石油沥青未改性，耐低温性能较差。和聚氯乙烯胶、泥配合，可用于砂浆找平层屋面防水。

3.膨润土乳化沥青防水涂料

以优质石油沥青为基料，膨润土为分散剂，经搅拌而成。这种厚质防水涂料可在潮湿但无积水的基层上施工，涂膜耐水性很好，黏结性强、耐热性好，冷施工，施工方法简单，不污染环境。

膨润土乳化沥青防水涂料一般和胎体增强材料配合使用，用于工业与民用建筑屋面、地下工程以及厕浴间等工程防水防潮。

高聚物改性沥青防水涂料

高聚物改性沥青防水涂料是用再生橡胶、合成橡胶或 SBS 树脂对沥青进行改性而制成的水乳型或溶剂型防水涂料。用再生橡胶改性可改善沥青低温冷脆性，增强抗裂性，增加弹性；用合成橡胶改性，可改善沥青的气密性、耐化学性、耐光、耐候性；用 SBS 树脂进行改性，可改善沥青的塑弹性、延伸性、抗拉强度、耐化学性及耐高低温性。

高聚物改性沥青防水涂料品种有再生橡胶改性沥青防水涂料、氯丁橡胶改性沥青防水涂料、SBS 橡胶改性沥青防水涂料等。

(一)再生橡胶改性沥青防水涂料

1.溶剂型再生橡胶改性沥青防水涂料

以再生橡胶为改性剂，汽油味溶剂，添加其他填料(滑石粉、碳酸钙等)，经加热搅拌而成。产品改善了沥青基防水涂料的柔韧性、耐久性等性能，原料来源广泛、成本低、生产简单。其性能见表 8-12。

表 8-12 再生橡胶改性沥青防水涂料性能(溶剂型)

项　　　目	性　　　能
外观	黑色黏稠液体
耐热性(80±2)℃，垂直放置 5 h	无变化
黏结力/MPa(20±2)℃，十字交叉法测抗拉强度	0.2~0.4
柔性(-10~28℃，绕 φ10 mm 圆棒弯曲)	无网纹、无裂纹、无剥落
透水性(0.2 MPa 动水压，2 h)	不透水
耐碱性[20 ℃，饱和 $Ca(OH)_2$ 溶液浸泡 20 d]	无剥落、起泡、分层、起皱
耐酸性(1% H_2SO_4 溶液浸泡 15 d)	无剥落、起泡、分层、起皱

溶剂型再生橡胶改性沥青防水涂料在常温和低温下都能施工。该产品适用于工业与民用建筑屋面、地下室、水池、冷冻库、桥梁、涵洞等工程的抗渗、防潮、防水及油毡屋面的维修和翻修。

2.水乳型再生橡胶改性沥青防水涂料

溶剂型再生橡胶改性沥青防水涂料如用水代替汽油,就得到水乳型再生橡胶改性沥青防水涂料,其性能见表8-13。

表8-13 再生橡胶改性沥青防水涂料性能(水乳型)

项 目	性 能
外观	黑色黏稠液体
耐热性(80±2)℃,垂直放置5 h	无变化
黏结力/MPa(8字模法)	≥0.2
柔性(-10 ℃,绕φ10 mm圆棒弯曲)	无裂纹
固含量/%	≥43

水乳型再生橡胶改性沥青防水涂料可在潮湿但无积水的基层上施工,适用于工业与民用建筑混凝土基层屋面及地下混凝土建筑防潮、防水。

(二)氯丁橡胶改性沥青防水涂料

氯丁橡胶改性沥青防水涂料有溶剂型和水乳型两类。

溶剂型氯丁橡胶改性沥青防水涂料是将氯丁橡胶和石油沥青溶于芳烃溶剂(苯或二甲苯)中形成一种混合胶体溶液。常用于工业与民用建筑混凝土基层、屋面防水层、水池、地下室的抗渗防潮、防腐蚀地坪的隔离层和旧油毡屋面的维修等防水工程。其性能技术指标见表8-14。

水乳型氯丁橡胶改性沥青防水涂料是以阳离子氯丁胶乳和阴离子沥青溶液混合而成。以水代替溶剂,成本低,无毒,常用于各类工业与民用建筑混凝土屋面、地下混凝土工程、厕浴间、室内地面的防潮、防水、抗渗,旧屋面防水工程的翻修和防腐蚀地坪的隔离防水层等,其性能技术指标见表8-14。

表8-14 氯丁橡胶改性沥青防水涂料技术指标

项 目	性能 溶剂型	性能 水乳型
外观	黑色黏稠液体	深棕色黏稠液体
耐热性(85 ℃,5 h)	无变化	无变化
黏结力/MPa	≥0.25	≥0.20
柔性(-40 ℃,1 h,绕φ5 mm圆棒)	无裂纹	无裂纹
透水性(0.2 MPa动水压,3 h)	不透水	不透水
耐碱性(20 ℃,饱和Ca(OH)$_2$溶液浸泡15 d)	无变化	
固含量/%		≥43
涂膜干燥时间/h		表干≥4,实干≤24

冷底子油

冷底子油是用建筑石油沥青加入汽油、煤油、轻柴油等溶剂,或用软化点 50~70 ℃ 的煤沥青加入苯,溶和而配成的沥青涂料。由于施工后形成的涂膜很薄,一般不单独使用,往往用作沥青类卷材施工时打底的基层处理剂,故称冷底子油。

冷底子油黏度小,具有良好的流动性。涂刷砼、砂浆等表面后能很快渗入基底,溶剂挥发沥青颗粒则留在基底的微孔中,应用于基底表面憎水。并具有黏结性,为黏结同类防水材料创造有利条件。

沥青玛碲脂(沥青胶)

沥青玛碲脂是用沥青材料加入粉状或纤维状的填充料均匀混合而成。按溶剂及胶黏工艺不同可分为:热熔沥青玛碲脂和冷玛碲脂。

热熔沥青玛碲脂(热用沥青胶)的配制通常是将沥青加热至 150~200 ℃,脱水后与 20%~30% 的加热干燥的粉状或纤维状填充料(如滑石粉、石灰石粉、白云粉,石棉屑,木纤维等)热拌而成,热用施工。

填料的作用是为了提高沥青的耐热性、增加韧性、降低低温脆性,因此用玛碲脂粘贴油毡比纯沥青效果好。工程上通常采用三毡四油(一层沥青胶一层防水卷材叠加重复三次)的屋面防水施工方法。

防水涂料的贮存及保管

防水涂料的包装必须密封严实,容器表面应标明涂料名称、生产厂家、生产日期和产品有效期标志;贮运及保管的环境温度应不低于 0 ℃;严防日晒、碰撞、渗漏;应存放在干燥、通风、远离火源的室内,料库内应配备专门用于扑灭有机溶剂的消防措施;运输时,运输工具、车轮应有接地措施,防止静电起火。

常用防水涂料性能及用途

常用防水涂料的性能及用于见表 8-15。

表 8-15 常用防水涂料的性能及用途

石油乳化沥青防水涂料	成本低,施工方便,耐候性好,但延伸率低	适用于工业及民用建筑的复杂屋面和青灰屋面防水,也可用于屋顶钢筋板面和油毡屋面防水
再生橡胶改性沥青防水涂料	有一定的柔韧性和耐水性,常温下冷施工,安全可靠	适用于工业及民用建筑的保温屋面、地下室、洞体、冷库地面等的防水

续表

硅橡胶防水涂料	防水性、成膜性、弹性、黏接性好,安全无毒	地下工程、储水池、厕浴间、屋面的防水
PVC防水涂料	具有弹塑性,能使用基层的一般开裂或变形	可用于屋面及地下工程、蓄水池、水沟、天沟的防腐和防水
三元乙丙橡胶防水涂料	具有高强度、高弹性、高延伸率、施工方便	可用于宾馆、办公楼、厂房、仓库、宿舍的建筑屋面和地面防水
氯磺化聚乙烯防水涂料	涂层附着力高、耐腐蚀、耐老化	可以用于地下工程、海洋工程、石油化工、建筑屋面及地面的防水
聚丙烯酸酯防水涂料	黏接性强,防水性好,延伸率高,耐老化,能适应基层的开裂变形,冷施工	广泛应用于中、高级建筑工程的各种防水工程,平面、立面均可施工
聚氨酯防水涂料	强度高,耐老化性能优异,延伸率大,黏结力强	用于建筑屋面的隔热防水工程,地下室、厕浴间的防水,也可用于彩色装饰性防水
粉状黏性防水涂料	属于刚性防水,涂层寿命长经久耐用,不存在老化问题	适用于建筑屋面、厨房、厕浴间、坑道、隧道地下工程防水

任务四　建筑密封材料及应用

【学习目标】

知识目标

(1)掌握建筑密封材料的分类。
(2)了解常见建筑密封材料的性能及用途。

能力目标

会对建筑密封材料进行适当的贮运及保管。

【任务描述】

建筑密封材料又称嵌缝材料,分为定形(密封条、压条)和不定性(密封膏或密封胶)两类。嵌入建筑接缝中,可以防尘、防水、隔气,具有良好的黏附性、耐老化性和温度适应性,能长期承受被黏附物体的振动,收缩而不破坏。

【相关知识】

建筑密封材料的分类

按原材料及其性能,不定性密封材料可分为塑性密封膏、弹塑性密封膏和弹性密封膏。

(一)塑性密封膏

塑性密封膏是以改性沥青和煤焦油为主要原料制成的。其价格低,具有一定的塑性和耐久性,但弹性差,延伸性差,使用年限在10年以下。

(二)弹塑性密封膏

弹塑性密封膏是以聚氯乙烯胶泥以及各种塑料油膏为主。弹性较低,塑性较大,延伸和黏结力较好,使用年限在10年以上。

(三)弹性密封膏

弹性密封膏石油聚硫橡胶、有机硅橡胶、氯丁橡胶、聚氨酯和丙烯酸萘为主要原料制成。性能好,使用年限在20年以上。

工程常用密封膏

(一)建筑防水沥青嵌缝油膏

建筑防水沥青嵌缝油膏是以石油沥青为基料,加入改性材料、稀释剂及填料混合而成。改性材料有废橡胶粉和硫化鱼油;稀释剂有松节油、机油;填充料有石棉绒和滑石粉。其技术性能应符合建筑材料行业标准《建筑防水沥青嵌缝油膏》(JC/T 207—2011)规定,见表8-16。

表 8-16 建筑防水沥青嵌缝油膏技术性能（JC/T 207—2011）

序号	项目	技术指标	
		702	801
1	密度/(g·cm^{-3})	规定值* ±0.1	
2	施工度/mm≥	22.0	20.0
3	耐热性	70 ℃下垂值不小于 4.0 mm	80 ℃下垂值不小于 4.0 mm
4	低温柔性	-20 ℃时无裂纹剥离	-10 ℃时无裂纹剥离
5	拉伸黏结性	不小于 125%	
6	浸水后黏结性	不小于 125%	
7	浸出性	渗出幅度不安于 5 mm,渗出张数不多于 4 张	
8	挥发性	不超过 2.8%	

*规定值由生产商提供或供需双方商定。

建筑防水沥青嵌缝油膏主要用作屋面、墙面、沟和槽的防水嵌缝材料。使用建筑防水沥青嵌缝油膏嵌缝时,缝内应洁净干燥,先刷涂冷底子油一道,待其干燥后立即嵌填油膏。油膏表面可家石油沥青、油毡、砂浆、塑料为覆盖层。

(二)聚氯乙烯防水接缝材料

聚氯乙烯防水接缝材料是以聚氯乙烯(含 PVC 废料)和焦油为基料,同增塑剂、稳定剂、填充剂等共混,经塑化或热熔而成。呈黑色黏稠状或块状,其技术性能应符合建筑材料行业标准《聚氯乙烯防水接缝材料》(JC/T 798-1997)的规定,见表 8-16。

聚氯乙烯防水接缝材料具有良好的黏结性、防水性、弹塑性、耐热、耐寒、耐腐蚀和抗老化性能也较好。可以热用,也可以冷用。适用于各种屋面嵌缝或表面涂布作为防水层,也可用于水渠、管道等接缝,用于工业厂房自防水屋面嵌缝、大型墙板嵌缝等的效果也很好。

表 8-17 聚氯乙烯防水接缝材料技术性能（JC/T 798—1997）

项目	技术指标	
	801	802
密度/(g·cm^{-3})	规定值±0.1	
下垂度/mm(80 ℃)	≤4.0	
低温柔性	-10 ℃时无裂纹剥离	-20 ℃时无裂纹剥离
拉伸黏结性	最大延伸率300%,最大抗拉强度为 0.02~0.15 MPa	
浸水后拉伸黏结性	最大延伸率250%,最大抗拉强度为 0.02~0.5 MPa	
恢复率	不小于80%	
挥发性	热熔型 PVC 接缝材料不大于3%	

(三)聚氨酯建筑密封膏

聚氨酯建筑密封膏是由多异氰酸酯与聚醚通过加成反应制成预聚体后,加入固化剂、助剂等在常温下交联固化而成的一类高弹性建筑密封膏。建筑材料行业标准《聚氨酯建筑密封胶》(JC/T 482—2003)规定,聚氨酯建筑密封膏按包装形式可分为单组分(Ⅰ)和多组分(Ⅱ)两个品种,按流动性可分为非下垂型(N)和自流平型(L)两个类型,按位移能力可分为25.20两个级别,按拉伸模量可分为高模量(HM)和低模量(LM)两个次级别。其主要技术性能应符合表8-18的要求。

表8-18 聚氨酯建筑密封膏技术性能(JC/T 482—2003)

项　　目		指　　标		
		20 HM	25 LM	20 LM
密度/(g·cm^{-3})		规定值±0.1		
流动性	下垂度(N型)	≤3 mm		
	流平性(L型)	光滑平整		
挤出性[1]/(mL·min^{-1})		≥80		
适用期[2]/h		≥1		
弹性恢复率/%		≥70		
质量损失率/%		≤7		
浸水后定伸黏接性		无破坏		
定伸黏接性		无破坏		
冷拉热压后黏结性		无破坏		
拉伸模量	23 ℃	>0.4 或>0.6		≤0.4 或≤0.6
	−20 ℃			

1.此项仅适用于单组分产品;
2.此项仅适用于多组分产品,允许采用供需双方商定的其他指标值。

聚氨酯建筑密封膏对金属、混凝土、玻璃、木材等均有良好的黏结性能。具有弹性大、延伸率大、黏结性好、耐低温、耐水、耐油、耐酸碱、抗疲劳及使用年限长等优点。广泛应用于墙板、屋面、伸缩缝等勾缝部位的防水密封工程,以及给排水管道、蓄水池、游泳池、道路桥梁、机场跑道等工程的接缝密封于渗漏修补,也可用于玻璃、金属材料的嵌缝。

(四)聚硫建筑密封膏

聚硫建筑密封膏是以液态聚硫橡胶为主剂,以金属过氧化物(多数以二氧化铅)为固化剂,加入增塑剂、增韧级、填充剂及着色剂配制而成的双组分密封材料。目前国内双组分聚硫密封材料的品种较多,这类产品按伸长率和模量分为A类和B类。A类是高模量、地延伸率的聚硫密封膏;B 类是高延伸率和低模量的聚硫密封膏。

聚硫建筑密封膏具有良好的耐候性、耐油、耐湿热、耐水、耐低温等性能,能承受持续和明显的循环位移,抗撕裂性强,对金属(钢、铝等)和非金属(混凝土、玻璃、木材等)材质均具有良好的黏结力,可在常温下或加温条件下固化。

聚硫建筑密封膏可用于高层建筑接缝及窗框周围防水、防尘密封,中空玻璃的周边密封,建筑门窗玻璃装嵌密封,游泳池、储水槽、上下管道、冷藏库等接缝的密封,特别适用于自来水厂、污水厂等。

(五)硅酮建筑密封胶

硅酮建筑密封胶是以聚硅氧烷为主剂,加入硫化剂、硫化促进剂、填料和颜料等组分的高分子非定形密封材料。

国家标准《硅酮建筑密封胶》(GB/T 14683—2003)规定,硅酮建筑密封胶按固化机理分 A 型——脱酸(酸性)和 B 型——脱醇(中性);按用途可分为 G 类——镶装玻璃用和 F 类——建筑接缝用(不适用建筑幕墙和中空玻璃)。产品按位移能力分为 25.20 两个级别,按拉伸模量分为高模量(HM)和低模量(LM)两个次级别。

硅酮建筑密封胶具有优异的耐热、耐寒性及较好的耐候性,疏水性能良好。硅酮建筑密封胶主要用于建筑物的结构型密封部位,如建筑幕墙、门窗;以及建筑物的非结构型密封部位,如预制混凝土墙板、水泥板、大理石板、花岗石的外墙板缝、混凝土与金属框架的黏接以及卫生间和高速公路等接缝的防水密封等。

建筑密封材料的贮运及保管

建筑密封材料的贮运及保管应遵守下列规定:应避开火源、热源,避免日晒、雨淋,防止碰撞,保持包装完好无损;外包装应贴有明显的标记,标明产品的名称、生产厂家、生产日期和使用有效期;应分类贮放在通风、阴凉的室内,环境温度不应超过 50 ℃。

常用建筑密封材料的性能与用途

常用建筑密封材料的性能与用途见表 8-19。

表 8-19 常用建筑密封材料的性能与用途

品 种	特 点	用 途
有机硅酮密封膏	具有对硅酸盐制品、金属、塑料良好的黏结性,具有耐水、耐热、耐低温、耐老化性能	适用于窗玻璃、大型玻璃幕墙、贮槽、水族箱、卫生陶瓷等接缝密封
聚硫密封膏	对金属、混凝土、玻璃、木材具有良好的黏结性,具有耐水、耐油、耐老化、耐化学腐蚀等性能	适用于中空玻璃、混凝土、金属结构的接缝密封,也适用于耐油、耐试剂要求的车间、试验室的地板、墙板密封和一般建筑、土木工程的各种接缝密封

续表

品　种	特　　点	用　　途
聚氨酯密封膏	对混凝土、金属、玻璃有良好的黏结性,并具有弹性、延伸性、耐疲劳性、耐候性等性能	适用于建筑物屋面、墙板、地板、窗框、卫生间的接缝密封,也适用于混凝土结构的伸缩缝、沉降缝和高速公路、机场跑道、桥梁等土木工程的嵌缝密封
丙烯酸酯密封膏	具有良好的黏结性、耐候性和一定的弹性,可在潮湿基层上施工	适用于室内墙面、地板、门窗框、卫生间的接缝以及室外小位移量的建筑缝密封
氯丁橡胶密封膏	具有良好的黏结性、延伸性、耐候性、弹性	
聚氯烯接缝材料	具有良好的弹塑性、延伸性、黏结性、防水性、耐腐蚀性,耐热、耐寒性、耐候性较好	适用于各种坡度的建筑屋面和耐腐蚀要求的屋面的接缝防水以及水利设施、地下管道的接缝防渗
改性沥青油膏	具有良好的黏结性、柔韧性、低温柔性,可冷施工	适用于屋面板、墙板等装配式建筑构件间的接缝嵌填,以及小位移量的各种建筑接缝的防水密封

任务五　沥青试验

【学习目标】

知识目标

掌握沥青的针入度、延度及软化点的相关规定。

能力目标

（1）能够测定沥青的针入度。
（2）能够测定沥青延度。
（3）能够测定沥青软化点。

【任务描述】

沥青的针入度、延度及软化点是评定沥青塑性好坏及确定沥青牌号的重要指标。

【相关知识】

✎ 沥青的针入度试验

(一)试验目的

掌握《沥青针入度测定法》(GB/T 4509—2010),通过测定沥青针入度可以评定其黏滞性,并依据针入度确定沥青的牌号。

(二)主要仪器设备

(1)针入度仪,其构造如图8-9所示。

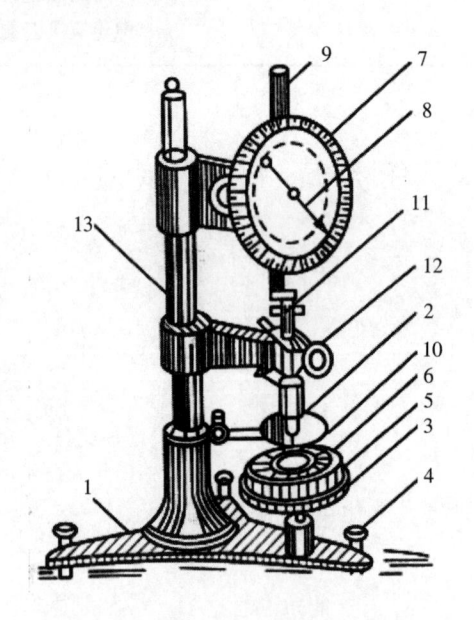

图8-9 针入度仪
1—底盘;2—小镜;3—圆形平台;4—调平螺钉;5—保湿皿;6—试样;7—刻度盘;
8—指针;9—活杆;10—标准针;11—针连杆;12—按钮;13—砝码

(2)标准针。
(3)恒温水浴。
(4)试样皿。

(5)平底玻璃皿、温度计、秒表、石棉筛、可控制温度的沙浴或密闭电炉等。

(三)试样制备

(1)小心加热样品,不断搅拌以防局部过热,加热到样品能够易于流动。加热时焦油沥青的加热温度不超过软化点的 60 ℃,石油沥青不超过软化点的 90 ℃,加热时间在保证样品充分流动的基础上尽量少。加热、搅拌过程中避免试样中进入气泡。

(2)将试样倒入预先选好的试样皿内,试样深度应至少是预计锥入深度的 120%。如果试样皿的直径小于 65 mm,而预期针入度高于 200,每个试验条件都要倒三个样品。如果样品足够,浇注的样品要达到试样皿边缘。

(3)将试样皿松松地盖住以防灰尘落入。在 15~30 ℃的室温下冷却 45 min~1.5 h(小试样皿 φ33 mm×16 mm)、1~1.5 h(中等试样皿 φ55 mm×35 mm)或 1.5~2 h(大试样皿)。冷却结束后将试样皿和平底玻璃皿一起放入保持试样温度的恒温水浴中,水面应高于试样表面 10 mm 以上,恒温 45 min~1.5 h(小试样皿)、1~1.5 h(中等试样皿)或 1.5~2 h(大试样皿)。

(四)操作步骤

(1)调整针入度仪的水平,检查针连杆和导轨,以确认无水和其他外来物,无明显摩擦。用合适的溶剂清洗标准针,用干净的布将其擦干,把标准针插入针连杆中固紧。

(2)将已恒温到试验温度的试样皿和平底玻璃皿从水槽中取出,放置在针入度仪的平台上。慢慢放下针连杆,使针尖刚好与试样表面接触,必要时放置在合适位置的光源反射来观察。拉下刻度盘的活杆,使其与针连杆顶端轻轻接触,调节刻度盘的指针指零。

(3)用手紧压按钮,同时开动秒表,使标准针自由下落穿入沥青试样,到规定时间(5 s)停压按钮使标准针停止移动。

(4)拉下刻度盘活杆与针连杆顶端接触,此时刻度盘指针的读数即为试样的针入度,用 1/10 mm 表示。

(5)同一试样至少重复测定三次,各测点间的距离及测定点与试样皿边缘之间的距离都不得小于 10 mm。每次试验前都应将试样和平底玻璃皿放入恒温水浴中,每次试验都采用干净的针。

(五)试验结果

以三次试验结果的平均值作为该沥青的针入度。三次试验所测针入度的最大值与最小值之差不应大于表 8-20 中的数值。如差值超过表中数值,则试验须重做。

表 8-20　针入度测定最大允许差值

针入度	0~49	50~149	150~249	250~350	350~500
最大允许差值	2	4	6	8	20

沥青的延度试验

(一)任务分析

掌握《沥青延度测定法》(GB/T 4508—2010),通过测定沥青的延度,可以评定其塑性的好坏,并依据延度值确定沥青的牌号。

(二)主要仪器设备

(1)延度仪、模具,如图8-10所示。
(2)恒温水浴、温度计、金属筛网、隔离剂等。

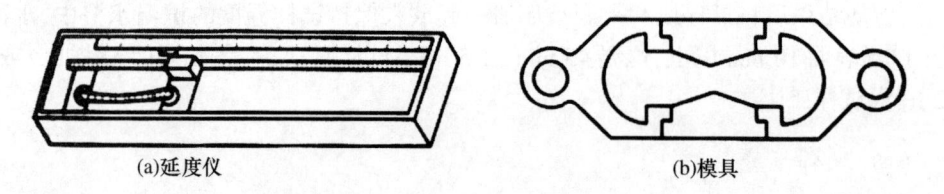

(a)延度仪　　　　　　　　　　　(b)模具

图8-10　沥青延度仪及模具

(三)试样制备

(1)将模具组装在支撑板上,将隔离剂拌和均匀,涂于支撑板表面及侧模的内表面,以防沥青黏在模具上。

(2)与针入度试验相同的方法准备沥青试样,待试样呈细流状,把试样倒入模具中,自模的一端至另一端往返注入,并使试样略高出模具。

(3)试件在15~30 ℃的空气中冷却30~40 min,然后置于规定试验温度的恒温水浴中,保持30 min后取出,用热刀将高出试模的沥青刮走,使沥青面与模面齐平。沥青的刮法应自中间向两端,表面应刮得十分平滑。

(4)将金属板、试模和试件一起放入水浴中,并在试验温度(25±5)℃下保持85~95 min。然后从板上取下试件,拆掉侧模,立即进行拉伸试验。

(四)操作步骤

(1)检查延度仪拉伸速度是否满足要求(一般为5 cm/min±0.5 cm/min),然后移动滑板使其指针对准标尺的零点。将延度仪水槽注水,并保持水温达试验温度±0.5 ℃。

(2)将试件移至延度仪水槽中,然后从金属板上取下试件,将试模两端的孔分别套在滑板及槽端的金属柱上,水面距试件表面应不小于25 mm,然后去掉侧模。

(3)测得水槽中水温为试验温度±0.5 ℃时,开动延度仪(此时仪器不得有振动),观察沥青的拉伸情况。在测定时,如发现沥青细丝浮于水面或沉入槽底时,应在水中加入乙醇或食盐调整水的密度至与试样的密度相近后,再重新试验。

(4)试件拉断时指针所指标尺上的读数,即为试件的延度,以 cm 表示。在正常情况下,试件应拉伸成锥尖状,在断裂时实际横断面为零。如不能得到上述结果,在应在报告中说明。

(五)试验结果处理

取 3 个平行测定值的平均值作为测定结果。若 3 次测定值不在其平均值的 5% 以内,但其中两个较高值在平均值的 5% 以内,则可弃掉最低值,取两个较高值的平均值作为测定结果。否则重新测定。

沥青的软化点试验

(一)试验目的

通过测定沥青的软化点,可以评定其温度感应性并依软化点值确定沥青的牌号;也是在不同温度下选用沥青的重要技术指标之一。掌握《沥青软化点测定法(环球法)》(GB/T 4507—2014),正确使用仪器设备。

(二)主要仪器设备

(1)钢球、试样环、支撑板、钢球定位器、浴槽、环支撑架和支架,如图 8-11 所示。
(2)电炉或其他加热器、温度仪、金属筛网、隔离剂等。

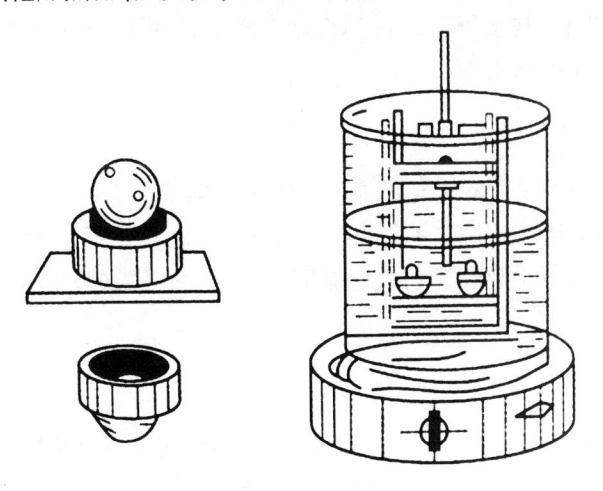

图 8-11　软化点测定仪

(三)试样制备

(1)将试样环置于涂有隔离剂的金属板或玻璃板上,将沥青试样(准备方法同针入度试验)注入试样环内至略高于环面为止(如估计软化点在 120 ℃ 以上时,应将试样环及金属板预热至 80~100 ℃)。

(2)将试样在室温冷却 30 min 后,用热刀刮去高出环面的试样,务使之与环面齐平。

(3)估计软化点不高于 80 ℃的试样,将盛有试样的试样环及金属板置于盛满水的保温槽内,水温保持(5±0.5)℃,恒温 15 min;预估软化点高于 80 ℃的试样,将盛有试样的试样环及金属板置于盛满甘油的保温槽内,水温保持(32±1)℃,恒温 15 min。或将盛有试样的试样环水平地安放在试验架中层板的圆孔上,然后放在烧杯中,恒温15 min,温度要求同保温槽。

(4)烧杯内注入新煮沸并冷却至 5 ℃的蒸馏水(预估软化点不高于 80 ℃的试样),或注入预先加热至 32 ℃的甘油(预估软化点高于 80 ℃的试样),使水面甘油液面略低于连接杆上深度标记。

(四)操作步骤

(1)从水中或甘油保温槽中,取出盛有试样的试样环放置在环架中层板的圆孔中,为了使钢球位置居中,应套上钢球定位器,然后把整个环架放入烧杯中,调整水面或甘油面至连接杆上的深度标记,环架上任何部分不得有气泡。再将温度计由上层板中心孔垂直插入,使水银球底部与试样环下部齐平。

(2)将烧杯移放至有石棉网的电炉或三脚架煤气灯上,然后将钢球放在试样上(务使各环的平面在全部加热时间内处于水平状态)立即加热,使烧杯内水或甘油温度上升速度在 3 min 内保持(5±0.5)℃/min,在整个测定过程中如温度的上升速度超过此范围时,则试验应重做。

(3)试样受热软化,包裹沥青试样的钢球在重力作用下,下降至与下层底板表面接触时的温度即为试样的软化点。

(五)试验结果处理

取平行测定两个结果的算术平均值作为测定结果。

平行测定的两个结果的偏差不得大于下列规定:软化点低于 80 ℃时,允许差值为 0.5 ℃;软化点高于或等于 80 ℃时,允许差值为 1 ℃。否则试验重做。

【技能训练】

(1)掌握沥青针入度试验的正确操作,熟练使用针入度仪以及正确读数。
(2)对沥青延度的测定进行反复操作,提高技能熟练程度。
(3)掌握沥青软化点试验的正确操作,熟练使用软化点测定仪。

【任务评价】

教学评价表

班级:_____ 姓名:_____ 本任务得分_____

项目	要素	主要评价内容	等级及参考分值				得分
			优	良	中	差	
职业素养	工作纪律	课堂不迟到、早退,服从教师管理及组长指挥	5	4	3	2	
	安全操作	严格按照试验步骤进行操作,不野蛮操作、试验现场不打闹	5	4	3	2	
	环保意识	文明操作,爱护仪器、器材,保持工作台及试验室环境整洁,完成后主动清理现场	5	4	3	2	
	团队协作	小组协作、相互交流,组员、同学之间互相带动学习	5	4	3	2	
	小　计:	20分	20	16	12	8	
技能考评	试验准备	明确所需试验设备、工具及器材,掌握设备及器材的使用方法	20	16	12	8	
	试验过程	掌握沥青针入度、延度及软化点的方法与步骤,严格按规范要求的条款进行试验操作,反复操作,提高技能的熟练程度	20	16	12	8	
	完成质量	小组配合完成任务,测定沥青的针入度、延度及软化点;不抄袭其他小组的成果	20	16	12	8	
	任务工单	按要求填写任务工单,工单书写工整;试验步骤清晰、计算结果正确,成果和结论真实	20	16	12	8	
	小　计:	80分	80	64	48	32	
		合计	100	80	60	40	
教师、学生或小组结论性评价(描述性评语)							

【拓展练习】

一、选择题

1. 石油沥青的技术性质包括(　　)。
   A. 高温稳定性　　B. 黏滞性　　C. 低温抗裂性　　D. 耐久性
2. 建筑工程常用的是(　　)沥青。
   A. 煤油　　B. 焦油　　C. 石油　　D. 页岩
3. 沥青的牌号划分是依据(　　)的大小确定的。
   A. 软化点　　B. 延伸度　　C. 溶解度　　D. 针入度
4. 石油沥青的针入度越大,则其黏滞性(　　)。
   A. 越大　　B. 越小　　C. 不变　　D. 不一定
5. 三毡四油防水层中的"油"是指(　　)。
   A. 沥青胶　　B. 冷底子油　　C. 玛蹄脂　　D. 乳化沥青
6. 为避免夏季流淌,一般屋面用沥青材料的软化点应比本地区屋面最高温度高(　　)。
   A. 10 ℃　　B. 15 ℃　　C. 20 ℃以上　　D. 25 ℃以上
7. 沥青的黏性用(　　)表示。
   A. 针入度　　B. 延伸度　　C. 软化点　　D. 溶解度
8. 石油沥青的(　　)决定其耐热性、黏滞性和脆性。
   A. 油分　　B. 树脂　　C. 地沥青质　　D. 石油

二、填空题

1. 防水卷材按材料不同分为_____、_____、_____防水卷材三大系列。
2. 沥青在常温下,可以呈_____、_____、_____状态。
3. 石油沥青的主要组分是_____、_____和_____。
4. 石油沥青的塑性指标是_____。

三、简答题

1. 请比较煤沥青与石油沥青的性能与应用的差别。
2. 在粘贴防水卷材时,一般均采用沥青胶而不是沥青,这是为什么?
3. 为什么石油沥青使用若干年后会逐渐变得脆硬,甚至开裂?
4. 石油沥青的牌号是根据什么划分的?牌号大小与沥青主要性能的关系如何?
5. 某住宅楼面于8月份施工,铺贴沥青防水卷材,全是白天施工,为什么后来卷材出现了鼓泡、渗漏?

项目九　建筑塑料及胶黏剂

【学习目标】

知识目标

(1) 了解塑料及胶黏剂的组成、性质。
(2) 理解热塑性塑料和热固性塑料的概念。
(3) 了解常用的建筑塑料。

能力目标

能够根据环境的特点及不同的工程,合理的选择建筑塑料及胶黏剂。

素养目标

(1) 热爱建筑工作、具有创新意识和创新精神。
(2) 能够与他人进行良好的合作与交流。

【教学场景】

多媒体教室。

【项目描述】

通过本项目的学习掌握塑料的分类及特性,了解常用建筑塑料的品种及其用途,以及了解常用的胶黏剂及用途。

【课时分配】

序号	任务名称	课时分配(课时)
一	建筑塑料及应用	2
二	胶黏剂及应用	2
合　计		4

任务一　建筑塑料及应用

【学习目标】

知识目标

了解塑料的组成和性质。

能力目标

(1)能够区分常用建筑塑料的品种。
(2)能够根据建筑塑料的用途对其进行分类。

【任务描述】

　　塑料是以合成树脂为主要原料,在一定温度和压力下塑制成型的一种合成高分子材料,用于建筑上的塑料制品统称为建筑塑料。塑料作为一种新兴的建筑材料,具有很多优点,符合现代材料的发展趋势,在保护环境、改善居住条件、节约能源的等方面独具优势。因此,在建筑工程中得到了广泛的应用,是继钢材、木材、水泥之后又一大类建筑材料。随着我国化学建材工业的迅速发展,塑料的品种将不断增加,性能更加优越、成本不断下降,建筑塑料的大力推广应用有着明显的经济和社会效益,发展前景十分广阔。

【相关知识】

塑料的组成和性质

　　塑料具有轻质、高强、多功能、保温隔热性和装饰性好的特点。在建筑工程中,可以

代替钢材、木材等传统材料,用作保温材料、涂料、防水材料、防潮材料、装饰材料、给排水管道、门窗、卫生洁具、黏结剂及各种扶手和隔断材料。

(一)塑料的组成

塑料是以合成树脂为主要成分,在一定温度、压力下,可塑制成各种形状,且在常温下保持形状不变的有机材料。其组成材料有合成树脂、填充料和添加剂。

1.合成树脂

合成树脂是塑料的主要成分,一般占其质量的40%~90%,所以树脂的性能决定了塑料的主要性质。树脂是合成高分子聚合物,在塑料中起胶黏剂的作用,能将自身和其他材料黏结在一起。接受热时形态性能变化的不同,合成树脂可分为热塑性树脂和热固性树脂两类。由热塑性树脂组成的塑料成为热塑性塑料;由热固性树脂组成的塑料成为热固性塑料。

热塑性塑料受热后软化,逐渐熔融,冷却后变硬成型,这种软化和硬化过程可重复进行,不影响自身的性能和外观,因此可以再生利用。其优点是加工成型简单,机械性能较高。缺点是耐热性、刚性较差。典型的热塑性树脂有聚乙烯(PE)、聚丙烯(PP)、聚氯乙烯(PVC)、聚苯乙烯(PS)等。

热固性塑料加工时受热软化,产生化学变化,形成聚合物交联而逐渐硬化成型,一旦成型,再受热则不软化或改变其形状,其耐热性和刚性较好,但机械性能较差。典型的热固性树脂有酚醛树脂(PE)、环氧树脂(EP)、脲醛树脂(UF)、三聚氰胺树脂(MF)、有机硅树脂(SI)。

2.填充料

填充料按其化学组成不同分为有机填充料(如木粉、棉布、纸屑)和无机填充料(如石棉、云母、滑石粉、石墨、玻璃纤维),按形状分为粉状填充料和纤维填充料。

填充料通常占塑料质量的20%~50%。填充料不仅可以提高塑料强度和硬度,增加化学稳定性,而且由于填充料价格低于合成树脂,因而可以节约树脂,降低成本。

3.添加剂

添加剂是为了改变塑料的性能,以适应塑料使用或加工时的特殊要求而加入的辅助材料,如增塑剂、稳定剂、润滑剂、颜料等。

(1)增塑剂。

增塑剂在塑料中的作用是增加塑料的可塑性、流动性。同时可改善塑料的低温脆性。不同塑料对增塑剂是有选择的,它必须能与树脂想混溶,其性能的变化不影响塑料的工程性质。常用的增塑剂有邻苯二甲酸酯、二苯甲酮、樟脑等。

(2)稳定剂。

塑料在加热、使用过程中受光、热或氧的作用会导致性能降低,即老化。加入稳定剂可使抗老化性能得以改善,能够长期保持原有的工程性质。常用的稳定剂有硬脂酸盐、钛白粉等。

(3)润滑剂。

润滑剂的作用是放置塑料在成型加工过程中将模子黏住,以便于脱模和使制品表面光洁。常用的润滑剂有硬脂酸钙、石蜡等。

(4)着色剂。

塑料中加入着色剂是为了获得所需要的色彩,着色剂应与树脂相溶、相熔,在加热加工和使用中应保持稳定。

此外,根据建筑塑料使用及成型加工的需要还可添加硬化剂、发泡剂、抗静电剂、阻燃剂等。

(二)建筑塑料的特性

建筑塑料与传统建材相比具有以下一些特点:

1. 质量轻、比强度高

塑料的密度为 0.8~2.2 g/cm³,约为铝的1/2、钢筋混凝土的1/3、钢材的1/4,而塑料的比强度却接近甚至超过钢材和混凝土制品,是一种轻质高强的材料,对于要求减轻自重的高层建筑具有重要的意义。

2. 优良的加工性能

塑料可采用多种加工工艺塑制成各种形状、厚度的塑料制品,如薄膜、板材、管材、门窗等,尤其是易加工成断面较复杂的异形板材和管材,有助于机械化、规模化生产。

3. 出色的装饰性

通过现代先进的加工技术(如着色、印刷、压花、电镀等)可制得具有优异的装饰性能的各种塑料制品,其纹理和质感可模仿天然材料(如大理石、木纹等),图像逼真。

4. 优异的绝缘性能

塑料具有对热、电、声良好的绝缘体。其导热系数小,特别是泡沫塑料的导热性更小,是理想的保温隔热和吸声材料。塑料具有良好的电绝缘性能,是良好的绝缘材料。

5. 耐腐蚀性优良

一般塑料对酸、碱、有机溶剂等化学药品均具有良好的抗腐蚀能力,适用于化工建筑的特殊需要。

6. 节能效果显著

建筑塑料在生产和使用两方面均显示出明显的节能效益,如生产聚氯乙烯(PVC)的能耗仅为钢材的1/4,铝材的1/8,采暖地区采用塑料窗代替普通钢窗,可节约采暖能耗 30%~40%。

塑料虽有上述诸多优点,也存在着易老化、易燃、耐热性、刚性差等方面的不足,但这些缺点是可以在制造和应用中,采取相应的技术措施加以改进的。总之,建筑塑料在使用时应扬长避短,充分挥发其优点。

常用建筑塑料的品种及其用途

塑料可用于建筑物的各个部位,美化室内环境,提高建筑功能,同时还具有一定的节能意义。

建筑塑料制品按形态可分为薄膜、板材、管材、异型材、泡沫塑料、溶液等;按用途可分为装饰材料、防水材料;门窗材料;墙体屋面材料、隔热材料、给排水管道材料等。

目前在建筑工程中推广使用的部分建筑塑料制品有以下三种:

(一)塑料门窗

塑料门窗主要是指由硬质聚氯乙烯型材,经切割、焊接、拼装修整而成的门窗制品。与传统的钢、木门窗相比,塑料门窗具有美观、耐用、安全、节能等优点。为增强塑料门窗的刚性,常在门窗框内嵌入金属型材,成为复合材料门窗,又称塑钢门窗如图9-1所示。

图9-1 塑料门窗

塑钢门窗具有以下显著的优点:

1. 隔热、隔声性能好

塑料门窗主要是由聚氯乙烯中空异型材拼装而成,门窗的密封性好,并且聚氯乙烯塑料的导热系数较低,所以塑料门窗的保温隔热、隔声性能都比较理想。

2. 防火安全系数较高

塑料门窗用塑料主要是聚氯乙烯(PVC),而PVC具有较好的阻燃和自熄性能,故塑料门窗的防火安全系数较高。

3. 耐水、耐腐蚀性能强

塑料门窗受潮后、不会变形和霉腐,化学稳定性好,若有污渍,也可用清洁剂清洗。

4. 装饰性好

塑料门窗表无须涂漆,可通过本体着色,模仿各种其他材料的纹理,装饰效果较好。

鉴于上述几方面的优点,塑料门窗作为一种符合建筑节能要求的新型化学建材,其应用量正持续上升。近年来一些城市塑料门窗的市场占有率已约达60%。

(二)塑料管材

塑料管材是指采用塑料为原料,经挤出、注塑、焊接等工艺成型的管材和管件。塑料管材是目前建筑塑料制品中用量最大的品种,占整个建筑塑料产量的40%以上,以塑代铁是国际上管道发展的方向,塑料管材已成为整个管道业中不可缺少的组成部分。

1. 塑料管材的优点

相对于传统金属管材,塑料管材具有以下几个方面的优越性:

(1)质量轻。

塑料管的相对密度只有铸铁的1/7,安装维修方便,管道的施工效率可提高50%~60%,劳动强度大为降低。

(2)耐腐蚀性能好。

塑料管不生锈、不结垢,且具有良好的耐酸、碱、盐等化学腐蚀性能;在耐油方面也超过碳素钢,适于输送具有腐蚀性的液体和气体,可减少维修费用,延长使用寿命。

(3)输送效率高。

塑料管道的管壁光滑,流体流动阻力小,在同样的条件下,输水能耗是铸铁管的50%。

2.建筑上常用的塑料管材

(1)聚氯乙烯(PVC)管。

聚氯乙烯管具有较大的刚性、较好的化学稳定性、耐油性及抗老化性,但也存在热稳定性欠佳,受冲击易脆裂的缺点,如图9-2所示。

图9-2 聚氯乙烯PVC管

硬质聚氯乙烯(UPVC)管是建筑上主要使用的塑料管材之一,适用于给水、排水、供气、排气、工矿业工艺管道、电缆套管等。

软质PVC塑料具有一定的弹性,质软,冲击韧性较好,吸水性低,耐寒,化学稳定性、温度适应性较好。易于成型,可制成薄板、薄膜、管材、壁纸、壁布、塑料复合金属框板等。

(2)聚乙烯(PE)塑料管。

聚乙烯管是以聚乙烯为主要原料,加入抗氧化剂、炭黑及着色剂等制造而成,可分为高密度(HDPE)管和低密度(LDPE)管。与PVC管相比,聚乙烯管质量轻、韧性好、无毒、耐腐蚀、低温性能较好,用作给水管道时,冬季不易冻裂。广泛用于工业与民用建筑的上下水管道、天然气管道、工业耐腐蚀管道等。

近年来,通过交联等改性措施制得的交联聚乙烯(PEX)管,其耐压、耐腐、耐热等性能进一步提高,适用于饮用水与冷热水管道系统等。

(3)聚丙烯(PP)管。

聚丙烯管是以丙烯-乙烯共聚物为原料,加入稳定剂,经挤出成型而成。它比PE管

还要轻,它的刚度、强度高,耐化学腐蚀性能好,耐热性比 PVC、PE 要好得多,在 100~120℃的温度下,仍保持一定的机械强度,适于用作热水管。近年来,新开发的改性无规共聚聚丙烯管(PP-R)的强度、耐热、卫生等各项性能更佳。PP 管、PP-R 管是国内推广使用的建筑给水管道之一。西欧各国也多采用聚丙烯管作为采暖系统的热水管。

(4) ABS 管。

ABS 管又叫苯乙烯管,它综合了丙烯腈、丁二烯、苯乙烯三者的特点,通过不同的配方,可以满足制品性能的多种要求,具有优良的韧性、坚固性和耐腐蚀性,特殊牌号的 ABS 管还具有很高的耐热性能。ABS 管是理想的卫生洁具系统的下水、排污、放空的管道,广泛应用于生产中,如车间的工艺水管道、污水处理管道等。

(5) 铝塑复合管。

铝塑复合管是一种国内推广使用的新型给水管道,管型为多层复合材料,中间层骨架是薄壁铝管,内外层是塑料(PE)材料,塑料与铝合金间采用亲和热熔助剂,通过高温高压的特殊复合工艺紧密结合而成。铝塑复合管具有复合的致密性、极强的复合力,集金属与非金属的特点于一体,其综合性能优于其他的塑料管道。当前被认为是取代传统镀锌管供水及燃气用的最佳管材。

任务二 胶黏剂及应用

【学习目标】

知识目标

掌握胶黏剂的定义及分类。

能力目标

能够区分常见的几种胶黏剂及应用。

【任务描述】

胶黏剂又称黏合剂、黏结剂,是一种具有良好的黏结性能,能将两个相同或不同的材料胶接在一起的材料。胶接就是用胶黏剂将材料构件黏合在一起的连接方法,是一种不同于铆接、螺纹连接和焊接的新型连接方法。建筑胶黏剂在现代化建筑施工中,已成为装修工程、修补加固工程重要的建筑材料,正在逐步替代大量的建筑装修湿作业,为装修工程的工业化创造有利的条件。

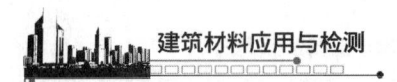

【相关知识】

胶黏剂的分类

胶黏剂通常是由主体材料和辅助材料配制而成。主体材料主要指黏料,它是胶黏剂中起胶接作用并赋予胶层一定机械强度的物质,如各种树脂、橡胶、沥青等合成或天然高分子材料以及硅溶胶、水玻璃等无机材料。辅助材料是胶黏剂中用以完善主体材料的性能而加入的物质,如常用的固化剂、增塑剂、填充料、稀剂、助剂等。

胶黏剂的分类方法很多。按化学组成可分为有机物质胶黏剂和无机物质胶黏剂,见表9-1;按黏剂来源可分为天然胶黏剂和合成胶黏剂;按用途分为结构胶黏剂、非结构胶黏剂和特种用途胶黏剂;按形态分为溶液、乳液、固态(粉状、片状、块状)、溶液带状、膏状。

表 9-1 建筑胶黏剂的分类

无机胶黏剂			硅酸盐类(如水泥等)、磷酸盐类、氧化物、硫酸盐类、硼酸盐类等
有机胶黏剂	天然有机胶黏剂		动物胶:骨胶、皮胶、虫胶、蛋白质、血胶
			植物胶:淀粉、糊精、松香、阿拉伯树胶等
	合成高分子胶黏剂	树脂型	热固性:环氧树脂、酚醛树脂、脲醛树脂、有机硅树脂、聚氨酯树脂、丙烯酸树脂、聚酯树脂等
			热塑性:聚醋酸乙烯酯、丙烯酸树脂、聚氯乙烯醇树脂、聚酰胺、乙烯及其共聚物、热塑性聚氨酯聚苯硫醚
		橡胶型	氯丁橡胶、聚硫橡胶、丁腈橡胶、有机硅橡胶、丁苯橡胶、丁基橡胶、合成异戊二烯橡胶、聚磺化聚乙烯橡胶
		复合型	酚醛-丁腈、环氧酚醛、环氧-丁腈、酚醛-缩醛等

常用的几种胶黏剂

(一)酚醛树脂胶黏剂

酚醛树脂胶黏剂属于热固性高分子胶黏剂,它具有很好的黏附性能,耐热性、耐水性好。缺点是胶层较脆,经改性后可广泛用于金属、木材、塑料等材料的黏结。

(二)环氧树脂胶黏剂

环氧树脂胶黏剂是由环氧树脂、硬化剂、增塑剂、稀剂和填充料等组成,具有黏合力强、收缩小和化学稳定性好等特点,有效地解决了新旧砂浆、混凝土层之间的界面黏结问题,对金属、木材、玻璃、橡胶、皮革等也有很强的黏附力,是目前应用最多的胶黏剂,有"万能胶"之称。环氧树脂类胶黏剂种类很多,其中以双酚 A 型胶用得最多。

（三）聚醋酸乙烯胶黏剂

聚醋酸乙烯胶黏剂是醋酸乙烯单体经聚合反应而得到的一种热塑性水乳型胶黏剂,俗称"白乳胶"。该胶黏剂具有良好的黏结强度,以黏结各种非金属为主。常温固化速度较快,且早期黏合强度较高。可单独使用,也可掺入水泥等作复合胶使用。但其耐热性较差,且徐变较大,所以常作为室温下使用的非结构胶。

（四）聚乙烯醇缩甲醛胶黏剂

聚乙烯醇缩甲醛胶黏剂是由聚乙烯醇和醛为主要原料,加入少量氢氧化钠和水,在一定条件下缩聚而成。市场上常见的 107 胶、801 胶等均属聚乙烯醇缩甲醛胶黏剂。这类胶黏剂具有较高的黏结强度和较好的耐水、耐老化性,还能和水泥复合使用,可显著提高水泥材料的耐磨性、抗冻性和抗裂性,可用来黏结塑料壁纸、墙布、瓷砖等。

（五）丙烯酸酯胶黏剂

丙烯酸酯胶黏剂是以丙烯酸酯树脂为基体配以合适的溶剂而成的胶黏剂,分为热塑性和热固性两大类。它具有黏结强度高,成膜性好,能在室温下快速固化,抗腐蚀性、耐老化性能优良的特点。可用于胶接木材、纸张、皮革、玻璃、陶瓷、有机玻璃、金属等。常见的 501 胶、502 胶即属热固性丙烯酸酯胶黏剂。

【拓展练习】

一、选择题

1.塑料的主要性质决定于所采用的（　　）。
　A.合成树脂　　　　B.填充料　　　　C.改性剂　　　　D.增塑剂
2.由不饱和双键的化合物单体,以共价键结合而成的聚合物称（　　）。
　A.聚合树脂　　　　B.缩合树脂　　　　C.热固性树脂　　　　D.热塑性树脂
3.填充料在塑料中的主要作用是（　　）。
　A.提高强度　　　　B.降低树脂含量　　　　C.提高耐热性　　　　D.A+B+C
4.下列不属于塑料性能的是（　　）。
　A.加工性　　　　B.电绝缘性　　　　C.耐磨性　　　　D.抗老化性

二、选择题

1.塑料的主要组成包括＿＿＿＿、＿＿＿＿、＿＿＿＿、＿＿＿＿等。

2.决定塑料性能和用途的根本因素是_____。

三、简答题

1.与传统建筑材料相比较,塑料有哪些优缺点?
2.某高风压地区的高层建筑有两种窗可选择:塑钢窗;铝合金窗。选择哪种?为什么?

项目十 绝热材料及吸声材料

【学习目标】

知识目标

(1)了解绝热材料的定义、作用原理及影响导热系数的主要因素。
(2)了解常用无机绝热材料的品种。
(3)了解吸声材料的定义、作用原理。
(4)了解多孔材料作为绝热或吸声材料时对其孔隙特征的不同要求。

能力目标

能够区分工程中常用的绝热材料和吸声材料。

素养目标

(1)具有热爱科学、实事求是的精神。
(2)具备团队意识,能够与他人进行良好的合作与交流。

【教学场景】

多媒体教室。

【项目描述】

在建筑中,保温、隔热材料统称为绝热材料。吸声材料是指对入射声能具有较大吸收作用的材料。通过本项目的学习,能够掌握在工程中使用吸声和绝热材料的部位和常用的绝热、吸声材料的品种。

【课时分配】

序号	任务名称	课时分配(课时)
一	绝热材料及应用	2
二	吸声材料及应用	2
合　计		4

任务一　绝热材料及应用

【学习目标】

知识目标

掌握绝热材料的作用及基本要求。

能力目标

能够了解常用的绝热材料及相关的技术参数。

【任务描述】

在建筑中,习惯上把用于控制室内热量外流的材料叫作保温材料;把防止室外热量进入室内的材料叫作隔热材料。保温、隔热材料统称为绝热材料。

【相关知识】

绝热材料的作用及基本要求

(一)绝热材料的作用

众所周知,热流总是由高温向低温传递。如房屋内部的空气与室外的空气之间存在着温度差时,就会通过房屋外围结构,主要是外墙、门窗、屋顶等产生传热现象。冬天,由于室内气温高于室外气温,热量从室内经围护结构向外传递,造成热损失。夏天,

室外气温高,热的传递方向相反,即热量经由围护结构传至室内而使室温升高。

为了保持室内有适于人们工作、学习与生活的气温环境,房屋的围护结构所采用的建筑材料必须具有一定的保温隔热性能,这样可使室内冬暖夏凉,节约供暖的降温的能源。例如一栋四单元六层的住宅楼,由于采用矿棉复合板框架结构,其热量损失要比相同的砖混结构减少40%左右。因此合理使用绝热材料具有重要的节能意义。

(二)绝热材料的基本要求

建筑材料的导热系数和比热容是设计建筑物围护结构时进行热工计算的重要参数。选用导热系数小而比热容大的建筑材料,可提高围护结构的绝热性能,并保持室内温度稳定性。

选择绝热材料的基本要求是,其导热系数不宜大于0.23 W/(m·k),表观密度不宜大于600 kg/m³,抗压强度应大于0.3 MPa。另外,还要根据工程的特点,考虑材料的吸湿性、温度稳定性、耐腐蚀性等性能。

在建筑工程中绝热材料主要用于墙体和屋顶的保温隔热以及热工设备、热力管道的保温,有时用于冬季施工的保温,在冷藏室和冷藏设备上也普遍使用。

常用的绝热材料

(一)无机绝热材料

无机绝热材料由矿物类的材料经加工而成,多呈纤维状、粒状和多孔状,具有不腐蚀、不燃烧、不虫蛀和价格便宜等优点。

1.纤维状绝热材料

(1)玻璃棉以及制品。

玻璃棉是将熔融后的玻璃,用火焰喷吹或离心喷吹等方法制成的棉絮状材料,包括短棉和超细棉两种。短棉的纤维长度为50~150 mm,直径12 μm,外观洁白似植物棉,超细棉的直径为4 mm以下如图10-1。所示玻璃棉极轻,导热系数小,化学稳定性好,不燃、不腐,吸湿性小,是一种高级的无机保温材料,常用其加工成毡、板、管壳等保温制品,用于围护结构及管道保温。

图10-1 玻璃棉

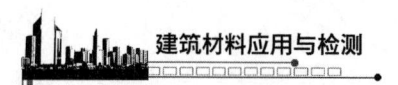

(2)矿棉及其制品。

矿棉是以工业废料矿渣为主要原料,经熔化,用喷吹法或离心法而制成的棉丝状绝热材料。矿棉具有质轻、不燃、绝热和电绝缘等性能,其原料来源丰富,成本较低,可制成矿棉板、矿棉防水毡及管套等,也可用于建筑物的墙壁、屋顶、天花板等处的保温隔热和吸声。

2. 粒状绝热材料

粒状绝热材料主要有膨胀蛭石和膨胀珍珠岩。

(1)膨胀蛭石及其制品。

蛭石是一种天然矿物,因其在高温焙烧时膨胀的形态像水蛭(蚂蟥)蠕动,故称为蛭石。

膨胀蛭石是将蛭石破碎、烘干、筛分,然后在850~1 000 ℃的温度下焙烧,其体积急剧膨胀而形成的一种颗粒状保温材料。这种松散的材料表观密度极小,导热系数小,防火和虫蛀,常用于复合墙体的填料层以及楼板、平屋顶的保温层等。使用时注意防潮。若以水泥作胶凝材料配成水泥膨胀蛭石制品,可用于建筑物中的维护结构以及热工设备和各种工业管道的保温。

(2)膨胀珍珠岩以及制品。

珍珠岩是一种呈酸性的天然岩石,因其具有珍珠光泽而得名。珍珠岩经破碎、筛分、预热和高温焙烧,使其体积发生急剧膨胀而形成一种白色或灰白色的无机砂状材料,称为膨胀珍珠岩,具有质轻、保温、无毒、不燃和无味等优点。缺点是吸水率大,吸水后强度和保温、隔热性能都要下降。

膨胀珍珠岩在建筑工程中广泛用于围护结构、低温和超低温保冷设备、热工设备等处的绝热保温,也可用于制作吸声制品。

膨胀珍珠岩制品是以膨胀珍珠岩为主,配合适量胶凝材料(水泥、水玻璃、沥青等),经拌和、成型、养护后而制成的具有一定形状的板、块、管壳等制品。

3. 多孔状绝热材料

(1)泡沫混凝土。

泡沫混凝土又称为泡沫水泥。它是用水泥加水拌和形成水泥素浆,再加入发泡剂经发泡成型、养护而成的一种多孔材料。具有多孔、轻质、保温、绝热、吸声等性能。宜用于建筑物的围护结构保温隔热。

(2)泡沫玻璃。

泡沫玻璃是将碎玻璃磨成粉状与发泡剂混合,在高温的条件下焙烧、膨胀而成。制品内部存有大量封闭而不连通的气泡,孔隙率高达80%~90%,气泡直径为0.1~5 mm。这种材料具有表观密度小、导热系数小、抗压强度和抗冻性高、耐久性好等特点。泡沫玻璃可用来砌筑墙体,也可用于冷藏设备的保温,具有耐火、可锯、可钻、可钉等优点,是一种高级的无机保温材料。

(二)有机绝热材料

有机绝热材料是用植物性的原料、有机高分子原料经加工而制成,由于多孔、吸湿性大、不耐久、不耐高温,只能用于低温绝热。

1.泡沫塑料

泡沫塑料是以各种树脂为基料,加入一定剂量的发泡剂、催化剂、稳定剂等辅助材料,经加热、发泡而制成的一种新型高效绝热材料。这种材料主要特点是质轻、保温、隔热、吸声、防震,常用于屋面、墙面保温,冷库绝热和制成夹心复合板。目前我国生产的有聚苯乙烯泡沫塑料、聚氯乙烯泡沫塑料、聚氨酯泡沫塑料等。

2.植物纤维类绝热板

植物纤维类绝热板是以植物纤维为主要成分的板材,常用作绝热材料的各种软质纤维板,如软木板、木丝板、甘蔗板、蜂窝板等,它们的特点是质轻、导热系数小,抗震性能好,常用于天花板、隔热板等。

常用保温隔热材料及其技术参数见表10-1。

表10-1 常用保温绝热材料及其技术参数

名 称	表观密度 /(kg·m^{-3})	强 度/(MPa)	热导率 /(W·mK^{-1})	用 途
膨胀珍珠岩	40~300		常温 0.02~0.044 高温 0.06~0.17 低温 0.02~0.038	高效能保温保冷填充材料
水泥膨胀珍珠岩制品	300~400	$f_c = 0.5~1.0$	常温 0.05~0.081 低温 0.081~0.12	保温、隔热用
水玻璃膨胀珍珠岩制品	200~300	$f_c = 0.6~1.2$	常温 0.056~0.065	保温、隔热用
沥青膨胀珍珠岩制品	400~500	$f_c = 0.2~1.2$	0.093~0.12	常温及负温
水泥膨胀蛭石制品	300~500	$f_c = 0.2~1.0$	0.076~0.105	保温隔热
微孔硅酸钙制品	250	$f_c > 0.5$ $f_t > 0.3$	0.041	围护结构及管道保温
泡沫混凝土	300~500	$f_c \geq 0.4$	0.081~0.19	围护结构
加气混凝土	400~700	$f_c \geq 0.4$	0.093~0.16	围护结构
木丝板	300~600	$f_v = 0.4~0.5$	0.11~0.26	天花板、隔墙板、围护板
软质纤维板	150~400		0.047~0.093	同上、表面较光洁
芦苇板	250~400		0.093~0.13	天花板、隔墙板
软木板	150~350	$f_v = 0.15~2.5$	0.052~0.70	吸水率小、不霉腐、不燃烧,用于绝热结构

续表

名　称	表观密度/(kg/m³)	强　度/(MPa)	热导率/(W·mK⁻¹)	用　途
聚苯乙烯泡沫塑料	20~50	$f_c = 0.15$	0.031~0.047	屋面、墙面保温绝热等
硬质聚氨酯泡沫塑料	30~40	$f_c \geq 0.2$	0.037~0.055	屋面、墙面保温，冷藏库绝热
玻璃纤维制品	120~150		0.035~0.041	围护结构及管道保温
轻质钙塑板	100~150	$f_c = 0.1~0.3$ $f_t = 0.7~0.11$	0.047	保温绝热兼防水性能，并具有装饰性能
泡沫玻璃	150~200	$f_c = 0.55~1.6$	0.042	砌筑墙体，冷藏库绝热

3.新型防热片——常用绝热薄膜

窗用绝热薄膜用于建筑物窗户的绝热作用，可以遮蔽阳光，防止室内陈设物褪色，减低冬季热能损失，节约能源，使建筑物更加美观，给人们带来舒适环境。使用时，将特制的防热片（薄膜，厚度约为 12~50 μm）贴在玻璃上，其功能是将透过玻璃的大部分阳光反射出去，反射率高达 80%。防热片能减少紫外线的透过率，减轻紫外线对室内家具和织物的有害作用，减弱室内温度变化程度，避免玻璃碎片飞出伤人。

绝热薄膜可应用于商业、工业、公共建筑、家庭寓所、宾馆等建筑物的窗户内、外表面，也可用于博物馆内艺术品和绘画的紫外线防护。

任务二　吸声材料及应用

【学习目标】

知识目标

掌握吸声系数的定义及计算方法。

能力目标

能够区分常用的吸声材料及其吸声性能。

项目十　绝热材料及吸声材料

【任务描述】

吸声材料是指对入射声能具有较大吸收作用的材料。建筑室内使用吸声材料,可以控制噪声,改善室内的收音条件,保持良好的音质效果。吸声材料广泛地应用于厂房噪声控制,音乐厅、影剧院、大会堂等的音质设计以及各种工业与民用建筑中。

【相关知识】

吸声系数

吸声系数 α 是用来表示吸声材料吸声性能好坏的重要指标。吸声系数是指声波遇到材料表面时,被材料吸收的声能与入射给材料的声能之比,用下式表示:

$$\alpha = \frac{E}{E_0}$$

式中:E——被材料吸收的声能,J;

E_0——传递给材料的全部入射声能,J。

例如,入射给材料的声能有 60% 被吸收,余下的 40% 被反射回来,则说明材料的吸声系数为 0.60。

材料的吸声系数在 0~1 之间,吸声系数越大,吸声性能越好。吸声系数的大小除与材料本身的性质有关外,还与声音的频率、声音的入射方向有关。材料相同,声波的频率不同时,其吸声系数不一定相同。通常将 125,250,500,1 000,2 000,4 000 Hz 六个频率作为检测材料吸声性能的依据,凡对此六个频率作用后,其平均吸声系数大于 0.2 时,则可认为是吸声材料。

常用吸声材料及其吸声性能

工程上使用较多的吸声材料有矿渣棉、玻璃丝棉、膨胀珍珠岩等,它们的特点是均为多孔的。

多孔材料吸声的原理是:当声波入射至多孔材料的表面时,声波沿着微孔射入到材料内部相互贯通的孔隙中,引起孔隙内的空气产生振动。由于空气的黏滞阻力,使振动空气的动能不断地转化成热能,致使入射的声能减弱;另外,空气绝热压缩时,空气与孔壁间不断地发生热交换,由于热传导的作用,也是声能转化为热能。材料中开放的、相互贯通的、细微的孔隙越多,则材料的吸声性能越好。

工程中常用的吸声材料及其吸声性能见表 10-2。

表 10-2 工程中常用吸声材料及其吸声性能

分类及名称		厚度/cm	各种频率下的吸声系数						装置情况
			125	250	500	1 000	2 000	4 000	
无机材料	石膏板/(有花纹)	—	0.03	0.05	0.06	0.09	0.04	0.06	贴实
	水泥蛭石板	4.0	—	0.14	0.46	0.78	0.50	0.60	贴实
	石膏砂浆(掺水泥玻璃纤维)	2.2	0.24	0.12	0.09	0.30	0.32	0.83	墙面粉刷
	水泥膨胀珍珠岩板	5	0.16	0.46	0.64	0.48	0.56	0.56	贴实
	水泥砂浆	1.7	0.21	0.16	0.25	0.40	0.42	0.48	—
	砖(清水墙面)	—	0.02	0.03	0.04	0.04	0.05	0.05	—
有机材料	软木板	2.5	0.05	0.11	0.25	0.63	0.70	0.70	贴实钉在木龙骨上,后面留 10 cm 空气层和留 5 cm 空气层两种
	木丝板	3.0	0.10	0.36	0.62	0.53	0.71	0.09	
	胶合板(三夹板)	0.3	0.21	0.73	0.21	0.19	0.08	0.12	
	穿孔胶合板(五夹板)	0.5	0.01	0.25	0.55	0.30	0.16	0.19	
	木花板	0.8	0.03	0.02	0.03	0.03	0.04	—	
	木质纤维板	1.1	0.06	0.15	0.28	0.30	0.33	0.31	
多孔材料	泡沫玻璃	4.4	0.11	0.32	0.52	0.44	0.52	0.33	贴实
	脲醛泡沫玻璃	5.0	0.22	0.29	0.40	0.68	0.95	0.94	贴实
	泡沫水泥(外粉刷)	2.0	0.18	0.05	0.22	0.48	0.22	0.32	紧贴墙面
	吸声蜂窝板		0.27	0.12	0.42	0.86	0.48	0.30	—
	泡沫塑料	1.0	0.03	0.06	0.12	0.41	0.85	0.67	—
纤维材料	矿渣棉	3.13	0.10	0.21	0.60	0.95	0.85	0.72	贴实
	玻璃棉	5.0	0.06	0.08	0.18	0.44	0.72	0.82	贴实
	酚醛玻璃纤维板	8.0	0.25	0.55	0.80	0.92	0.98	0.95	贴实
	工业毛毡	3.0	0.10	0.28	0.55	0.60	0.60	0.56	紧贴墙面

【拓展练习】

一、选择题

1.建筑结构中,主要起吸声作用且吸声系数不大于( )的材料称为吸声材料。
　　A.0.1　　　　　B.0.2　　　　　C.0.3　　　　　D.0.4
2.多孔吸声材料的吸声系数一般从低频到高频逐渐增大,故其对( )声音吸收效果较好。

　　A.低频　　　　B.中频　　　　C.高频　　　　D.低、中、高频

3.绝热材料的导热系数应(　　)W/(m·k)。

　　A.>0.23　　　B.≤0.23　　　C.>0.023　　　D.≤0.023

4.吸声系数采用声音从各个方向入射的吸收平均值,通常使用的频率有(　　)。

　　A.4个　　　　B.5个　　　　C.6个　　　　D.8个

5.封闭孔隙构造的多孔轻质材料适合用作(　　)材料。

　　A.吸声　　　　B.隔声　　　　C.保温　　　　D.以上都可以

6.绝热材料和吸声材料都是多孔轻质材料,但两者的孔隙特征不同,吸声材料要求其孔隙最好是(　　)。

　　A.开放联通的大孔　　　　　　B.开放联通的微孔

　　C.封闭大孔　　　　　　　　　D.封闭微孔

7.常用无机绝热材料有(　　)。

　　A.矿棉　　　　B.石材　　　　C.膨胀珍珠岩

　　D.加气混凝土　　E、泡沫塑料

二、填空题

1.隔声主要是指隔绝＿＿＿＿声和＿＿＿＿声。

2.保温隔热性要求较高的材料应选择热导率＿＿＿＿、热容量＿＿＿＿的材料。

三、简答题

1.选用吸声材料有何要求?

2.绝热材料的作用?

项目十一　建筑装饰材料

【学习目标】

知识目标

(1)了解装饰材料的功能。
(2)了解室内装修与外墙装饰对材料性能要求的差别。
(3)了解玻璃和陶瓷材料的性能特点。
(4)了解土木工程其他功能材料的性能特点。

能力目标

能够区分不同建筑装饰材料的性能,以便在日后的工作和生活中选择合适装饰材料。

素养目标

(1)具有热爱科学、实事求是的精神。
(2)热爱建筑工作、具有创新意识和创新精神。
(3)具备团队意识,能够与他人进行良好的合作与交流。

【教学场景】

多媒体教室

【项目描述】

　　依附于建筑物体表面起装饰和美化环境作用的材料称为装饰材料。建筑装饰工程的总体效果及功能的实现,无一不是通过运用装饰材料以及配套设备的形体、质感、图案、色彩、功能等所体现出来的。建筑装饰材料种类繁多,而且装饰部位不同对材料的要求也不同。本项目仅介绍常用的装饰材料。

【课时分配】

序号	任务名称	课时分配(课时)
一	建筑玻璃及应用	2
二	建筑陶瓷及应用	1
三	建筑涂料及应用	1
四	建筑饰面石材及应用	1
五	装饰壁纸与墙布及应用	1
六	金属装饰材料及应用	1
七	木质装饰材料及应用	1
合　　计		8

任务一　建筑玻璃及应用

【学习目标】

知识目标

(1)了解普通平板玻璃的优缺点及作用。
(2)了解安全玻璃的优缺点及作用。

能力目标

能够正确区分不同种类的玻璃。

【任务描述】

在建筑工程中,玻璃是一种重要的装饰材料。它的用途除透光、透视、隔声、隔热外,还有艺术装饰作用。一些特殊玻璃还有吸热、保温、防辐射、防爆等用途。玻璃的种类很多,本任务介绍一些常用的玻璃。

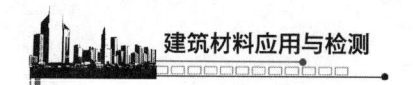

【相关知识】

普通平板玻璃

普通平板玻璃是建筑上使用量最大的一种玻璃,常采用垂直引上法和浮法生产。浮法生产的平板玻璃质量好,具有表面平整、厚度公差小、无波筋等优点。普通平板玻璃的厚度为2~12mm,具有良好的透光性、较高的化学稳定性和耐久性,但韧性小、抗冲击强度低、易破碎,主要用于装配门窗,起透光、挡风雨、保温、隔声等作用。

安全玻璃

安全玻璃包括钢化玻璃、夹丝玻璃、夹层玻璃。主要特性是力学强度较高,抗冲击能力较好。被击碎时,碎块不会飞溅伤人,并有防火的功能。

(一)钢化玻璃

钢化玻璃又称为强化玻璃,是利用加热到一定温度后迅速冷却的方法或化学方法进行特殊钢化处理的玻璃。钢化玻璃的机械强度比未经钢化的玻璃要大4~5倍,抗冲击性能好、弹性好、热稳定性高,当玻璃破碎时,裂成圆钝的小碎片,不致伤人。钢化玻璃在建筑上主要用作高层建筑的门窗、隔墙与幕墙。

(二)夹丝玻璃

夹丝玻璃是将预先编制好的钢丝网压入已软化的红热玻璃中而制成。其抗折强度高、防火性能好,破碎时及时有许多裂缝,其碎片仍能附着在钢丝上,不会四处飞溅伤人。夹丝玻璃用于厂房天窗、各种采光屋顶和防火门窗等。

(三)夹层玻璃

夹层玻璃系两片或多片玻璃之间嵌夹透明塑料(聚乙烯醇缩丁醛)薄衬片,经加热、加压黏合成平面或曲面的复合玻璃制品。

夹层玻璃抗冲击性和抗穿透性好,玻璃破碎时不裂成分裂的碎片,只有辐射状的裂纹和少量玻璃碎屑,碎片仍粘贴在膜片上,不致伤人。

夹层玻璃在建筑上主要用于有特殊安全要求的门窗、隔墙、工业厂房的天窗以及某些水下工程等。

保温隔热玻璃

保温隔热玻璃包括吸热玻璃、热反射玻璃、中空玻璃等。它们在建筑上主要起到装饰作用,并具有良好的保温隔热功能。除用于一般门窗外,常作为幕墙玻璃。

（一）吸热玻璃

吸热玻璃是既能吸收大量红外线辐射，又能吸收太阳的紫外线，还能保持良好的光透过率的平板玻璃。吸热玻璃有灰色、茶色、绿色、蓝色等颜色。吸热玻璃在建筑工程中应用广泛，凡既需采光又需隔热之处，均可采用。

（二）热反射玻璃

热反射玻璃既具有较高的热反射能力，又能保持良好的透光性能，又称镀膜玻璃。热反射玻璃是在玻璃表面用热解、蒸发、化学处理等方法喷涂金、银、铜、镍、铬、铁等金属或金属氧化物薄膜而成。

热反射玻璃反射率高达30%以上，装饰性好，具有单向透像作用，越来越多地用作高层建筑的幕墙。

（三）中空玻璃

中空玻璃由两片或多片平板玻璃构成，用边框隔开，四周边缘部分用密封胶密封，玻璃层间充有干燥气体。中空玻璃使用的玻璃原片有平板玻璃、吸热玻璃、热反射玻璃等。

中空玻璃的特性是保温隔热，节能性好，隔声性能优良，并能有效地防止结露。中空玻璃主要用于需要采暖、空调，防止噪声、结露，需要无直射阳光和需要特殊光线的建筑上，如住宅、饭店、宾馆、办公楼、学校、医院、商店等。

（四）压花玻璃和磨砂玻璃

压花玻璃试件熔融的玻璃液在冷却过程中，通过带图案的花纹辊轴连续对辊压延而成。可一面压花，也可两面压花。其颜色有浅黄色、浅蓝色、橄榄色等。喷涂处理后的压花玻璃立体感强，强度可提高50%～70%。具有透光不透视、艺术装饰效果好等特点。

磨砂玻璃是一种毛玻璃，它是将硅砂、金刚石、石榴石粉等研磨材料加水，采用机械喷砂、手工研磨或氢氟酸溶蚀等方法，把普通玻璃表面处理成均匀毛面而成。具有透光不透视，使室内光线不眩目、不刺眼的特点。

以上两种玻璃，一般用于建筑物的卫生间、浴室、办公室等的门窗及隔断。

（五）玻璃空心砖

玻璃空心砖一般是由两块压铸成凹形的玻璃经熔接或胶接而成的整块的空心砖，如图11-1所示。砖面可分为光滑平面，也可在内外压铸多种花纹。砖内腔可分为空气，也可填充玻璃棉等。玻璃空心砖具有透光不透视，抗压强度较高，保温隔热、隔声、防火、装饰性能好等特点，可用来砌筑透光墙壁、隔断、门厅、通道等。

图 11-1 玻璃空心砖

(六)玻璃马赛克

玻璃马赛克又称玻璃锦砖或锦玻璃,是一种小规格的饰面玻璃,如图 11-2 所示。其颜色有红、黄、蓝、白、黑等多种。

玻璃马赛克具有色调柔和、朴实典雅、美观大方、化学稳定性好、冷热稳定性好、不变色、易清洗、便于施工等优点。适用于宾馆、医院、办公楼、礼堂、住宅等建筑的内外墙饰面。

图 11-2 玻璃马赛克

(七)镭射玻璃

镭射玻璃有两种,一种是以普通平板玻璃为基材,另一种是以钢化玻璃为基材。前一种主要用于墙面、窗户、顶棚等部位的装饰,后一种主要用于地面装饰。此外,也有专门用于柱面装饰的曲面镭射玻璃,专门用于大面积幕墙的夹层镭射玻璃、镭射玻璃砖等产品。镭射玻璃的主要特点是具有优良的抗老化性能。

任务二　建筑陶瓷及应用

【学习目标】

✎ 知识目标

(1) 了解釉面砖的优缺点及作用。
(2) 了解墙地砖的优缺点及作用。
(3) 了解陶瓷锦砖的优缺点及作用。

✎ 能力目标

(1) 能够了解陶瓷劈离砖的优缺点及作用。
(2) 能够了解琉璃制品的优缺点及作用。

【任务描述】

建筑陶瓷制品最常用的有釉面砖、外墙面砖、地面砖、陶瓷锦砖、玻璃制品、陶瓷壁画及卫生陶瓷等。

【相关知识】

✎ 釉面砖

釉面砖又称瓷砖，由于其主要用于建筑物内墙饰面，故又称内墙面砖，如图 11-3 所示。

釉面砖色泽柔和典雅，常用的有白色、彩色釉面砖和带浮雕、图案、斑点釉面砖等。其装饰效果主要取决于颜色、图案和质感。釉面砖具有强度高、防潮、抗冻、耐酸碱、抗急冷急热、易清洗等优良性能，主要用作厨房、浴室、卫生间、实验室、精密仪器车间及医院等室内墙面、台面等的饰面材料，既清洁卫生，又美观耐用。

图 11-3　釉面砖

墙地砖

墙地砖是以优质陶土原料加入其他材料配成的生料,经半干压成型后于1 100℃左右焙烧而成,分有釉和无釉两种。有釉的称为彩色釉面陶瓷墙地砖,无釉的称为无釉墙地砖。

墙地砖的表面质感有多种多样,通过配料和改变制作工艺,可制成平面、麻面、毛面、刨光面、磨光面、纹点面、仿花岗石表面、压花浮雕表面、无光釉面、金属光泽面、防滑面、耐磨面等,以及丝网印刷、套花图案、单色、多色等多种制品。墙地砖质地较密实,强度高,吸水率小,热稳定性、耐磨性及抗冻性均较好。主要用于建筑物外墙贴面和室内外地面装饰铺贴。

陶瓷锦砖

陶瓷锦砖俗称马赛克,是边长不大于40 mm、具有多种色彩和不同形状的小块砖,可镶拼组成各种花色图案的陶瓷制品,如图11-4所示。陶瓷锦砖采用优质瓷土烧制成方形、长方形、六角形等薄片状小块瓷砖后,再通过铺贴盒将其按设计图案反贴在牛皮纸上,称作一联,每联305.5 mm见方,每40联为一箱,每箱约3.7 m²。

陶瓷锦砖具有色泽明净、图案美观、质地坚实、抗压强度高、耐污染、耐腐蚀、耐磨、耐水、抗火、抗冻、不吸水、不滑、易清洗等特点、坚固耐用、成本较低。

图11-4 陶瓷锦砖(马赛克)

陶瓷锦砖由于砖块小,不易被踩碎,主要用于室内地面铺贴,使用于工业建筑的洁净车间、化验室以及民用建筑的餐厅、厨房、浴室的地面铺装等,也可作为高级建筑物的外墙饰面材料。彩色陶瓷锦砖还可以拼成文字、花边以及风景名胜和动物花鸟等图案的壁画,形成一种别具风格的锦砖壁画艺术。

陶瓷劈离砖

陶瓷劈离砖是以黏土为原料,经配料、真空挤压成型、烘干、焙烧、劈离(将一块双联砖分为两块砖)等工序制成。陶瓷劈离砖种类很多,色彩丰富,颜色自然柔和,表面质感变幻多样。它具有强度高、吸水率小、表面硬度大、耐磨防滑、耐腐抗冻、冷热性能稳定等特点。适用于墙面及地面装饰。

琉璃制品

琉璃制品是我国陶瓷宝库中的古老珍品,它是以难熔黏土做原料,经配料、成型、干燥、素烧,表面涂以琉璃釉料后,再经烧制而成。

琉璃制品常见的颜色有金、黄、蓝和青等。琉璃制品耐久性好,不易褪色,不易剥釉面,表面光滑,色彩绚丽,造型古朴,富有民族特色。其主要产品有琉璃瓦、琉璃砖、琉璃兽、琉璃花窗、栏杆等装饰制件,还有琉璃桌、绣墩、鱼缸、花盆、花瓶等陈设用的建筑工艺品。琉璃制品主要用于建筑屋面材料,如板瓦、筒瓦、滴水、勾头以及飞禽走兽等用作檐头和屋脊的装饰物,还可以用于建筑园林中的亭、台、楼阁,以增加园林的特色。

任务三　建筑涂料及应用

【学习目标】

知识目标

(1)了解常用的外墙涂料的品种。
(2)了解常用的内墙涂料的品种。

能力目标

能够根据不同的条件及特点,选择合适的建筑涂料。

【任务描述】

涂覆于建筑物表面能干结成膜,具有防护、装饰、防锈、防腐、防水或其他特殊功能的物质称为涂料。由于早期的涂料大多以植物油为主要原料,故传统上又称为油漆。

【相关知识】

建筑涂料由主要成膜物质(基料、胶黏剂及固着剂)、次要成膜物质(颜料及填料)、溶剂(稀释剂)及辅助材料(助剂)组成。

涂料种类繁多,按主要成膜物质可分为有机涂料、无机涂料和有机无机复合涂料三大类;按使用部位分为外墙涂料、内墙涂料和地面涂料等;按分散介质种类分为溶剂型涂料、水乳型涂料和水溶型涂料。

外墙涂料

外墙涂料的主要功能是美化建筑和保护建筑物的外墙面。要求其应有丰富的色彩和质感,使建筑物外墙的装饰效果好;耐水性和耐久性要好,能经受日晒、风吹、雨淋、冰冻等侵蚀;耐污染性要强,易于清洗。其主要类型有:乳液型涂料、溶剂型涂料、无机硅酸盐涂料。

国内常用的外墙涂料有如下几种。

(一)氟碳涂料

氟碳涂料是由氟碳树脂、颜料、助剂等组成的双组分涂料。氟碳涂料具有超常的耐候性,良好的防水性、抗污性、耐化学腐蚀性、阻挠性和装饰性,综合性能高,在国民生产的各领域中应用非常广泛。它可作为建筑外墙、内墙、屋顶及各种建材的理想装饰防护材料,可在旧墙砖、外墙、瓷砖、马赛克表面直接施工。

(二)苯乙烯-丙烯酸酯乳液涂料

苯乙烯-丙烯酸酯乳液涂料简称苯-丙乳液涂料,是以苯-丙乳液为基料,加颜料、填料、助剂等配制而成的水性涂料。苯-丙乳液涂料具有优良的耐水性、耐碱性和抗污染性,外观细腻、色彩艳丽、质感好,耐洗刷次数可达 2 000 次,与水泥混凝土等大多数建筑材料的附着力强,并具有丙烯酸类涂料的高耐光性、耐候性和不泛黄性。适用于办公室、宾馆、商业建筑以及其他公用建筑的外墙、内墙等,但主要用于外墙。

(三)丙烯酸系外墙涂料

丙烯酸系外墙涂料分为溶剂型和乳液型。溶剂型是以热塑性丙烯酸酯树脂为基料,加入填料、颜料、助剂和溶剂等,经研磨而制成;乳液型是以丙烯酸乳液为基料,加入填料、颜料、助剂等经研磨而成。丙烯酸系外墙涂料具有优良的耐水性、耐高低温性、耐候性,良好的胶接性、抗污染性、耐碱性及耐洗刷性,耐洗刷次数可达 2 000 次以上,寿命可达 10 年。此外丙烯酸系外墙涂料的装饰性也很好。丙烯酸系外墙涂料主要用于商店、办公楼等公用建筑的外墙作为复合涂层的罩面涂料,也可作为内墙复合涂层的罩面涂料。

(四)聚氨酯系外墙涂料

聚氨酯系外墙涂料是以聚氨酯树脂或聚氨酯树脂与其他树脂的混合物为基料,加入颜料、填料、助剂等配制而成的双组分溶剂型涂料。

聚氨酯系外墙涂料具有优良的胶接性、耐水性、防水性、耐高低温性、耐候性、耐碱性及耐洗刷性,耐洗刷次数可达 2 000 次以上。聚氨酯系外墙涂料耐沾污性好,使用寿命可达 15 年以上。主要用于商店、办公楼等公用建筑。

(五)合成树脂乳液砂壁状建筑涂料

合成树脂乳液砂壁状建筑涂料原称彩砂涂料,是以合成树脂乳液(一般为苯—丙乳液或丙烯酸乳液)为基料,加入彩色骨料或石粉及其他助剂,配制而成的粗面厚质涂料,简称砂壁状涂料。砂壁状涂料涂层具有丰富的色彩和质感,保色性、耐水性、耐候性良好,涂膜坚实,骨料不易脱落,使用寿命可达 10 年以上。合成树脂乳液砂壁状涂料主要用于商店、办公楼等公用建筑的外墙面,也可用于内墙面。

(六)复层建筑涂料

复层建筑涂料又称凹凸花纹涂料、立体花纹涂料、浮雕涂料、喷塑涂料,是由两种以上涂层组成的复合涂料。复层建筑涂料一般有基层封闭涂料(底层涂料)、主涂层、面层组成。底涂层用于封闭基层和增强主涂层与基层的胶接力;主涂层用于形成凹凸花纹立体质感;面涂层用于装饰面层,保护主涂层,提高复层涂料的耐候性、耐污染性等。复层建筑涂料适用于内外墙、顶棚装饰。

(七)外墙无机建筑涂料

无机建筑涂料是以碱金属硅酸盐或硅溶胶为基料,加入填料、颜料及其他助剂等配制而成的水性建筑涂料。外墙无机建筑涂料的颜色多样、渗透能力强、与基层的胶接力大、成膜温度低、无毒、无味、价格较低。具有优良的耐水性、耐碱性、耐冻融性、耐老化性,并具有良好的耐洗刷性、耐沾污性,涂层不产生静电。外墙无机建筑涂料适用于办公楼、商店、宾馆、学校、住宅等的外墙装饰,也可用于内墙和顶棚等的装饰。

内墙涂料

内墙涂料的主要功能是装饰及保护内墙墙面、顶棚。

(一)水溶性内墙涂料

常用的水溶性内墙涂料有 106 内墙涂料和 803 内墙涂料。

106 内墙涂料具有无毒、无味、不燃等特点,能涂饰于稍潮湿的墙面上(混凝土、水泥砂浆、纸筋石灰面、石棉水泥板、石膏石灰板等)。

803 内墙涂料具有无毒、无味、干燥快、遮盖力强、涂刷方便、装饰效果好等优点。

(二)合成树脂乳液内墙涂料(乳胶漆)

常用的合成树脂乳液内墙涂料的品种有苯丙乳胶漆、乙丙乳胶漆、聚醋酸乙乳胶内墙涂料、氯-偏共聚乳液内墙涂料等。一般用于室内墙面装饰,不宜用于厨房、卫生间、浴室等潮湿墙面。

(三)溶剂型内墙涂料

溶剂型内墙涂料主要品种有过氯乙烯墙面涂料、氯化橡胶墙面涂料、丙烯酸酯墙面涂料、聚氨酯系墙面涂料等。溶剂型内墙涂料透气性较差,容易结露,较少用于住宅内墙。但其光洁度好,易于冲洗,耐久性好,可用于厅堂、走廊等处。

(四)多彩内墙涂料

多彩内墙涂料是一种经一次喷涂即可获得具有多种色彩的立体涂膜的涂料。多彩内墙涂料按其介质可分为水包油型、油包水型、油包油型和水包水型四种,其中常用的是水包油型。多彩内墙涂料色彩丰富,图案变化多样,立体感强,生动活泼,具有良好的耐水性、耐油性、耐碱性、耐化学药品性、耐洗刷性,并具有较好的透气性。

(五)幻彩涂料

幻彩涂料是用特种树脂乳液和专门的有机、无机颜料制成的高档水性内墙涂料。幻彩涂料以其变幻奇特的质感及艳丽多变的色彩为人们展现出一种全新感觉的装饰效果。幻彩涂料涂膜光彩夺目、色泽高雅、意境朦胧,并具有优良的耐水性、耐碱性和耐洗刷性。主要用于办公室、住宅、宾馆、商店、会议室等的内墙、顶棚装饰。

地面涂料

地面涂料的主要功能是装饰与保护室内地面,使地面清洁美观,与室内墙面及其他装饰相适应。它的特点是耐磨性、耐碱性、耐水性、抗冲击性好、施工方便、价格合理。

常用的地面涂料有过氯乙烯地面涂料、聚氨酯地面涂料、环氧树脂厚质地面涂料等。

任务四 建筑饰面石材及应用

【学习目标】

知识目标

(1)了解天然石材的品种及使用位置。
(2)了解进口石材的品种及使用位置。

能力目标

能够区分不同石材的品种及使用位置。

【任务描述】

通过本任务的学习,掌握天然石材、进口石材及人造石材的常用品种及使用位置。

【相关知识】

天然石材

天然石材表面经过加工可获得优良的装饰性,其装饰效果主要决定于石材的品种。用作装饰的石材主要有天然大理石、天然花岗岩和天然板岩等。

(一)天然大理石

"大理石"是由于盛产在我国云南省大理白族自治州而得名的。如图 11-5 所示。大理石结构致密,抗压强度高;硬度不大,易雕琢和磨光;装饰性好、吸水率小、耐磨性、耐久性好、抗风化性差。

天然大理石板材为高级饰面材料,适用于纪念性建筑、大型公共建筑(如宾馆、展览馆、商场、图书馆、机场、车站等)的室内墙面、柱面、地面、楼梯踏步等,有时也可作楼梯栏杆、服务台、门脸、墙裙、窗台板、踢脚板等。天然大理石板材的光泽易被酸雨侵蚀,故不宜用作室外装饰。少数质地纯正的汉白玉、艾叶青可用于外墙饰面。

图 11-5 天然大理石

(二)天然花岗岩

花岗岩为典型的深成岩。如图 11-6 所示。花岗岩装饰性好,坚硬密实,耐磨性、耐久性好。孔隙率小,吸水率小,耐风化。具有高抗酸腐蚀性,但耐火性差。

花岗岩板材按表面加工的方式分为以下四种:
(1)剁斧板:表面粗糙,具有规则的条状斧纹。

(2)机刨板:用刨石机刨成较为平整的表面,表面呈相互平行的刨纹。

(3)粗磨板:表面经过粗磨,光滑而无光泽。

(4)磨光板:经打磨后表面光亮,色泽鲜明,晶体裸露。磨光板再经刨光处理,可加工成镜面花岗岩板材。

花岗岩属高档建筑结构材料和装饰材料,在建筑历史上多用于室外地面、台阶、基座、纪念碑、墓碑、铭牌、踏步、檐口等处;在现代大城市建筑中,镜面花岗岩板多用于室内外墙面、地面、柱面、踏步等。

图 11-6 天然花岗岩

进口石材

不同的低于和不同地理条件会形成不同质地的石材。高档进口石材因其特殊的地理形成条件,无论在质地、色泽与天然纹理上,都异于国产石材,再加上国外先进的加工与抛光技术,从整体外观与性能上都比较优异。现在一些公共建筑、星级宾馆、高档会场的大面积装饰中常选用进口石材。进口石材多为浅色系列,常用的有西班牙的象牙白、西班牙红、希腊黑、卡地亚的沙利士红麻,印度的蒙特卡罗兰、将军红、印度红等。

人造石材

人造石材属水泥混凝土或聚酯混凝土的范畴,它的花纹图案可以人为控制,且质量轻、强度高、耐腐蚀、施工方便。常用于室外立面、柱面装饰,室内铺地和墙面装饰以及卫生洁具等。

人造石材按其所用材料不同,通常有以下四类:

(一)树脂型人造石材

树脂型人造石材是以有机树脂为胶凝材料,与天然碎石、石粉及颜料等配制拌成混合料,经浇捣成型、固化、脱模、烘干、抛光等工序制成。

(二)水泥型人造石材

水泥型人造石材是以白水泥、普通水泥为胶凝材料,与大理石碎石和石粉、颜料等配制拌和成混合料,经浇捣成型、养护制成。

(三)复合型人造石材

复合型石材用无机胶凝材料(如水泥)和有机高分子材料(树脂)作为胶凝材料。制作时先用无机胶凝材料将碎石、石粉等骨料胶结成型并硬化后,再将硬化体浸渍于有机单体中,使其在一定条件下集合而成。

(四)烧结型人造石材

烧结型人造石材的生产方法与陶瓷工艺相似,它是将长石、石英、辉绿石、方解石等粉料和赤铁矿粉以及一定量的高岭土共同混合,然后用混浆法制备坯料,用半干压法成型,再在窑炉中以1 000℃左右的高温焙烧而成。

上述四种制造人造大理石的方法中,最常用的是树脂型人造石材,其物理和化学性能最好,花纹容易设计,有重现性,适于多种用途,但价格相对较高;水泥型人造石材价格最低廉,但耐腐蚀性能较差,容易出现龟裂,适于作板材而不适于作卫生洁具;复合型人造石材则综合了前两者的优点,既有良好的物理和化学性能,成本也较低;烧结型人造石材虽然只用黏土作胶凝材料,但需经高温焙烧,因而能耗大,造价高,而且产品破损率高。

任务五　装饰壁纸与墙布及应用

【学习目标】

知识目标

(1)了解塑料壁纸的特点及性能。
(2)了解玻璃纤维印花贴墙布的特点及性能。
(3)了解无纺贴墙布的特点及性能。

能力目标

能够根据不同的环境特点,选择合适品种的装饰壁纸及墙布。

【任务描述】

装饰壁纸与墙布是目前使用较为广泛的墙面装饰材料。它以多变的图案、丰富的色泽、仿制传统材料的外观,深受用户的欢迎。使用于宾馆、住宅、办公楼、舞厅、影剧院等有装饰要求的室内墙面、顶棚、柱面等。

【相关知识】

塑料壁纸

塑料壁纸是以纸为基材,表面进行涂塑后,再经印花、压花或发泡处理等多种工艺而制成的一种墙面装饰材料。塑料壁纸有适合各种环境的花纹图案,装饰性好,具有难燃、隔热、吸声、防霉、耐水、耐酸碱等良好性能,施工方便,使用寿命长。在建筑中广泛用于室内墙面、顶棚、梁柱表面。

玻璃纤维印花贴墙布

玻璃纤维印花贴墙布是以中碱玻璃纤维布为基料,表面涂以耐磨树脂,印上彩色图案而制成的一种卷材。这种墙布色彩鲜艳,花色繁多,室内使用不褪色、不老化、不变形,防潮,强度高,具有优越的自熄性能及优良的耐洗刷性。适用于室内卫生间、浴室等墙面的装饰。

无纺贴墙布

无纺贴墙布是采用棉、麻等天然纤维或绦、腈等合成纤维,经过无纺成型、上涂树脂、印制彩色花纹而成的一种内墙材料。它的特点是挺括,富有弹性,不易折断,纤维不老化、不散失,对皮肤无刺激作用,色彩鲜艳,图案雅致,具有一定的透气性和防潮性,可擦洗而不褪色。适用于宾馆、饭店、商店、会议室、餐厅、住宅等内墙面装饰。

装饰墙布

装饰墙布是以纯棉平布经过表面涂布耐磨树脂处理,经印花制作而成。其特点为强度大、静电弱、蠕变性小、无光、吸声、无毒、无味、花型色泽美观大方。可用于宾馆、饭店、公共建筑和较高级民用建筑中的装饰。

化纤装饰贴墙布

化纤装饰贴墙布种类很多,其中"多纶"贴墙布就是多种纤维与棉纱混纺的贴墙布,也有以单纯化纤布为基材,经一定处理后印花而成的化纤装饰贴墙布。它具有无毒、无味、通气、防潮、耐磨、无分层等优点。适用于各级宾馆、旅店、办公室、会议室和住宅等。

任务六　金属装饰材料及应用

【学习目标】

知识目标

(1)了解铝合金的特点及性能。
(2)了解铝合金装饰板的种类及功能。

能力目标

能够区分装饰用钢板的种类及功能。

【任务描述】

通过本任务的学习了解铝合金的特点及性能,了解铝合金装饰板、装饰用钢板的品种及不同品种各自的特点。

【相关知识】

铝合金

为了提高铝的实用价值,在铝中加入镁、锰、铜、锌、硅等元素组成的铝合金,既提高了铝的强度和硬度,同时又保持了铝的轻质、耐腐蚀、易加工等优良性能。在建筑工程中,铝合金材料可用于建筑结构、门窗、五金、吊顶、隔墙、屋面防水和室内外装饰灯。目前,铝合金材料在装饰工程中的应用较为广泛,如玻璃幕墙的结构、铝合金门窗、铝合金板材等。

铝合金装饰板

铝合金装饰板有铝合金花纹板、铝合金波纹板、铝合金压型板、铝合金冲孔平板等。

(一)铝合金花纹板

铝合金花纹板是采用防锈铝合金坯料,用具有一定的花纹轧辊制而成。花纹美观大方,筋高适用,不易磨损,防滑性好,防腐蚀性能强,便于冲洗。其表面可以处理成各种美丽的色彩。广泛应用于现代建筑的墙面装饰以及楼梯踏板等处。

(二)铝合金波纹板

铝合金波纹板是由防锈铝合金在波纹机上轧制而成。它有银白色等多处颜色,有很强反光能力,防火、防潮、防腐,在大气中能使用20年以上。主要用于建筑墙面、屋面装修。

(三)铝合金压型板

铝合金压型板是由防锈铝合金在压型机上压制而成。它具有质量轻、外形美观、耐腐蚀、经久耐用、易安装、施工进度快等优点,经表面处理可得各种优美的色彩。主要用作墙面和屋面。

(四)铝合金冲孔平板

铝合金冲孔平板是用各种铝合金平板经机械冲孔而成。其特点是具有良好的防腐蚀性能,光洁度高,有一定的强度,易于机械加工成各种规格,有良好的防震、防潮、防火性能和消声效果,经表面处理后,可获得各种色彩。主要用于有消声要求的各种建筑中。

装饰用钢板

装饰用钢板有不锈钢钢板、彩色不锈钢钢板、彩色涂层钢板、彩色压型钢板。

(一)不锈钢钢板

装饰用不锈钢钢板主要是厚度小于4 mm的薄板,用量最多的是厚度小于2 mm的板材。常用的有平面钢板和凹凸钢板两类,前者通常是经研磨、抛光等工序制成,后者是在正常的研磨、抛光之后再经辊压、雕刻、特殊研磨等工序制成。平面钢板分为镜面板(板面反射率>90%)、有光板(反射率>70%)、亚光板(反射率<50%)三类。凹凸钢板有浮雕板、浅浮雕花纹板和网纹板三类。不锈钢钢板耐腐蚀性强,可作为外墙饰面、幕墙、隔墙、屋面等面层。目前不锈钢镜面板包柱已被广泛应用于大型商场、宾馆等处,其装饰效果很好。

(二)彩色不锈钢钢板

彩色不锈钢钢板是在不锈钢钢板上再进行技术和艺术加工,使其成为各种色彩绚丽的装饰板。其颜色有蓝、灰、紫、红、青、绿、金黄、茶色等。彩色不锈钢钢板不仅具有良好的抗腐蚀性、耐磨、耐高温等特点,而且其颜色面层经久不褪色。常用作厅堂墙板、顶棚、电梯厢板、外墙饰面等。

(三)彩色涂层钢板

彩色涂层钢板是以冷轧钢板、镀锌钢板或镀铝钢板为基板,经过表面脱脂、磷化、铬酸盐处理后,涂上有机涂层烘烤而成。常用有机涂层为聚氯乙烯、聚丙烯酸酯、环氧树脂、醇酸树脂等。彩色涂层钢板具有绝缘、耐磨、耐酸碱、耐油及醇的侵蚀等特点,并有良好的加工性能。可用作外墙板、壁板、屋面板、瓦楞板等。

(四)彩色压型钢板

彩色压型钢板是以镀锌钢板为基材,经成型轧制,并敷以各种耐腐蚀涂层与彩色烤漆而成的装饰板材。其性能和用途与彩色涂层钢材相同。

任务七　木质装饰材料及应用

【学习目标】

知识目标

(1)了解人造木材的品种及适用范围。
(2)了解条木地板的品种及特点。
(3)了解拼花木地板的档次及使用地点。

能力目标

(1)能够区分木花格的特点及功能。
(2)能够区分旋切微薄木的特点及功能。
(3)能够区分木装饰线条的特点及形状。

【任务描述】

木材具有轻质高强、易加工、有较高的弹性和韧性、热容量大、导热性能低、装饰性好等特点,广泛应用于建筑工程中。但是,木材也有缺陷,如构造不均匀、天然缺陷较多、干缩湿胀、易燃烧、易腐朽及受虫蛀等。目前,木材作为结构用材已日渐减少,主要作为装饰用材。另外,由于我国林木资源的贫乏,人造木材应用也较广。

【相关知识】

人造木材

(一)胶合板

胶合板是用原木旋切成薄片,经干燥处理后,再用胶黏剂按奇数层数,以各层纤维互相垂直的方向黏合热压而成的人造板材。一般为3~13层。工程中常用的是三合板和五合板。胶合板材质均匀,强度高,无明显纤维饱和点存在,吸湿性小,不翘曲开裂,无疵病,幅面大,使用方便,装饰性好。广泛用作建筑室内隔墙板、护墙板、天花板、门面板以及各种家具和装修。

(二)纤维板

纤维板是将树皮、刨花、树脂等原料经破碎浸泡、研磨成木浆,加入胶黏剂或利用木材自身的胶黏物质,再经过热压成型、干燥处理而成的人造板材。纤维板分为硬质、半硬质和软质三种。纤维板材质均匀,各向强度一致,弯曲强度大,不易胀缩和翘曲开裂,避免了木材的各种缺陷。硬质纤维板在建筑上应用很广,可代替木板用于室内壁板、门板、地板、家具和其他装修。软质纤维板表观密度小,孔隙率大,多用于绝热、吸声材料。

(三)刨花板、木丝板、木屑板

刨花板、木丝板、木屑板是以木材加工中产生的刨花、木丝、木屑为原料,经干燥后与胶黏材料拌和,再经热压而成的板材。这类板材表观密度小,强度较低,主要用作绝热和吸声材料。经表面处理后,可用作吊顶板材和隔断板材等。

(四)细木工板

细木工板是综合利用木材的一种制品。芯板用木板条拼接而成,两个表面为粘贴木质单板的实心板材。细木工板具有吸声、绝热、质坚、易加工等特点,主要适用于家具、车厢和室内装修等。

条木地板

条目地板具有木质感强、弹性好、脚感舒适、美观大方等特点。其板材可以选用松、杉等软质木材,也可选用水曲柳、柞木、枫木、柚木、榆木等硬质木材。条板宽度一般不大于120 mm,板厚为20~30 mm。条木地板适用于办公室、会议室、会客室、休息室、旅馆客房、住宅起居室幼儿园及仪器室等室内地面。尤其经过表面涂饰处理,既显露木材纹理又保留木材本色,给人以清雅华贵之感。

拼花木地板

拼花木地板是用阔叶树种中水曲柳、柞木、核桃木、榆木、柚木等质地优良、不易腐朽开裂的硬质木材,经干燥处理并加工成条状小板条,用于室内地面装饰的一种较高级的拼装地面材料。拼花小板条的尺寸一般为长250~300 mm,宽为40~60 mm,厚20~25 mm,木条一般均带有企口。拼花木地板通过小木板条不同方向的组合,可拼造出多种图案花纹,常用的有正芦席纹、斜芦席纹、人字纹、清水砖墙纹等。拼花木地板坚硬而富有弹性,耐磨而又耐朽,不易变形且光泽好,纹理美观质感好,具有温暖清雅的装饰效果。

拼花木地板分高、中、低三个档次。高档产品适用于三星级以上中、高级宾馆,大型会议室等室内地面装饰;中档产品适于办公室、疗养院、托儿所、体育馆、舞厅、酒吧等室内地面装饰;低档产品适用于各类民用住宅的地面装饰。

木花格

木花格为用木板和枋木制做成的具有若干个分格的木架,这些分格的尺寸和形状一般都各不相同。木花格宜选用硬木或杉木树材制作,并具有材质木节少、木色好、无虫蛀和腐朽等缺陷。

木花格多用于建筑物室内的花窗、隔断、博古架等,能够调整室内设计的格调、改进空间效能和增强装饰的艺术效果等。

旋切微薄木

旋切微薄木是以色木、桦木或多瘤的树根为原料,经水煮软化后,旋切成厚0.1 mm左右的薄片,再用胶黏剂粘贴在坚韧的纸上,制成卷材。或者采用柚木、水曲柳等木材,经过精密旋切,制得厚度为0.2~0.5 mm 的微薄木,再采用先进的胶黏工业和胶黏剂,粘贴在胶合板基材上,制成微薄木贴面板。采用树根瘤制作的微薄木具有鸟眼花纹的特色,其装饰效果甚佳。

旋切微薄木花纹美丽动人,真实感和立体感强,自然亲切。在采用微薄木装饰立面时,应根据其花纹的美观和特点区别其上下端。还应考虑家具的色调、灯具灯光以及其他附件的陪衬颜色,合理地选用树种,以求获得更好的装饰效果。

木装饰线条(木线条)

木装饰线条种类繁多,主要有楼梯扶手、压边线、墙腰线、天花角线、弯线、挂镜线等。各类木线条立体造型各异,断面有多种形状,例如平线条、半圆线条、麻花线条、鸠尾形线条、半圆饰、齿型饰、浮饰、弧饰、S形饰、贴附饰、钳齿饰、十字花饰、梅花饰、叶形饰及雕饰等。

建筑室内采用的木线条是选用质硬、木质细、耐磨、耐腐蚀、不劈裂、切面光滑、加工性质好、油漆色性好、黏结力好、钉着力强的木材，经干燥处理后，用机械加工或手工加工而成的。木线条主要用作建筑物室内墙面的墙腰饰线、墙面洞口装饰线、护壁板和勒脚的压条饰线、门框装饰线、顶棚装饰角线、楼梯栏杆扶手、墙壁挂画条、镜框线以及高级建筑的门窗和家具等的镶边等。采用木线条装饰可增添室内古朴、高雅、亲切的美感。

【拓展练习】

一、选择题

1．中空玻璃属于( )。
　A．饰面玻璃　　　B．安全玻璃　　　C．功能玻璃　　　D．玻璃砖
2．以下不属于安全玻璃的是( )。
　A．钢化玻璃　　　B．夹层玻璃　　　C．磨光玻璃　　　D．饰面玻璃
3．夹丝玻璃宜适用于( )。
　A．局部受冷热交替作用的部位　　B．火炉附近
　C．易受振动的门窗　　　　　　　D．极其寒冷的地区
4．下列材料中只能用于室内装修的是( )。
　A．花岗岩　　　　B．墙地砖　　　　C．釉面砖　　　　D．陶瓷锦砖
5．铝合金的性质特点是( )。
　A．强度高　　　　　　　　　　　B．弹性模量大
　C．耐腐蚀性差　　　　　　　　　D．低温性能好
6．建筑装修所用的天然石材主要有( )。
　A．浮石　　　　　B．大理石　　　　C．花岗石　　　　D．水晶石
7．铝合金按加工的适应性分为( )。
　A．铸造铝合金　　B．防锈铝合金　　C．变形铝合金　　D．特殊铝合金
8．建筑玻璃具有( )的作用。
　A．透视　　　　　B．透光　　　　　C．隔声
　D．绝热　　　　　E．防腐蚀

二、填空题

1．室外装饰材料的功能是_____与_____。
2．建筑装饰所用的天然石材主要有_____和_____。
3．玻璃是一种重要的装饰材料。它的用途除_____、_____、_____、_____外，还有艺术装饰作用。

三、简答题

1. 为什么釉面砖一般适用于室内,而不宜用于室外?
2. 色彩绚丽的大理石特别是红色的大理石用作室外墙柱装饰,为何过一段时间后会逐渐变色、褪色?

参考文献

[1] 毕万利. 建筑材料[M]. 北京:高等教育出版社,2011.
[2] 吴承霞. 建筑结构[M]. 北京:高等教育出版社,2009.
[3] 杨澄宇,周和荣. 建筑施工技术[M]. 北京:高等教育出版社,2014.
[4] 李业兰. 建筑材料[M]. 北京:中国建筑工业出版社,1997.
[5] 曹文达,曹栋. 建筑工程材料[M]. 北京:金盾出版社,2000.
[6] 张雄. 建筑功能材料[M]. 北京:中国建筑工业出版社,2000.
[7] 李承刚. 建筑防水新技术[M]. 北京:中国环境科学出版社,1995.

附 图

建筑材料应用与检测

附 图

建筑材料应用与检测